高等职业教育"十二五"精品规划教材

建 筑 材 料

李丽霞	张瑞红			主　编
王桂芬	闫洪涛	梁会忠		副主编
田炳忠				主　审
武丽华	宋延超			参　编

天津大学出版社
TIANJIN UNIVERSITY PRESS

内容提要

全书共分11章,具体内容包括绪论、材料的基本性质、气硬性胶凝材料、水泥、混凝土、建筑砂浆、建筑钢材、墙体材料、防水材料、建筑装饰材料、绝热材料与吸声材料等。每章开始附有学习目标,每章后附有思考题和应用案例及发展动态。

本书根据高职高专教育特点及有关国家标准或行业标准编写而成,注意了深度和广度之间的平衡,在重点讲述建筑材料的基本性质的基础上,广泛介绍了国内目前房屋建筑中常用的各种建筑材料及其发展中的有关新材料、新技术,以利于开拓新思路和合理选用建筑材料。本书注重理论与实际相结合,加大了实践运用力度,突出学生应用能力的培养。

本书主要用作高职高专土建类专业,如工程造价专业、建筑工程技术专业、工程监理专业、土木工程检测技术专业等相关专业的教学用书,也可作为从事建筑工程设计、施工、监理、管理等工作的工程技术人员参考用书或职业培训教材。

图书在版编目(CIP)数据

建筑材料/李丽霞,张瑞红主编. —天津:天津大学出版社,2013.8
高等职业教育"十二五"精品规划教材
ISBN 978-7-5618-4783-1

Ⅰ.①建… Ⅱ.①李… ②张… Ⅲ.①建筑材料 – 高等职业教育 – 教材 Ⅳ.①TU5

中国版本图书馆 CIP 数据核字(2013)第 205750 号

出版发行	天津大学出版社
出 版 人	杨欢
地　　址	天津市卫津路 92 号天津大学内(邮编:300072)
电　　话	发行部:022-27403647
网　　址	publish. tju. edu. cn
印　　刷	河间市新诚印刷有限公司
经　　销	全国各地新华书店
开　　本	185mm ×260mm
印　　张	16
字　　数	399 千
版　　次	2013 年 9 月第 1 版
印　　次	2013 年 9 月第 1 次
定　　价	34.00 元

前　言

建筑材料是建筑业发展的物质基础,正确选择、合理使用建筑材料以及新材料的开发利用对建筑业的发展意义非凡。建筑材料课是高职高专土建类专业、材料类专业及检测类专业的职业技能基础课,可以为学生以后专业知识的学习打下良好基础,该课程教学效果的优劣对专业教学改革、课程建设有较大影响。

"建筑材料"课程所包含的内容庞杂,以叙述性内容为主,涉及知识面广,教材涵盖了十多个大类,上百个材料品种,但其系统性差,各章节之间缺乏必要的联系。如此多的内容都汇集到"建筑材料"课程中,使其成为一门介于材料学科与建筑工程学科之间的综合课程。这就给学生学习这门课程造成了不少的困难,影响了学生的学习积极性,导致学生对该课程学习效率不高,理论与实践缺乏衔接。

建筑材料教材版本较多,主要讲述常用的各种建筑材料的成分、生产过程、技术性能、质量检验、使用等基本知识,其中,以技术性质、质量检验及合理使用为重点。目前教材跟不上国家标准、行业标准的新变化,有些内容沿用旧标准,图片较少,不够直观,不利于学生理解,新型建筑材料介绍也较少。

本教材编写的特点是新颖、实用。本教材全部按现行有关国家或行业最新标准编写而成,结合工作实际,确立了适合岗位任职要求的知识和技能的课程教学内容,以便学生理解和把握。同时,本教材注意了深度和广度之间的适当平衡,在重点讲述建筑材料的基本性质的基础上,广泛介绍了国内目前建筑工程中常用的各种建筑材料及其发展中的有关新材料、新技术,以利于开拓新思路和合理选用建筑材料。

在内容编写上,本教材根据高职高专教育特点及教学目标的要求,依据学生就业岗位对操作人员知识和技能的要求,以及将来可能从事的技术改造和新产品开发工作的需要,从"互动学习"的教学观出发,根据高职高专学生的心理和专业发展水平,对所教的教学内容进行科学的设计和有效的重组。本书注重理论与实际相结合,加大了实践运用力度,突出学生应用能力的培养。

本书由河北建材职业技术学院李丽霞、张瑞红担任主编,秦皇岛河北广厦建设有限公司王桂芬、河北建材职业技术学院闫洪涛、梁会忠担任副主编。具体编写分工是:第3章、第4章由李丽霞编写;第7章由张瑞红编写;第6章由王桂芬编写;绪论、第1章、第9章由闫洪涛编写;第5章、第8章由梁会忠编写;第2章由河北建材职业技术学院武丽华编写;第10章由秦皇岛市煜斌混凝土有限公司宋延超编写。全书由秦皇岛市东宏新型建材有限公司田炳忠主审。教材编写人员中，有从事材料检测工作多年的企业技术人员和骨干教师，具有丰富的理论与实践经验，积累了大量的素材，本书在编写过程中得到了许多同志的指导和帮助，参考了许多相关资料和书籍，在此深表感谢。

　　由于编者水平有限，编写时间仓促，书中难免有缺点和错误，不当之处敬请广大读者提出宝贵意见。

编者
2013 年 5 月

目　　录

0 绪 论

学习目标
- 熟悉建筑材料的技术标准。
- 了解建筑材料的分类、建筑材料在工程中的地位、作用。

建筑材料是建筑工程中所使用的各种材料及制品的总称,是构成建筑工程的物质基础,也是影响建筑工程质量和使用性能的关键因素。为了使建筑物性能可靠、耐久、安全、美观、经济实用,必须合理选择、正确使用建筑材料。因此,一切从事建筑工程的技术人员都应该掌握建筑材料的有关知识。

0.1 建筑材料的分类

建筑材料种类繁多,性能各异,用途也各不相同,为了便于区分和应用,工程中一般按以下两种方法分类。

0.1.1 按材料的化学成分分类

根据化学成分不同,建筑材料可分为无机材料、有机材料和复合材料三大类,具体内容如表0-1所示。

表0-1 建筑材料根据化学成分分类

无机材料	金属材料	有色金属	铝、铜、锌及其合金等
		黑色金属	钢、铁、不锈钢等
	非金属材料	天然石材	大理石、花岗岩、石子、砂子等
		混凝土及硅酸盐制品	混凝土、砂浆、硅酸盐制品等
		胶凝材料	水泥、石灰、石膏、水玻璃等
		烧土制品	砖、瓦、玻璃、陶瓷等
有机材料	植物材料		木材、竹材等
	沥青材料		石油沥青、煤沥青、沥青制品等
	高分子材料		塑料、涂料、胶黏剂等
复合材料	无机非金属与有机材料复合		沥青混凝土、聚合物混凝土、玻璃纤维增强塑料等
	无机非金属与金属材料复合		钢筋混凝土等
	金属材料与有机材料复合		轻质金属夹心板、塑钢等

0.1.2 按材料的使用功能分类

按材料的使用功能不同,建筑材料可分为结构材料、围护材料、功能材料等。

(1)结构材料

结构材料指主要承受荷载的材料,如建筑物的基础、梁、板、柱等所用的材料,结构材料要求必须具有足够的强度、耐久性等,常用的材料有钢材、混凝土等。

(2)围护材料

围护材料指用于建筑物围护结构的材料,如墙体、门窗等,围护材料要求不仅具有一定的强度和耐久性,还要求具有良好隔热保温、隔声或防水等性能。常用的材料有各种墙板、砌块等。

(3)功能材料

功能材料指具有某些特殊功能的材料,如起防水作用的材料(防水材料)、起装饰作用的材料(装饰材料)、起保温隔热作用的材料(绝热材料)等。

0.2   建筑材料在建筑工程中的作用

0.2.1   保证建筑工程质量

建筑材料是保证建筑工程质量的重要因素,材料的质量、性能直接影响建筑物的使用、耐久和美观。在材料的选择、检验、储运、保管、使用等各环节中,任何一个环节的失误都有可能造成建筑工程的质量缺陷,甚至是重大安全事故。国内外建筑工程的重大质量事故,都与材料的质量不良和使用不当有关。

0.2.2   影响建筑工程造价

在一般建筑工程的总造价中,建筑材料费用占总工程造价的 60% 以上,建筑材料质量的好坏、功能的多少、档次的高低、性能的优劣都直接影响工程的造价。用质量好、档次高、功能多、性能好的建筑材料建造的建筑物材料费用占工程造价的 80%。

0.2.3   促进建筑工程技术进步和建筑业的发展

建筑材料是决定建筑结构形式和施工方法的主要因素。一个国家、地区建筑业的发展水平,都与该地区建筑材料的发展情况密切相关。因此,建筑材料的改进和发展,将直接促进建筑工程技术进步和建筑业的发展。例如,钢筋、水泥的广泛应用取代了过去的砖、石、木材,钢筋混凝土结构成为现代建筑的主要结构形式;新型装饰材料的大量应用,如陶瓷、玻璃、金属材料等,把现代建筑物装扮得富丽堂皇,绚丽多彩。

0.3   建筑材料的发展

建筑材料随着社会生产力和科学技术水平的发展而发展。原始时代人们利用天然材料,如木材、岩石、黏土等建造房屋。石器、铁器时代人们开始加工和生产材料,如万里长城使用的材料有条石、大砖、石灰砂浆;金字塔使用的材料是石材、石灰、石膏。18 世纪开始使用钢材、水泥。19 世纪出现了钢筋混凝土。20 世纪出现了高分子材料、预应力混凝土,21 世纪出现了轻质高强、节能、高性能的建筑材料。随着社会的进步、环境保护和节能降耗的需要,对建筑材料提出了更高、更多的要求,在未来的一段时间内,建筑材料将主要向以下几个方向发展。

(1)轻质高强

轻质材料的使用,可以大大减轻建筑物的自重,满足建筑物向空间发展的要求。高强材料(指材料的强度不小于 60 MPa)在承重结构中的应用,可以减小材料截面面积,提高建筑物的稳定性及灵活性。

(2)复合化

随着现代科学技术的发展,人们对材料的要求越来越高,单一材料往往难以满足要求。因此,复合材料应运而生。所谓复合材料是有机与无机、无机与无机材料,在一定条件下,按适当的比例复合,经过一定的工艺条件有效地将材料的优良性能结合起来,从而得到性能优良的复合材料。

(3)节约能源

生产建筑材料的能耗和建筑物使用能耗,占国家能耗的 20% ~ 35%,生产低能耗的建筑材料是构建节约型社会的需要。

(4)多功能化

随着人民生活水平的提高和建筑技术的发展,对材料功能的要求将越来越高,要求材料从单一功能向多功能方向发展。既要求材料不仅要满足一般的使用要求,还要求兼具吸声、隔热、保温、防菌、灭菌、抗静电、防水、防霉、防火、自洁、智能等功能。例如内墙建筑涂料,不但要求有装饰使用功能,还要求有净化室内有害气体、杀菌、灭菌、防火、吸声等功能。

(5)绿色化

随着人们生活水平和文化素质的提高以及自我保护意识的增强,要求材料不但具有良好的使用功能,还要求材料无毒、对人体健康无害、对环境不会产生不良影响。

(6)再生化

根据可持续发展要求,建筑材料的生产、使用及回收全过程都要考虑其对环境和资源的影响,实现建筑材料的可循环再生利用。建筑材料的可循环再生利用包括建筑废料及工业废料的利用,它将成为建筑材料发展的重要方向。

0.4　建筑材料的技术标准

要对建筑材料进行现代化的科学管理,必须对建筑材料产品的各项技术性能制定统一的执行标准。建筑材料的标准,是企业生产产品的质量是否合格的依据,也是供需双方对产品质量进行验收的依据。通过按标准合理选用材料,使设计、施工等也相应标准化,可加快施工速度,降低工程造价。

目前,我国现行的标准主要有国家标准、行业标准、地方标准、企业标准四大类。各级标准分别由相应的标准化管理部门批准并颁布。国家标准和行业标准是全国通用标准,是国家指令性文件。各级生产、设计、施工部门必须严格遵照执行。

0.4.1 国家标准

国家标准由国务院标准化行政主管部门编制,国家技术监督局审批并发布,国家标准是最高标准,具有指导性和权威性,在全国范围内适用。国家标准分为强制性标准(代号 GB)和推荐性标准(代号 GB/T)。对强制性国家标准,任何技术(或产品)不得低于规定的要求;对推荐性国家标准表示也可执行其他的标准。例如:《通用硅酸盐水泥》(GB 175—2007),其中,"GB"为国家标准的代号,"175"为标准的编号。"2007"为标准的颁布年代;《建筑用卵石、碎石》(GB/T 14685—2001)。其中,"GB/T"为国家推荐性标准,"14685"为标准的编号,"2001"为标准的颁布年代。

0.4.2 行业标准

当没有国家标准而又需要在全国某行业范围内统一技术要求时,由中央部委标准机构指定有关研究机构、企业或院校等起草或联合起草,报主管部门审批,国家质量监督检验检疫总局备案后发布,当国家有相应标准颁布后,该项标准废止。行业标准在全国性的行业范围内适用。行业标准有建材行业标准(代号 JC)、建工行业标准(代号 JG)、冶金行业标准(代号 YB)、建工行业工程建设标准(代号为 JGJ)等。例如:《建筑生石灰粉》(JC/T 480—1992),"JC/T"为建材行业推荐性标准,"480"为标准的编号,"1992"为标准的颁布年代;《混凝土用水标准》(JGJ 163—2006),"JGJ"为建工行业工程建设标准的代号,"163"为标准的编号,"2006"为标准的颁布年代。

0.4.3 地方标准

在没有国家标准和行业标准时,可由相应地区根据生产厂家或企业的技术力量,以能保证产品质量的水平,制定有关标准,在某地区范围内适用。地方标准分为地方强制性标准(代号为 DB)和地方推荐性标准(代号为 DB/T)。

0.4.4 企业标准

在没有国家标准和行业标准时,企业为了控制产品质量而制定的标准。企业标准代号为 QB,其后分别注明企业代号、标准顺序号、颁布年代。

建筑工程中可能采用的其他标准还有:国际标准(ISO)、美国国家标准(ANSI)、英国标准(BS)、日本工业标准(JIS)、法国标准(NF)等。

0.5 本课程的学习目的及学习方法

0.5.1 本课程的学习目的

本课程是建筑工程类的专业基础课,本课程的目的是使学生获得建筑材料的基本理论和基本知识,为以后学习建筑构造、结构、施工、预算、建筑经济等后续课程的学习提供建筑材料方面的基本知识,也为今后从事工程实践打下良好的基础。

0.5.2 本课程的学习方法

在学习本课程时,要重点了解材料的组成、性能、应用。建筑材料的内容多而杂,各种建筑材料相对独立,各章节联系较少,学习本课程时应以材料的性能和特性为主线,采用对比的方法,通过比较各种材料的组成来掌握材料的性质和使用,并从中找出它们的共性和特性。本课程的实践性很强,在学习中应注意理论联系实际。为了及时理解课堂讲授的知识,应利用一切机会观察周围已经建成的或正在施工的工程,在实践中理解和验证所学内容。

1 材料的基本性质

学习目标
- 掌握材料的基本物理性质、力学性质、耐久性等性质的含义以及影响这些性质的因素。
- 了解在不同使用环境下,各类建筑材料的基本性质。

在建筑物中,建筑材料要经受各种作用,要求建筑材料具有相应的性质。例如:用于建筑结构的材料要承受各种外力的作用,选用的材料应具有所需要的力学性能;根据建筑物不同部位的使用要求,有些材料应具有防水、绝热、吸声等性能;对于长期暴露在大气中的材料,要求能经受风吹、日晒、雨淋、冰冻而引起的温度变化、湿度变化及反复冻融等的破坏变化。为了保证建筑物的耐久性,要求在工程设计与施工中正确地选择和合理地使用建筑材料,因此,必须熟悉和掌握各种材料的基本性质。

建筑材料的性质是多方面的,某种建筑材料应具备何种性质,要根据它在建筑物中的作用和所处的环境来决定。一般来说,建筑材料的性质可分为四个方面,它包括物理性质、力学性质、化学性质及耐久性。

本章主要介绍建筑材料性质中与工程使用密切相关的、比较重要的、带有普遍性的物理性能、力学性能以及耐久性。材料的物理性能包括与质量有关的性质、与水有关的性质、与热有关的性质;力学性能包括强度、变形性能、硬度以及耐磨性。学习这些性质以便于初步判断材料的性能和应用场合,从而正确地选择与合理地使用建筑材料。

1.1 材料的基本物理性质

建筑材料的物理性质是指建筑材料物理状态特点的性质。

1.1.1 与质量有关的性质

自然界的材料,由于其单位体积中所含孔(空)隙程度不同,因而其基本的物理性质参数也有差别,现分别叙述。

1.1.1.1 密度、表观密度、堆积密度

(1)密度

密度是指材料在绝对密实状态下单位体积的质量,计算公式为:

$$\rho = \frac{m}{V} \tag{1-1}$$

式中:ρ——密度,g/cm^3 或 kg/m^3;

m——材料的质量,g 或 kg;

V——材料在绝对密实状态下的体积(不包括孔隙在内的体积),称为绝对体积或实体积,cm^3或 m^3。

材料的密度大小取决于组成物质的原子量大小和分子结构,原子量越大,分子结构越紧密,材料的密度则越大。

建筑材料中除钢材、玻璃等少数材料接近绝对密实外,绝大多数材料内部都包含有一些孔隙。在自然状态下,固体材料的体积 V_0 包括固体物质体积 V(即绝对密实状态下材料的体积)和孔隙体积 V_K,如图 1-1 所示。孔隙按在常温、常压下水能否进入又分为开口孔隙和闭口孔隙。

在测定有孔隙的材料密度时,应把材料磨成细粉(粒径小于 0.2 mm)以排除其内部孔隙,经干燥后用李氏密度瓶测定其绝对体积。对于某些结构致密但形状不规则的散粒材料,在测定其密度时,可以不必磨成细粉,而直接用排水法测其绝对体积的近似值(颗粒内部的封闭孔隙体积没有排除),这时所求得的密度为视密度。混凝土所用砂、石等散粒材料常按此法测定其密度。

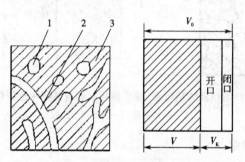

图 1-1　固体材料组成示意
1—闭口孔隙;2—开口孔隙;3—固体物质

(2)表观密度

表观密度是指材料在自然状态下,单位体积的质量,计算公式为：

$$\rho_0 = \frac{m}{V_0} \tag{1-2}$$

式中:ρ_0——材料的表观密度,g/cm^3或 kg/m^3;

m——材料的质量,g 或 kg;

V_0——材料在自然状态下的体积,或称为表观体积,cm^3或 m^3。

表观体积是指材料的实体积与孔隙体积之和。测定表观体积时,需视材料的吸水率大小,采取直接法或封蜡排液法测定。

表观密度的大小除取决于密度外,还与材料孔隙率和孔隙的含水程度有关。材料孔隙越多,表观密度越小;当孔隙中含有水分时,其质量和体积均有所变化。因此在测定表观密度时,须注明材料的含水状态,没有特别标明时常指气干状态下的表观密度,在进行材料对比试验时,则以绝对干燥状态下测得的表观密度值(干表观密度)为准。

(3)堆积密度

堆积密度是指粉状材料或粒状材料在自然堆积状态下,单位体积的质量,计算公式为：

$$\rho_0' = \frac{m}{V_0'} \tag{1-3}$$

式中：ρ_0'——材料的体积密度，g/cm^3 或 kg/m^3；

　　　m——在自然状态下材料的质量，g 或 kg；

　　　V_0'——材料在自然状态下的堆积体积，cm^3 或 m^3。

材料的堆积体积包括颗粒密实体积、孔隙体积和颗粒之间的空隙体积，如图 1-2 所示。砂、石等材料的堆积体积，可通过在规定条件下用所填充容量筒的容积来求得。材料的堆积密度取决于材料的表观密度以及测定时材料填装方式和疏密程度，松散堆积方式测得的堆积体积要小于紧堆积时的测定值，工程中通常采用松散堆积密度确定颗粒材料的堆放空间。

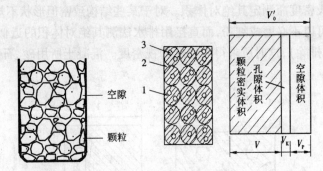

图 1-2　散粒材料堆积及体积示意（堆积体积 = 颗粒体积 + 空隙体积 + 孔隙体积）
1—固体物质；2—空隙；3—孔隙

1.1.1.2　密实度与孔隙率

（1）密实度

密实度是指材料体积内被固体物质所充实的程度，也就是固体物质的体积占总体积的比例。计算公式为：

$$D = \frac{V}{V_0} \times 100\% = \frac{\rho_0}{\rho} \times 100\% \tag{1-4}$$

式中：D——材料的密实度，%。

材料的 ρ_0 与 ρ 越接近，即 ρ_0/ρ 愈接近于 1，材料就越密实，绝对密实材料的密实度为 100%，绝大多数材料的密实度为小于 100%。

（2）孔隙率

孔隙率是指材料中孔隙体积占材料总体积的百分率。以 P 表示，计算公式为：

$$P = \frac{V_0 - V}{V_0} \times 100\% = \left(1 - \frac{\rho_0}{\rho}\right) \times 100\% \tag{1-5}$$

式中：P——材料的孔隙率，%。

孔隙率的大小直接反映了材料的致密程度，其大小取决于材料的组成、结构以及制造工艺。材料的许多工程性质如强度、吸水性、抗冻性、抗渗性、导热性、吸声性等都与材料的孔隙有关。这些性质不仅取决于孔隙率的大小，还与孔隙的大小、形状、分布、连通与否等构造特征密切相关。

孔隙的构造特征主要是指孔隙的形状和大小。材料内部闭口孔隙的增多会提高材料的保温、隔热性能。材料内部开口孔隙增多会使材料的吸水性、透水性、吸湿性、吸声性提高，抗冻性和抗渗性变差。根据孔隙的大小,分为粗孔和微孔。一般均匀分布的密闭小孔,要比开口或相连通的孔隙好。不均匀分布的孔隙,对材料性质影响较大。

密实度与孔隙率的关系为 $P + D = 1$,密实度和孔隙率从不同角度反映材料的致密程度,一般工程上常用孔隙率。

1.1.1.3 填充率与空隙率

（1）填充率

填充率是指散粒或粉状材料颗粒体积占其自然堆积体积的百分率,计算公式为:

$$D' = \frac{V_0}{V'_0} \times 100\% = \frac{\rho'_0}{\rho_0} \times 100\% \tag{1-6}$$

式中:D'——材料的填充率,%。

（2）空隙率

空隙率是指散粒或粉状材料颗粒之间的空隙体积占其自然堆积体积的百分率,计算公式为:

$$P' = \frac{V'_0 - V}{V'_0} \times 100\% = \left(1 - \frac{\rho'_0}{\rho_0}\right) \times 100\% \tag{1-7}$$

式中:P'——材料的空隙率,%;

空隙率的大小反映了粉状或颗粒材料的颗粒之间相互填充的紧密程度,空隙率在配制混凝土时可作为控制混凝土粗、细骨料以及计算混凝土含砂率的依据。

在建筑工程中,计算材料用量经常用到材料的密度、表观密度、堆积密度、孔隙率等数据,见表1-1。

表 1-1 常用建筑材料的密度、表观密度、堆积密度和孔隙率

材　料	密度 ρ/(g/cm³)	表观密度 ρ_0/(kg/m³)	堆积密度 ρ'_0/(kg/m³)	孔隙率 P/%
碎石(石灰岩)	2.60	—	1 400 ~ 1 700	—
砂	2.60	—	1 450 ~ 1 650	—
水泥	3.10	—	1 200 ~ 1 300	—
普通混凝土	—	2 000 ~ 2 800	—	5 ~ 20
轻骨料混凝土	—	800 ~ 1 900	—	—
钢材	7.85	7 850	—	0
木材	1.55	400 ~ 800	—	55 ~ 75
黏土	2.60	—	1 600 ~ 1 800	—
普通黏土砖	2.50 ~ 2.80	1 600 ~ 1 800	—	20 ~ 40
黏土空心砖	2.50	1 000 ~ 1 400	—	—
石灰岩	2.60	1 800 ~ 2 600	—	—
花岗岩	2.60 ~ 2.90	2 500 ~ 2 800	—	0.5 ~ 3.0
泡沫塑料	—	20 ~ 50	—	—
玻璃	2.55	—	—	—

例 某一块材料的全干质量为100 g,自然状态下的体积为40 cm³,绝对密实状态下的体积为33 cm³,计算该材料的密度、表观密度、密实度和孔隙率。

解:（1）该材料的密度

$$\rho = \frac{m}{V} = \frac{100}{33} = 3.03 \text{ g/cm}^3$$

（2）该材料的表观密度

$$\rho_0 = \frac{m}{V_0} = \frac{100}{40} = 2.50 \text{ g/cm}^3$$

（3）该材料的密实度

$$D = \frac{\rho_0}{\rho} \times 100\% = \frac{2.50}{3.03} \times 100\% = 82.5\%$$

（4）该材料的孔隙率

$$P = 1 - D = 1 - 82.5\% = 17.5\%$$

答：该材料的密度、表观密度、密实度和孔隙率分别为 3.03 g/cm³、2.50 g/cm³、82.5%、17.5%。

1.1.2　与水有关的性质

1.1.2.1　材料的亲水性与憎水性

与水接触时，有些材料能被水润湿，而有些材料则不能被水润湿，对这两种现象来说，前者为亲水性，后者为憎水性。材料具有亲水性或憎水性的根本原因在于材料的分子组成。

工程实际中，材料是亲水性或憎水性，通常以润湿角的大小划分。润湿角为在材料、水和空气的交点处，沿水滴表面的切线（γ_L）与水和固体接触面（γ_{SL}）所成的夹角。其中润湿角 θ 愈小，表明材料愈易被水润湿。当材料的润湿角 $\theta \leqslant 90°$ 时，材料为亲水性材料；当材料的润湿角 $\theta > 90°$ 时，材料为憎水性材料，如图 1-3 所示。

材料的亲水性与憎水性主要取决于材料的组成与结构。通常来说有机材料一般为憎水性材料，而无机材料为亲水性材料。沥青、石蜡等属于憎水性材料，表面不能被水润湿。该类材料一般能阻止水分渗入毛细管中，因而能降低材料的吸水性。憎水性材料不仅可用作防水材料，而且还可用于亲水性材料的表面处理，以降低其吸水性。大多数建筑材料，如石料、砖、混凝土、木材等都属于亲水性材料，表面都能被水润湿。

图 1-3　材料润湿示意
(a)亲水性材料；(b)憎水性材料

1.1.2.2　材料的吸水性

材料在浸水状态下吸收水分的能力称为吸水性。吸水性的大小用吸水率来表示，吸水率有两种表示方法。

（1）质量吸水率

材料吸水达到饱和时，其所吸收水分的质量占材料干燥时质量的百分率，计算公式为：

$$W_质 = \frac{m_湿 - m_干}{m_干} \times 100\% \tag{1-8}$$

式中: $W_质$ —— 质量吸水率,%;

$\qquad m_湿$ —— 材料在吸水饱和状态下的质量,g;

$\qquad m_干$ —— 材料在绝对干燥状态下的质量,g。

(2)体积吸水率

材料吸水达到饱和时,吸入的水分体积占干燥材料自然体积的百分率,计算公式为:

$$W_体 = \frac{V_水}{V_0} \times 100\% = \frac{m_湿 - m_干}{V_0} \times \frac{1}{\rho_{H_2O}} \times 100\% \tag{1-9}$$

式中: $W_体$ —— 体积吸水率,%;

$\qquad V_水$ —— 材料在吸水饱和时,吸入水的体积,cm^3;

$\qquad V_0$ —— 干燥材料在自然状态下的体积,cm^3;

$\qquad \rho_{H_2O}$ —— 水的密度,常温下取 1 g/cm^3。

体积吸水率与质量吸水率的关系为:

$$W_体 = W_质 \cdot \rho_0 \tag{1-10}$$

式中: ρ_0 —— 材料在干燥状态下的表观密度。

对于轻质多孔的材料,如加气混凝土、软木等,由于吸入水分的质量往往超过材料干燥时的自重,通常多采用 $W_体$ 反映其吸水能力的强弱。

材料吸水率的大小不仅取决于材料本身是亲水的还是憎水的,而且与材料的孔隙率的大小及孔隙特征密切相关。开口孔隙越多,吸水率也愈大;孔隙率相同的情况下,具有细小连通孔的材料比具有较多粗大开口孔隙或闭口孔隙的材料吸水性更强。

吸水率增大对材料的性质会造成不良影响,如表观密度增加,体积膨胀,导热性增大,保温性、强度及抗冻性下降等。

1.1.2.3 吸湿性

材料在潮湿的空气中吸收空气中水分的性质称为吸湿性。吸湿性的大小用含水率表示。含水率为材料所含水的质量占材料干燥质量的百分数,计算公式为:

$$W_含 = \frac{m_含 - m_干}{m_干} \times 100\% \tag{1-11}$$

式中: $W_含$ —— 材料的含水率,%;

$\qquad m_含$ —— 材料含水时的质量,g;

$\qquad m_干$ —— 材料烘干燥至恒重时的质量,g。

材料的含水率大小,除与本身的成分、组织构造等有关外,还与周围的温度、湿度有关。气温越低,相对湿度越大,材料的含水率也就越大。

材料随着空气湿度的大小,既能在空气中吸收水分,又可向空气中扩散水分,最终与空气湿度达到平衡,此时的含水率称为平衡含水率。木材的吸湿性随着空气湿度变化特别明显。例如木门窗制作后如长期处在空气湿度小的环境,为了与周围湿度平衡,木材向外扩散水分,于是门窗体积收缩而导致开裂。

1.1.2.4 耐水性

材料长期在饱和水作用下,不破坏、强度也不显著降低的性质称为耐水性。材料的耐水性用软化系数表示。计算公式为:

$$K_{\text{软}}=\frac{f_{\text{饱}}}{f_{\text{干}}} \tag{1-12}$$

式中：$K_{\text{软}}$——材料的软化系数；

　　　$f_{\text{饱}}$——材料在饱和水状态下的抗压强度，MPa；

　　　$f_{\text{干}}$——材料在干燥状态下的抗压强度，MPa。

软化系数反映了材料在饱和水状态下强度降低的程度，是材料吸水后性质变化的重要特征之一。软化系数一般在 0～1 之间波动，软化系数越大，耐水性越好。对于经常位于水中或处于潮湿环境中的重要建筑物所选用的材料要求其软化系数不得低于 0.85；对于受潮较轻或次要结构所用材料，软化系数的值不得小于 0.75。软化系数大于 0.80 的材料，通常可认为是耐水材料。

1.1.2.5 抗渗性

抗渗性是材料在压力水作用下抵抗水渗透的性能。建筑工程中许多材料常含有孔隙、孔洞或其他缺陷，当材料两侧的水压差较高时，水可能从高压侧通过内部的孔隙、孔洞或其他缺陷渗透到低压侧。这种压力水的渗透，不仅会影响工程的使用，而且渗入的水还会带入能腐蚀材料的介质，或将材料内的某些成分带出，造成材料的破坏。材料抗渗性有两种不同表示方式。

（1）渗透系数

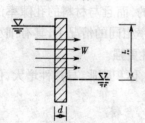

图 1-4　材料透水示意

材料在压力水作用下透过水量的多少遵守达西定律，即在一定时间内，透过材料试件的水量与试件的渗水面积及水压差成正比，与试件厚度成反比，如图 1-4 所示，计算公式为：

$$K=\frac{W \cdot d}{A \cdot t \cdot h} \tag{1-13}$$

式中：K——渗透系数，cm/h；

　　　W——透过材料试件的水量，cm^3；

　　　d——试件厚度，cm；

　　　A——透水面积，cm^2；

　　　t——透水时间，h；

　　　h——材料两侧的水压差，cm。

材料的渗透系数越小，说明材料的抗渗性越强。对于防水、防潮材料，如沥青、沥青混凝土、油毡等材料其抗渗性常用渗透系数表示。

（2）抗渗等级

材料的抗渗等级是指材料用标准方法进行透水试验时，标准试件在透水前所能承受的最大水压力。抗渗等级用符号"P"和材料可承受的水压力值（以 0.1 MPa 为单位）来表示，如混凝土的抗渗等级为 P6、P8、P12、P16，表示分别能承受 0.6 MPa、0.8 MPa、1.2 MPa、1.6 MPa 的水压而不渗水。可见，材料抗渗等级越高，抗渗性越好。

材料抗渗性不仅与其亲水性、孔隙率、孔隙特征和裂缝等缺陷有关，在其内部孔隙中，开口孔、连通孔是材料渗水的主要通道。工程中一般采用对材料进行憎水处理、减少孔隙、改善孔隙特征、防止产生裂缝以及其他缺陷等方法来增强其抗渗性。

1.1.2.6 抗冻性

抗冻性是指材料在吸水饱和状态下,能经受反复冻融循环作用而不被破坏,强度也不显著降低的性能。材料在冻融循环作用下产生破坏,一方面是由于材料内部孔隙中的水在受冻结冰时产生的体积膨胀(约9%)对材料孔壁造成巨大的冰晶压力,由此产生的拉应力超过材料的抗拉极限强度时,材料内部就产生微裂纹,引起强度下降;另一方面是在冻结和融化过程中,材料内外的温差引起的温度应力也会导致内部微裂纹的产生或加速原来微裂纹的扩展,最终使材料遭到破坏。显然,这种破坏作用随冻融次数的增多而加强。

抗冻性以试件按规定方法进行冻融循环试验,以质量损失不超过5%,强度下降不超过25%,所能经受的最大冻融循环次数来确定,用符号"F"加最大冻融次数表示,如F15、F25、F50、F100、F200 等,分别表示此材料可承受 15 次、25 次、50 次、100 次、200 次的冻融循环。材料的抗冻等级越高,其抗冻性越好,材料可以经受的冻融循环次数越多。

材料的抗冻性与其孔隙率、孔隙特征、吸水性及抵抗胀裂的强度有关,工程中常从这些方面改善材料的抗冻性。

1.1.3 与热有关的性质

建筑材料在建筑物中,除需要满足强度及其他性能的要求外,还应具有良好的热工性能,以减少建筑物的使用能耗,节约能源。

1.1.3.1 导热性

材料的导热性是指材料两侧有温差时,材料将热量由温度高的一侧向温度低的一侧传递热的能力,其大小用热导系数表示。导热系数指单位厚度的材料,当两侧温差为 1 K 时,在单位时间内通过单位面积的热量,材料传导热量的示意如图 1-5 所示,计算公式为:

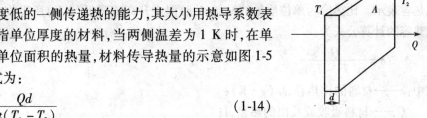

$$\lambda = \frac{Qd}{At(T_1 - T_2)} \tag{1-14}$$

图 1-5 材料传热示意

式中:λ——导热系数,W/(m·K);

$\quad Q$——传导的热量,J;

$\quad d$——材料厚度,m;

$\quad A$——热传导面积,m^2;

$\quad t$——热传导时间,h;

$\quad T_1 - T_2$——材料两侧温度差,K。

材料的导热系数越小,材料的隔热保温性能越好。各种材料的导热系数相差很大,如泡沫塑料的导热系数为 0.035 W/(m·K),而建筑钢材的导热系数为 55 W/(m·K)。

影响材料导热系数的因素主要有以下几个方面。

(1)物质组成

一般来讲,金属材料、无机材料、晶体材料的导热系数分别大于非金属材料、有机材料、非晶体材料。

(2)热流方向

导热系数因热流与纤维方向不同而异,顺纤维或层内材料的导热系数明显高于与纤维垂直或层间方向的导热系数。

（3）孔隙率和孔隙特征

材料的孔隙率越大，材料的导热系数越小，这是由于 $\lambda_{空气} \leqslant 0.025$ W/(m·K)，远远小于固体物质的导热系数。当孔隙率相同时，由微小而封闭孔隙组成的材料比由粗大而连通的孔隙组成的材料具有更低的导热系数，这是由于前者避免了材料孔隙内的热的对流传导。

（4）湿度

水的导热系数大约是空气的 25 倍，冰的导热系数大约是水的 4 倍。因此当材料受潮或受冻时会使材料导热系数急剧增大，导致材料的保温隔热效果变差。对于绝热材料应特别注意防潮，使材料经常处于干燥状态，以利于发挥材料的绝热效果。

（5）温度

对于大多数建筑材料、保温材料，在一定的温度范围内，其导热系数与温度呈线性关系，即：

$$\lambda_t = \lambda_0 + bt \tag{1-15}$$

式中：λ_t——t ℃时材料的导热系数，W/(m·℃)；

λ_0——0 ℃时材料的导热系数，W/(m·℃)；

b——温度系数，b 值有正有负。b 值为正时，说明材料的导热系数随着温度的升高而增加，否则相反。

1.1.3.2　热容量

材料的热容量是指材料在受热时吸收热量或冷却时放出热量的能力。热容量的大小用比热容表示。比热容为单位质量的材料(1 g)温度升高或降低(1 K)所吸收或放出的热量。比热容的计算公式为：

$$c = \frac{Q}{m(T_2 - T_1)} \tag{1-16}$$

式中：c——材料的比热容，J/(g·K)；

Q——材料吸收或放出的热量，J；

m——材料的质量，g；

$T_2 - T_1$——材料冷却或受热前后的温差，K。

比热容是反映材料吸收或放出热量大小的物理量，是设计建筑物围护结构、进行热工计算时的重要参数，选用导热系数小、比热容大的材料可以节约能耗并能长时间地保持室内温度的稳定。常见建筑材料的导热系数和比热容见表1-2。

表 1-2　常用建筑材料的导热系数和比热容指标

材料名称	导热系数/ [W/(m·K)]	比热容/ [J/(g·K)]	材料名称	导热系数/ [W/(m·K)]	比热容/ [J/(g·K)]
静止空气	0.025	1.00	普通黏土砖	0.81	0.84
水	0.60	4.19	白灰砂浆	0.81	0.84
冰	2.20	2.05	水泥砂浆	0.93	0.84
泡沫塑料	0.03	1.30	普通混凝土	1.28	0.88
松木	0.17～0.35	2.51	花岗岩	3.49	0.92
黏土空心砖	0.64	0.92	建筑钢材	58	0.48

1.2　材料的力学性质

1.2.1　材料的强度

材料在外力作用下抵抗破坏的能力称为强度。材料内部的应力多由外力(或荷载)作用而引起,随着外力增加,应力也随之增大,直至应力超过材料内部质点所能抵抗的极限,材料就会被破坏。

在工程上,通常采用破坏试验法对材料的强度进行实测。将预先制作的试件放置在材料试验机上,施加外力(荷载)直至破坏,根据试件尺寸和破坏时的荷载值,计算材料的强度。

根据外力作用方式的不同,材料强度有抗压强度、抗拉强度、抗剪强度、抗弯(抗折)强度等,如图1-6所示。

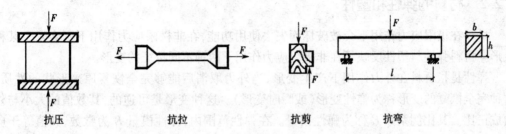

抗压　　　　　　　抗拉　　　　　　抗剪　　　　抗弯

图1-6　强度试验示意

材料的抗压、抗拉、抗剪强度的计算公式为:

$$f = \frac{F_{max}}{A} \tag{1-17}$$

式中:f ——材料抗拉、抗压、抗剪强度,MPa;

　　F_{max}——材料破坏时的极限荷载,N;

　　A——试件受力的截面面积,mm^2。

材料的抗弯强度与受力情况有关,一般试验方法是将矩形截面的试件放在两支点上,中间作用一集中荷载,则其抗弯强度计算公式为:

$$f_w = \frac{3F_{max}l}{2bh^2} \tag{1-18}$$

式中:f_w —— 材料的抗弯强度,MPa;

　　F_{max} —— 材料破坏时的最大荷载,N;

　　l——试件两支点间的距离,mm;

　　b、h——试件横截面的宽度及高度,mm。

材料强度的大小通常用强度等级作为衡量指标。材料的强度等级值是达到该级别的最低值,即材料的实际强度值高于该级别的强度值。如某混凝土的强度等级为C20,则该混凝土的实际强度值大于等于20 MPa。

材料的强度与它的成分、构造有关。不同种类的材料,有不同的强度;同一种材料随孔隙率及孔隙特征的不同,强度也会有较大差异。一般情况下,表观密度越小,孔隙率越大,质地越疏松的材料强度也越低。

此外,为了便于不同材料的强度比较,常采用比强度这一指标。所谓比强度是指按单位质量计算的材料的强度,其值等于材料的强度与其表观密度之比,即 f/ρ_0,比强度是衡量材料轻质高强的一个主要性能指标。表 1-3 是几种常见建筑材料的比强度对比表。

表 1-3　钢材、木材、混凝土和红砖的强度比较

材料	表观密度 $\rho_0/(\text{kg/m}^3)$	抗压强度 f_c/MPa	比强度 f_c/ρ_0
松木	500	34.3(顺纹)	0.69
低碳钢	7 860	415	0.053
普通混凝土	2 400	29.4	0.012
红砖	1 700	10	0.006

1.2.2　材料的弹性和塑性

材料在极限应力作用下会被破坏而失去使用功能,在非极限应力作用下则会发生某种变形。材料弹性与塑性反映了在非极限应力作用下两种不同特征的变形。

弹性是指材料在外力作用下产生变形,当外力取消后能够完全恢复原来形状的性质。这种完全恢复的变形称为弹性变形(或瞬时变形)。这种变形是可逆的,其数值的大小与外力成正比。其比例系数 E 称为弹性模量。在弹性范围内,弹性模量 E 为常数,其值等于应力 σ 与应变 ε 的比值,即

$$E = \frac{\sigma}{\varepsilon} \tag{1-19}$$

式中:σ——材料的应力,MPa;

　　　ε——材料的应变;

　　　E——材料的弹性模量,MPa。

弹性模量是衡量材料抵抗变形能力的一个指标,E 越大,材料越不易变形。

材料在外力作用下产生变形,如果外力取消后,仍能保持变形后的形状和尺寸,并且不产生裂缝的性质称为塑性。这种不能恢复的变形称为塑性变形(或永久变形)。

实际上,纯弹性或纯塑性的材料是不存在的。不同的材料在力的作用下表现出不同的变形特征。例如,低碳钢在受力不大时仅产生弹性变形,此时,应力与应变的比值为一常数。随着外力增大直至超过弹性极限时,不仅出现弹性变形,而且还出现塑性变形。对于沥青混凝土,在开始受力时,弹性变形和塑性变形便同时存在,除去外力后,弹性变形可以恢复,而塑性变形不能恢复,具有上述变形特征的材料称为弹塑性材料。

1.2.3　材料的脆性和韧性

脆性是指材料在外力作用下,当外力达到一定程度时,突然发生破坏,并无明显的变形的性质。脆性材料抵抗冲击荷载或震动作用的能力很差,抗压强度高而抗拉、抗折强度低。大部分无机非金属材料均属脆性材料,如天然石材,烧结普通砖、陶瓷、玻璃、普通混凝土、砂浆等。

韧性是指材料在冲击或振动荷载作用下，能吸收较大能量而不破坏的性能，又称为冲击韧性。韧性值可用材料受荷载达到破坏时所吸收的能量来表示，即：

$$a_k = \frac{A_k}{A} \tag{1-20}$$

式中：a_k—— 材料的冲击韧性，J/mm^2；

A_k——试件破坏时所消耗的功，J；

A——试件受力面积，mm^2。

韧性材料的特点是塑性变形大，受力时产生的抗拉强度接近或高于抗压强度。如木材、建筑钢材等属于韧性材料。建筑工程中，对于要承受荷载和有抗震要求的结构，其所使用的材料都要考虑材料的冲击韧性。

1.2.4　材料的硬度和耐磨性

材料的硬度是材料表面抵抗其他硬物刻划、压入其表面的能力。硬度的测量方法有刻划法、压入法、回弹法等。刻划法用于天然矿物硬度的划分，按滑石、石膏、方解石、萤石、磷灰石、正长石、石英、黄玉、刚玉、金刚石的顺序，分为 10 个硬度等级。回弹法用于测定混凝土表面硬度，并间接推算混凝土的强度，也用于测定陶瓷、砖、砂浆、塑料、橡胶、金属等的表面硬度并间接推算其强度。

耐磨性是材料表面抵抗磨损的能力。材料的耐磨性用磨损率表示，计算公式为：

$$G = \frac{m_1 - m_2}{A} \tag{1-21}$$

式中：G——材料的磨损率，g/cm^2；

m_1—— 材料磨损前的质量，g；

m_2—— 材料磨损后的质量，g；

A——试件受磨损的面积，cm^2。

材料的磨损率越低，表明材料的耐磨性越好。一般硬度较高的材料，耐磨性也较好。在建筑工程中，用于道路、地面、踏步等部位的材料，均应考虑其硬度和耐磨性。

1.3　材料的耐久性

1.3.1　材料的耐久性与使用寿命

材料的耐久性泛指材料长期抵抗各种内外破坏因素或腐蚀性介质的作用，保持其原有性质的能力。

在设计建筑物选用材料时，必须考虑材料的耐久性问题，因为只有采用耐久性良好的建筑材料，才能保证建筑物的耐久性。提高材料的耐久性，对节约建筑材料、保证建筑物长期正常使用、减少维修费用和延长建筑物使用寿命等，均具有十分重要的意义。因此，提高材料的耐久性应根据工程的重要性及其所处的环境合理选择材料。

1.3.2　影响材料耐久性的因素

用于建（构）筑物的材料，除要受到各种外力的作用之外，还经常要受到环境中许多自然因素的破坏作用。这些破坏作用包括机械、化学、物理及生物的作用。

（1）机械作用

机械作用包括使用荷载的持续作用，交变荷载引起材料的疲劳破坏以及冲击、磨损等作用。

（2）化学作用

化学作用包括大气、环境水以及使用条件下酸、碱、盐等溶液或有害气体等对材料的侵蚀作用。

（3）物理作用

物理作用包括干湿变化、温度变化及冻融变化等。这些作用将使材料发生体积的胀缩，或导致内部裂缝的扩展。长期的反复作用会使材料逐渐遭到破坏。

（4）生物作用

生物作用包括菌类、昆虫等的侵害作用而使材料因腐朽、蛀蚀而遭到破坏。

1.3.3　提高材料耐久性的措施

1）选用其他材料对主体材料加以保护（如制作保护层、刷涂料和制作饰面等）。

2）提高材料本身对外界作用的抵抗能力（如提高密实度、改变孔隙构造等）。

3）设法减轻大气或其他介质对材料的破坏作用（如降低湿度、排除侵蚀性物质等）。

1.3.4　材料耐久性的指标

实际工程中，材料往往受到多种破坏因素的同时作用。材料品质不同，其耐久性的内容也不同。无机非金属材料（如石材、砖、混凝土等）常因化学作用、温差、冻融、溶解、风蚀、摩擦等其中某些因素或综合因素共同作用，其耐久性指标更多地注重抗风化性、抗冻性、抗渗性、耐磨性等方面；金属材料常因化学和电化学作用遭受腐蚀破坏，其耐久性指标主要是耐蚀性；有机材料常因生物作用，光、热、电作用而引起破坏，其耐久性包含耐蚀性、抗老化性指标。抗冻性、耐水性、抗渗性等指标在前面已有介绍，下面介绍另外几种常用的性能指标。

（1）抗老化性

当空气中的光、热、雨水、臭氧等作用于材料时，也会导致材料组成与结构发生变化，这种作用称为气候老化作用。材料抵抗这些因素的作用，而能长期保持其性能的能力称为抗老化性。材料使用过程中常见的抗老化性有抗热老化、抗紫外光、抗光老化、耐臭氧性等。材料的抗老化性主要取决于材料的化学成分。

（2）耐蚀性

在地下水、土壤、海水、工业与民用废水、空气等环境介质中所含的有害化合物渗入到材料内部，将引起材料组成和结构发生破坏，这种作用称为化学腐蚀作用。材料抵抗这些化学介质侵蚀，保持其性能不变的能力称为耐蚀性。按照腐蚀发生的类型，耐蚀性有耐酸性、耐碱性、耐盐性、抗碳化性等。材料的耐蚀性与材料的抗渗性密切相关。

思　考　题

1．何谓材料的密度、表观密度、体积密度和堆积密度？如何计算？

2. 材料的孔隙率和孔隙特征对材料的吸水性、吸湿性、抗渗性、抗冻性、强度及保温隔热性能有何影响？

3. 材料的质量吸水率和体积吸水率有何不同？什么情况下采用体积吸水率来反映材料的吸水性？

4. 何谓材料的吸水性、吸湿性、耐水性、抗渗性和抗冻性？各用什么指标表示？

5. 建筑材料的亲水性和憎水性在建筑工程中有什么实际意义？

6. 什么是材料的导热性？材料导热系数的大小与哪些因素有关？

7. 材料的抗渗性好坏主要与哪些因素有关？怎样提高材料的抗渗性？

8. 脆性材料和韧性材料有何区别？使用时应注意哪些问题？

9. 软化系数是反映材料什么性质的指标？它的大小与该项指标的关系是什么？

10. 某岩石在气干、绝干、水饱和状态下测得的抗压强度分别为 172 MPa、178 MPa、168 MPa，求该岩石的软化系数，并说明该岩石能否用于水下工程。

2 气硬性胶凝材料

学习目标

- 掌握石灰、石膏的技术性质、特性、应用、验收及保管。
- 熟悉水玻璃的特性及应用。
- 了解石灰、石膏、水玻璃的生产。

在一定的条件下,经过一系列的物理、化学作用,能将散粒状材料(如砂、石子等)或块状材料(如砖、石块等)黏结成为整体的材料,称为胶凝材料。按化学成分将胶凝材料分为有机胶凝材料(如各种沥青及树脂)和无机胶凝材料。

无机胶凝材料按其硬化条件的不同又分为气硬性胶凝材料和水硬性胶凝材料。气硬性胶凝材料只能在空气中凝结硬化,保持并继续发展其强度的胶凝材料,如石膏、石灰、水玻璃等。水硬性胶凝材料是指不仅能在空气中硬化,而且能更好地在水中硬化,保持并继续发展其强度的胶凝材料,如水泥。

2.1 石灰

石灰是使用较早的矿物胶凝材料之一。其原料分布广,生产工艺简单,成本低廉,在建筑工程中广泛应用。

2.1.1 石灰的生产

生产石灰的原料:一是天然原料,以 $CaCO_3$ 为主要成分的矿物、岩石(如石灰石、白云石);二是化工副产品,如碳化钙制取乙炔时产生的电石渣,主要的成分为 $Ca(OH)_2$。生产石灰最主要的原料是天然的岩石。

生产石灰的过程就是煅烧石灰石,使其分解为生石灰和二氧化碳的过程,反应方程式为:

$$CaCO_3 \rightarrow CaO(生石灰) + CO_2 \uparrow$$

在生产石灰时,煅烧温度宜控制在 1 000℃左右,煅烧温度是影响石灰品质的关键因素之一。煅烧时间或煅烧温度控制不均匀,常会出现欠火石灰或过火石灰。欠火石灰是由于煅烧温度过低或煅烧时间不足,石灰石中的 $CaCO_3$ 未完全分解,生产出的石灰 CaO 含量低,降低了石灰石的利用率。过火石灰是由于煅烧的温度过高或煅烧时间过长,石灰石中的杂质发生了熔结,生产出的石灰颗粒粗大、结构致密。过火石灰熟化速度十分缓慢,其细小颗粒可能在石灰使用之后熟化,体积膨胀,致使硬化的砂浆产生"崩裂"或"鼓泡"现象,影响工程质量,也影响了石灰石的产灰量。品质好的石灰煅烧均匀,易熟化,灰膏产量高。

2.1.2 石灰的分类

2.1.2.1 按 MgO 含量分类

在石灰的原料中,除主要成分 $CaCO_3$ 外,还含有 $MgCO_3$。煅烧过程中 $MgCO_3$ 分解出 MgO,存在于石灰中。根据石灰中 MgO 含量的多少分为钙质石灰和镁质石灰。镁质石灰熟化速度较慢,但硬化后强度较高。钙质石灰在工程中应用较多。

2.1.2.2 按成品加工方法不同进行分类

(1)块状生石灰

块状生石灰指由原料煅烧而成的产品,主要成分为 CaO。

(2)生石灰粉

生石灰粉指由块状生石灰磨细制成的粉状产品,主要成分也为 CaO。

(3)消石灰粉

消石灰粉指将生石灰用适量水经消化和干燥而成的粉末,亦称熟石灰,主要成分为 $Ca(OH)_2$。

2.1.3 石灰的熟化和硬化

2.1.3.1 石灰的熟化

块状生石灰的熟化是指生石灰与水反应生成氢氧化钙的过程,又称为生石灰的水化或消化,其反应方程式为:

$$CaO + H_2O \rightarrow Ca(OH)_2 + 64.9 \text{ kJ}$$

生石灰熟化时特点是放出大量的热,体积膨胀 1~2.5 倍。CaO 含量高,杂质少,块小的生石灰熟化速度较快。未彻底熟化的石灰不得用于拌制砂浆,以防抹灰后出现凸包裂纹。

石灰熟化方法:在化灰池或熟化机中加水,将生石灰拌制成石灰浆,经筛网过滤(除渣)流入储灰池,在储灰池中陈伏(放置两周)成石灰膏,并在其表面保留一定厚度的水层,以防止接触空气而碳化变质。

在建筑工地应及时将块状石灰放在化灰池内,加水后经过两周以上的时间让其彻底熟化。

2.1.3.2 石灰浆体的硬化

石灰浆体的硬化,是由下面两个同时进行的过程来完成。

(1)结晶过程

由于石灰膏中的游离水一部分蒸发,一部分被其他材料吸收。随着水分的减少,微溶于水的氢氧化钙以胶体析出,随着时间的延长胶体逐渐变稠,部分氢氧化钙结晶,晶体胶体逐渐结合成固体。

(2)碳化过程

在大气环境中,氢氧化钙在潮湿状态下会与空气中的二氧化碳反应生成碳酸钙,并释放出水分,即发生碳化。其反应式为:

$$Ca(OH)_2 + CO_2 + nH_2O \rightarrow CaCO_3 + (n+1)H_2O$$

碳化过程是从膏体表面开始的,逐步深入到内部,但表层生成的碳酸钙阻碍了空气中二氧化碳的渗入,也影响了内部水分的蒸发,所以碳化过程长时间仅限于表面。

石灰的硬化只能在空气中进行,所以石灰只能在干燥环境的建筑物中使用,而不能用于水中或潮湿的环境中。

2.1.4　石灰的性质

（1）可塑性和保水性好

生石灰熟化后形成的石灰浆中,能自动形成颗粒极细的、呈胶体分散状态的氢氧化钙,同时表面吸附一层厚厚的水膜。因此,用生石灰制成的石灰砂浆具有良好的保水性和可塑性。在水泥砂浆中掺入石灰浆,可提高水泥砂浆的可塑性。

（2）硬化慢、强度低

石灰浆体在硬化时,由于空气中的二氧化碳较难进入其内部,所以碳化缓慢,硬化后的强度也不高。

（3）干燥收缩大

石灰在硬化过程中,由于蒸发大量的游离水而引起显著的收缩而产生裂纹,所以除调成石灰乳作薄层涂刷外,不宜单独使用,常掺入砂、纸筋等以减少收缩。

（4）耐水性差

石灰浆体硬化后,主要成分是氢氧化钙,由于氢氧化钙微溶于水,所以石灰受潮后溶解,强度更低,在水中还会溃散,因此石灰耐水性差。

（5）吸湿性强

生石灰极易吸收空气中的水分熟化成熟石灰粉,失去胶凝作用。所以生石灰长期存放应在密闭条件下,并应防潮、防水。

2.1.5　石灰的技术要求

（1）建筑生石灰的技术性质

按标准 JC/T 479—1992 规定,根据活性的 CaO 和 MgO 含量、未消化残渣含量、CO_2 含量以及产浆量分为优等品、一等品和合格品三个等级,它们的具体指标见表 2-1。

（2）建筑生石灰粉的技术性质

建筑生石灰粉根据活性的 CaO 和 MgO 含量、CO_2 含量以及细度分为优等品、一等品和合格品三个等级,它们的具体指标见表 2-2。

（3）建筑消石灰粉的技术性质

建筑消石灰粉根据活性的 CaO 和 MgO 含量、游离水量、体积安定性以及细度分为优等品、一等品和合格品三个等级,它们的具体指标见表 2-3。

表 2-1　建筑生石灰技术指标（JC/T 479—1992）

项　目	钙质生石灰			镁质生石灰		
	优等品	一等品	合格品	优等品	一等品	合格品
（CaO + MgO）含量不小于/%	90	85	80	85	80	75
未消化残渣（5 mm 圆孔筛筛余量）,不大于/%	5	10	15	5	10	15
CO_2 含量不大于/%	5	7	9	6	8	10
产浆量不小于/（L/kg）	2.8	2.3	2.0	2.8	2.3	2.0

表 2-2 建筑生石灰粉技术指标(JC/T 480—1992)

项 目		钙质生石灰粉			镁质生石灰粉		
		优等品	一等品	合格品	优等品	一等品	合格品
(CaO + MgO)含量不小于/%		85	80	75	80	75	70
CO_2含量不大于/%		7	9	11	8	10	12
细度	0.9 mm 筛筛余不大于/%	0.2	0.5	1.5	0.2	0.5	1.5
	0.125 mm 筛筛余不大于/%	7.0	12.0	18.0	7.0	12.0	18.0

表 2-3 建筑消石灰粉技术指标(JC/T 481—1992)

项 目		钙质消石灰粉			镁质消石灰粉			白云石消石灰粉		
		优等品	一等品	合格品	优等品	一等品	合格品	优等品	一等品	合格品
(CaO + MgO)含量不小于/%		70	65	60	65	60	55	65	60	55
游离水/%		0.4 ~ 2								
体积安定性		合格	合格	—	合格	合格	—	合格	合格	—
细度	0.9 mm 筛筛余不大于/%	0	0	0.5	0	0	0.5	0	0	0.5
	0.125 mm 筛筛余不大于/%	3	10	15	3	10	15	3	10	15

2.1.6 石灰的应用

(1)制作石灰乳涂料

用消石灰粉或熟化好的石灰膏加水稀释成为石灰乳涂料,可用于建筑室内墙面和顶棚粉刷。

(2)配制砂浆

石灰膏或消石灰粉可以单独或与水泥一起配制成砂浆,前者称石灰砂浆,后者称混合砂浆,用于墙体的砌筑和抹面。为了克服石灰浆收缩性大的缺点,配制时常要加入纸筋等纤维质材料。

(3)拌制灰土和三合土

灰土(通常用石灰和黏土的体积比表示,有三七灰、二八灰)、三合土(石灰 + 黏土 + 砂、石或碎砖和炉渣等)、粉煤灰石灰土(石灰 + 粉煤灰、黏土)、粉煤灰碎石土(石灰 + 粉煤灰、砂、碎石等)等,石灰宜用磨细的生石灰或消石灰粉,这样更易与黏土拌和,而磨细生石灰还可以提高灰土、三合土的密实度、强度和耐久性等。大量应用于建筑物的基础、地面和道路等的垫层、地基的换土处理等。

(4)制作碳化石灰板

将磨细生石灰、纤维状填料或轻质骨料和水按一定比例搅拌成型,然后通入高浓度二氧化碳经人工碳化 12 ~ 24 h 而成的轻质板材称为碳化石灰板。为减轻自重、提高碳化效果石灰板常作成薄壁空心板,主要用于非承重内墙板、天花板等。

(5)生产硅酸盐制品

例如:灰砂砖、粉煤灰砖及砌块、加气混凝土砌块等。磨细生石灰或消石灰粉与砂或粒化高炉矿渣、炉渣、粉煤灰等硅质材料,经配料、混合、成型,再经常压或高压蒸气养护制成的密实或多孔硅酸盐制品。

2.1.7 石灰的验收、储运与保管

建筑生石灰粉、建筑消石灰粉一般采用袋装,可以采用符合标准规定的牛皮纸袋、复合纸袋或塑料编织袋包装,包装袋上应标明产品名称、商标、厂名、净重、批量编号。运输过程中要采取防水措施。由于生石灰遇水发生反应放出大量的热,所以生石灰不宜与易燃易爆物品共运,以免酿成火灾。

石灰保管时应分类、分等级存放在干燥的仓库内,不得受潮和混入杂物,不宜长期存储。存放时,可制成石灰膏密封或在上面覆盖砂土等方式与空气隔绝,防止硬化。

2.2 石膏

石膏是一种以硫酸钙为主要成分的气硬性胶凝材料。石膏中因含结晶水不同而形成多种不同的石膏,主要有建筑石膏($CaSO_4 \cdot \frac{1}{2}H_2O$)、无水石膏($CaSO_4$)和生石膏($CaSO_4 \cdot 2H_2O$)等。

2.2.1 建筑石膏的生产

用天然石膏或含有 $CaSO_4$ 的化工副产品及废渣(如盐田石膏是生产食盐的废渣,磷石膏是生产磷肥的废渣等)作为生产建筑石膏的原料,将天然石膏加热至 107 ~ 170 ℃ 即可制得半水石膏,其反应式如下:

$$CaSO_4 \cdot 2H_2O \rightarrow CaSO_4 \cdot \frac{1}{2}H_2O + \frac{3}{2}H_2O$$

这种半水石膏晶粒较小,称为 β 型半水石膏,也称熟石膏。将此石膏磨细得到的白色粉末即为建筑石膏。

2.2.2 建筑石膏的凝结硬化

(1)石膏的水化

石膏加水后,与水发生化学反应,生成二水石膏并放出热量。反应式如下:

$$CaSO_4 \cdot \frac{1}{2}H_2O + \frac{3}{2}H_2O \rightarrow CaSO_4 \cdot 2H_2O$$

石膏加水后首先溶解于水,由于二水石膏在常温(20℃)下的溶解度仅为半水石膏的溶解度的五分之一,二水石膏胶体颗粒不断从过饱和溶液中析出。二水石膏的析出,使溶液中的二水石膏含量减少,浓度下降,使新的半水石膏继续溶解和水化,直至半水石膏全部转化为二水石膏为止。

(2)石膏的凝结硬化

石膏浆体中的水分因水化和蒸发逐渐减少,浆体逐渐变稠,颗粒间的摩擦力逐渐增大而使浆体失去流动性,可塑性也开始减小,此时称为石膏的初凝。随着水分的进一步蒸发和水

化的继续进行,浆体完全失去可塑性,开始产生结构强度,称为石膏的终凝。其后,随着水分的减少,石膏胶体凝结并逐步转变为晶体,且晶体间相互搭接、交错、连生,使浆体逐渐变硬产生强度,并不断增长,直至形成坚硬的固体。

2.2.3　建筑石膏的性质

(1)凝结硬化快

建筑石膏在加水拌和后,浆体在 6～10 min 便开始失去塑性,20～30 min 内完全硬化产生强度。施工时可根据需要作适当调整,若加速凝固可掺入少量的磨细的未经煅烧的石膏;若需要缓凝,可掺硼砂、亚硫酸盐和酒精废液等。

(2)孔隙率大、强度较低、保温性好、吸声性好

半水石膏水化转变为二水石膏时,理论需水量仅为石膏质量的 6%。但为使石膏浆体具有必要的塑性,通常需要加入石膏质量 60%～80% 的水,由于硬化后这些多余水分的蒸发,在石膏硬化体内留下很多孔隙,从而导致强度降低。建筑石膏制品硬化后内部形成大量的毛细孔隙,孔隙率达 50% 以上,因此石膏制品导热系数小,保温隔热性及吸声性好。

(3)体积微膨胀

石膏浆体在凝结硬化初期体积会发生微膨胀,膨胀率约为 1%,这一特性使模塑形成的石膏制品的表面光滑,尺寸精确,棱角清晰、饱满,装饰性好。

(4)具有一定的调温、调湿性能

建筑石膏制品的热容量较大,具有一定的调节温度的作用,建筑石膏制品内部的大量毛细孔隙对空气中的水蒸气具有较强的吸附能力,对室内空气的湿度有一定的调节作用。

(5)耐水性、抗渗性、抗冻性差

石膏制品的孔隙率大,且二水石膏微溶于水,遇水后强度大大降低,其软化系数仅为 0.2～0.3。若石膏制品吸水后受冻,会因孔隙中水分结冰膨胀而破坏。

(6)防火性好、耐火性差

建筑石膏制品的导热系数小、传热慢,且二水石膏受热脱水产生的水蒸气能阻碍火势的蔓延。但二水石膏脱水后,强度下降,因此建筑石膏耐火性较差。

2.2.4　建筑石膏的技术要求

建筑石膏为白色粉状材料,密度为 2.60～2.75 g/cm^3,堆积密度为 800～1 000 g/cm^3。根据 GB/T 9776—2008 规定,建筑石膏物理力学性能指标有强度、细度、凝结时间,具体要求见表 2-4。

表 2-4　建筑石膏技术要求(GB/T 9776—2008)

等级	细度(0.2 mm 方孔筛筛余)/%	凝结时间/min		2 h 强度/MPa	
		初凝	终凝	抗折	抗压
3.0				≥3.0	≥6.0
2.0	≤10	≥3	≤30	≥2.0	≥4.0
1.6				≥1.6	≥3.0

2.2.5 建筑石膏的应用

（1）室内抹灰及粉刷

石膏洁白细腻,用于室内抹灰和粉刷,具有良好的装饰效果。抹灰后的表面洁白、美观,可直接涂刷涂料、粘贴壁纸等。

（2）制作石膏制品

建筑石膏可与石棉、玻璃纤维、轻质填料等制成各种石膏板材,它具有轻质、保温隔热、吸声、防火、尺寸稳定及施工方便等特点,广泛应用于高层建筑及大跨度建筑的隔墙。建筑石膏还广泛应用于石膏角线等装饰制品。

2.2.6 建筑石膏的验收、储运与保管

建筑石膏一般采用袋装,包装袋上应标明产品标记、制造厂名、生产批号和出厂日期、质量等级、商标、防潮标志;储运时不同等级的石膏应分别存放,防止受潮;自生产日起算,储存期不得超过3个月,若过期应重新进行质量检验,以确定等级。

2.3 水 玻 璃

水玻璃俗称"泡花碱",是一种由碱金属氧化物和二氧化硅结合而成的水溶性硅酸盐材料,其化学通式为 $R_2O \cdot nSiO_2$, n 为氧化硅与碱金属氧化物之间的摩尔比,为水玻璃模数,一般在 $1.5 \sim 3.5$ 之间。建筑工程中常用的水玻璃的模数在 $2.6 \sim 2.8$。水玻璃的模数越大,黏结力越强,越难溶于水。常见的有硅酸钠水玻璃（$Na_2O \cdot nSiO_2$）和硅酸钾水玻璃（$K_2O \cdot nSiO_2$）等,钾水玻璃在性能上优于钠水玻璃,但其价格较高,故建筑上最常用的是钠水玻璃。

2.3.1 水玻璃的生产

生产硅酸钠水玻璃的主要原料是石英砂、纯碱或含碳酸钠的原料。将各原料磨细,按比例配合,在熔炉内加热至 $1\,300 \sim 1\,400\ ℃$,熔融而成硅酸钠,冷却后即为固态水玻璃,其反应式如下:

$$Na_2CO_3 + nSiO_2 \rightarrow Na_2O \cdot nSiO_2 + CO_2 \uparrow$$

然后将固态水玻璃在水中加热溶解玻璃溶液,即为液态水玻璃。液体水玻璃常含有杂质而成淡黄、绿色、青灰色,以无色透明为最好。

2.3.2 水玻璃的硬化

水玻璃在空气中吸收二氧化碳,形成无定形的二氧化硅凝胶（又称硅酸凝胶）,凝胶因干燥而逐渐硬化。其反应式为:

$$Na_2O \cdot nSiO_2 + CO_2 + mH_2O \rightarrow Na_2CO_3 + nSiO_2 \cdot mH_2O$$

由于空气中二氧化碳含量极少,上述硬化过程极慢,为加速硬化,可掺入占水玻璃质量 $12\% \sim 15\%$ 的氟硅酸钠促硬剂,促使硅胶析出速度加快,从而加快水玻璃的凝结与硬化。反应式为:

$$2(Na_2O \cdot nSiO_2) + mSiO_2 + Na_2SiF_6 \rightarrow (2n+1)SiO_2 \cdot mH_2O + 6NaF$$

掺入氟硅酸钠量一定要适当。用量太少,硬化速度慢,强度低,且未反应的水玻璃易溶于水,导致耐水性差;用量过多会引起凝结硬化过快,造成施工困难。另外,氟硅酸钠有一定的毒性,操作时应注意安全。

2.3.3 水玻璃的性质

(1)黏结性好

水玻璃硬化后的主要成分为硅酸凝胶和固体,比表面积大,因而有良好的黏结性能。硬化时析出的硅酸凝胶还可以堵塞毛细空隙,起到防止液体渗漏的作用。

(2)耐酸性好

硬化后的水玻璃主要成分是 SiO_2,在强氧化性酸中具有较好的化学稳定性。因此能抵抗大多数无机酸(氢氟酸除外)与有机酸的腐蚀。

(3)耐热性好

水玻璃硬化后形成的 SiO_2 网状框架在高温下强度不下降,甚至有所提高。用它和耐热集料配制的耐热混凝土可耐 1 000℃的高温而不破坏。

(4)耐碱性与耐水性差

因 SiO_2 和 $Na_2O \cdot nSiO_2$ 均为酸性物质,溶于碱,故水玻璃不能在碱性环境中使用。而硬化产物 NaF、Na_2CO_3 等又均溶于水,因此耐水性差。为提高耐水性,可采用中等浓度的酸对已硬化的水玻璃进行酸洗处理。

2.3.4 水玻璃的应用

(1)涂刷或浸渍材料

直接将液体水玻璃涂刷或浸渍多孔材料(天然石材、黏土砖、混凝土以及硅酸盐制品)时,能在材料表面形成 SiO_2 膜层,提高其抗水性及抗风化能力,又因材料密实度提高,还可提高强度、抗渗性和耐久性等。但不能用水玻璃涂刷或浸渍石膏制品,因为水玻璃与硫酸钙反应生成体积膨胀的硫酸钠晶体,会导致石膏制品的开裂甚至破坏。

(2)修补裂缝、堵漏

将液体水玻璃、粒化高炉矿渣粉、砂和氟硅酸钠按一定比例配合成砂浆,直接压入砖墙裂缝内,可起到黏结和补强的作用。以水玻璃为基料,加入两种、三种或四种矾可制成二矾、三矾或四矾防水剂。此类防水剂凝结迅速,时间一般不超过 1 min,适用于堵漏、填缝等局部抢修工程。

(3)加固土壤

将液体水玻璃和氯化钙溶液轮流交替向地层压入,反应生成的硅酸凝胶将土壤颗粒包裹并填实其空隙。硅酸胶体为一种吸水膨胀的冻状凝胶,因吸收地下水而经常处于膨胀状态,阻止水分的渗透而使土壤固结。

(4)配制耐热、耐酸砂浆和混凝土

以水玻璃为胶结材料,加入促硬剂和耐热或耐酸粗、细骨料,可配制成耐热、耐酸砂浆和耐酸混凝土,用于耐热、耐腐工程。

应用案例与发展动态

案例 1　某单位的建筑内墙使用石灰砂浆抹面。数月后,墙面上出现了许多不规则的网状裂纹,如图 2-1;同时在个别部位还有一部分凸出的呈放射状裂纹,如图 2-2。

图 2-1　网状裂纹

图 2-2　放射状裂纹

原因分析: 石灰在煅烧过程中,如果煅烧时间过长或温度过高,将生成颜色较深、块体致密的"过烧石灰"。过烧石灰水化极慢,当石灰变硬后才开始熟化,产生体积膨胀,引起已变硬石灰体的隆起鼓包和开裂。为了消除过烧石灰的危害,保持石灰膏表面有水的情况下,在贮存池中放置一周以上,这一过程称为陈伏。陈伏期间,石灰浆表面应保持一层水,隔绝空气,防止 $Ca(OH)_2$ 与 CO_2 发生碳化反应。

图 2-1 为网状干缩性裂纹,是由石灰砂浆在硬化过程中干燥收缩所致。尤其是水灰比过大,石灰过多,易产生此类裂纹。

图 2-2 为凸出放射性裂纹,这是由于石灰浆的陈伏时间不足,致使其中部分过烧石灰在石灰砂浆制作时尚未水化,导致在硬化的石灰砂浆中继续水化成 $Ca(OH)_2$,产生体积膨胀,从而形成膨胀性裂纹。

案例 2　某住宅在装修中,工人用建筑石膏粉拌水和成一桶石膏浆,用以在光滑的天花板上直接粘贴,石膏饰条前后半小时完工。几天后最后粘贴的两条石膏饰条突然坠落。

原因分析: 建筑石膏拌水后一般于数分钟至半小时左右凝结,后来粘贴石膏饰条的石膏浆已初凝,黏结性能差。可掺入缓凝剂,延长凝结时间;或者分多次配制石膏浆,即配即用。

在光滑的天花板上直接贴石膏条,粘贴难以牢固,宜对表面予以打刮,以利粘贴。或者,在黏结的石膏浆中掺入部分黏结性强的黏结剂。

案例 3　在某建筑物的室内墙面装修过程中观察到,铝合金窗外表出现了一些斑迹。装修中使用了以水玻璃为成膜物质的腻子作为底层涂料,施工过程会散落到铝合金窗上。

原因分析: 水玻璃呈碱性。当含碱涂料与铝合金接触时,引起铝合金窗表面发生腐蚀反应,使铝合金表面锈蚀而形成斑迹。

思考题

1. 生石灰在熟化时为什么需要陈伏两周以上？为什么在陈伏时需在熟石灰表面保留一层水？

2. 石灰的用途有哪些？在储存和保管时需要注意哪些方面？

3. 简述建筑石膏的特性及应用。

4. 用于内墙抹灰时，建筑石膏与石灰比较具有哪些优点？为什么？

5. 建筑石膏在使用时为什么常常要加入动物胶或亚硫酸盐酒精废液？

6. 建筑石膏及其制品为什么适用于室内，而不适用于室外？

7. 石膏制品为什么具有良好的保温隔热性和阻燃性？

8. 简述水玻璃的特性及应用。

9. 水玻璃在使用时为什么要掺入一定量的氟硅酸钠（Na_2SiF_6）？

3　水　　泥

学习目标

● 掌握硅酸盐水泥和掺混合材料硅酸水泥的性质、技术性质及选用原则。

● 熟悉硅酸盐水泥和掺混合材料硅酸水泥的矿物组成、水化产物、检测方法、水泥石的腐蚀与防止等。

● 了解硅酸盐水泥的硬化机理,其他水泥品种及其性质和使用特点。

水泥是一种粉状矿物胶凝材料,它与水混合后形成浆体,经过一系列物理化学变化,由可塑性浆体变成坚硬的石状体,并能将散粒材料胶结成为整体。水泥浆体不仅能在空气中凝结硬化,更能在水中凝结硬化,是一种水硬性胶凝材料。工程中主要用于配制混凝土、砂浆和灌浆材料。

水泥的品种繁多,按其矿物组成,水泥可分为硅酸盐系列、铝酸盐系列、硫酸盐系列、铁铝酸盐系列、氟铝酸盐系列等。按水泥的性能及用途可分为三大类,见表3-1。

表3-1　水泥按性能和用途的分类

水泥品种	性能与用途	主要品种
通用水泥	指一般土木工程通常采用的水泥。此类水泥的产量大,适用范围广	硅酸盐水泥、普通硅酸盐水泥、矿渣硅酸盐水泥、火山灰质硅酸盐水泥、粉煤灰硅酸盐水泥和复合硅酸盐水泥等六大硅酸盐系水泥
专用水泥	具有专门用途的水泥	道路水泥、砌筑水泥和油井水泥等
特性水泥	某种性能比较突出的水泥	快硬硅酸盐水泥、白色硅酸盐水泥、抗硫酸盐硅酸盐水泥、低热硅酸盐水泥和膨胀水泥

在《通用硅酸盐水泥》(GB 175—2007)标准中,通用硅酸盐水泥是以硅酸盐水泥熟料和适量的石膏及规定的混合材料制成的水硬性胶凝材料。本标准规定的通用硅酸盐水泥按混合材料的品种和掺量分为硅酸盐水泥、普通硅酸盐水泥、矿渣硅酸盐水泥、火山灰质硅酸盐水泥、粉煤灰硅酸盐水泥和复合硅酸盐水泥。通用硅酸盐水泥各品种的组分和代号应符合表3-2 的规定。

表 3-2　通用硅酸盐水泥的组分（GB 175—2007）　　　　　%

品种	代号	组 分				
		熟料 + 石膏	粒化高炉矿渣	火山灰质混合材料	粉煤灰	石灰石
硅酸盐水泥	P·I	100	—	—	—	—
	P·II	≥95	≤5	—	—	—
		≥95	—	—	—	≤5
普通硅酸盐水泥	P·O	≥80 且 <95		>5 且 ≤20[a]		—
矿渣硅酸盐水泥	P·S·A	≥50 且 <80	>20 且 ≤50[b]	—	—	—
	P·S·B	≥30 且 <50	>50 且 ≤70[b]	—	—	—
火山灰质硅酸盐水泥	P·P	≥60 且 <80	—	>20 且 ≤40[c]	—	—
粉煤灰硅酸盐水泥	P·F	≥60 且 <80	—	—	>20 且 ≤40[d]	—
复合硅酸盐水泥	P·C	≥50 且 <80	>20 且 ≤50[e]			

注：a. 本组分材料为符合本标准 5.2.3 的活性混合材料，其中允许用不超过水泥质量 8% 且符合本标准 5.2.4 的非活性混合材料或不超过水泥质量 5% 且符合本标准 5.2.5 的窑灰代替；

b. 本组分材料为符合 GB/T 203 或 GB/T 18046 的活性混合材料，其中允许用不超过水泥质量 8% 且符合本标准第 5.2.3 条的活性混合材料或符合本标准第 5.2.4 条的非活性混合材料或符合本标准第 5.2.5 条的窑灰中的任一种材料代替；

c. 本组分材料为符合 GB/T 2847 的活性混合材料；

d. 本组分材料为符合 GB/T 1596 的活性混合材料；

e. 本组分材料为由两种（含）以上符合本标准第 5.2.3 条的活性混合材料或/和符合本标准第 5.2.4 条的非活性混合材料组成，其中允许用不超过水泥质量 8% 且符合本标准第 5.2.5 条的窑灰代替，掺矿渣时混合材料掺量不得与矿渣硅酸盐水泥重复。

　　水泥品种虽然很多，是建筑工程中最为重要的建筑材料之一，但硅酸盐系列水泥是产量最大、应用范围最广的，因此，本章对硅酸盐系列水泥作重点介绍，对其他水泥只作一般的介绍。

3.1　硅酸盐水泥

　　硅酸盐水泥是硅酸盐水泥系列的基本品种，其他品种的硅酸盐水泥都是在硅酸盐水泥熟料的基础上，掺入一定量的混合材料制得，因此要掌握硅酸盐系列水泥的性能，首先要了解和掌握硅酸盐水泥的特性。

3.1.1　硅酸盐水泥的原料和生产

　　生产硅酸盐水泥的原料主要有石灰质原料、黏土质原料两大类，此外再配以辅助的铁质、硅质和铝质校正原料。其中石灰质原料主要提供 CaO，它可采用石灰石、石灰质凝灰岩等；黏土质原料主要提供 SiO_2、Al_2O_3 及少量的 Fe_2O_3，它可采用黏土、黏土质页岩、黄土等；铁质校正原料主要补充 Fe_2O_3，可采用铁矿粉、黄铁矿渣等；硅质校正原料主要补充 SiO_2，它可采用砂岩、粉砂岩等；铝质校正原料主要补充 Al_2O_3，它可采用铝矾土、粉煤灰等。

硅酸盐水泥生产过程是将原料按一定比例混合磨细,先制得具有适当化学成分的生料,再将生料在水泥窑中经过1 400～1 450℃的高温煅烧至部分熔融,冷却后而得硅酸盐水泥熟料,最后再加适量石膏共同磨细制成的水硬性胶凝材料,不掺混合材料的,称Ⅰ型硅酸盐水泥,代号P·Ⅰ;掺加混合材料的,称Ⅱ型硅酸盐水泥,代号P·Ⅱ。硅酸盐水泥的生产有三大主要环节,即生料制备、熟料烧成和水泥制成,这三大环节的主要设备是生料磨机、水泥熟料煅烧窑和水泥磨机,可概括为"两磨一烧",其生产工艺流程如图3-1所示。

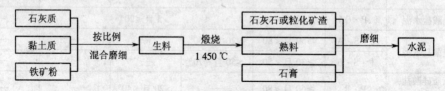

图 3-1 硅酸盐水泥生产示意

3.1.2 硅酸盐水泥熟料的组成与特性

硅酸盐水泥熟料的主要矿物成分,如表3-3所示。

表 3-3 硅酸盐水泥熟料的矿物组成

组成矿物名称	化学分子式	缩 写	含 量/%	
硅酸三钙	$3CaO \cdot SiO_2$	C_3S	37～60	75～82
硅酸二钙	$2CaO \cdot SiO_2$	C_2S	15～37	
铝酸三钙	$3CaO \cdot Al_2O_3$	C_3A	7～15	18～25
铁铝酸四钙	$4CaO \cdot Al_2O_3 \cdot Fe_2O_3$	C_4AF	10～18	

在以上的矿物组成中,硅酸三钙和硅酸二钙的总含量占75%以上,而铝酸三钙和铁铝酸四钙的总含量仅占25%左右,硅酸盐占绝大部分,故名硅酸盐水泥。除上述主要熟料矿物成分外,水泥中还有少量的游离氧化钙、游离氧化镁,其含量过高,会引起水泥体积安定性不良。水泥中还含有少量的碱(Na_2O、K_2O),碱含量高的水泥如果遇到活性骨料,易产生碱-骨料膨胀反应。所以水泥中游离氧化钙、游离氧化镁和碱的含量应加以限制。

各种矿物单独与水作用时,表现出不同的性能,详见表3-4。

表 3-4 硅酸盐水泥熟料矿物特性

矿物名称	密度/(g/cm^3)	水化反应速率	水化放热量	强度	耐腐蚀性
$3CaO \cdot SiO_2$	3.25	快	大	高	差
$2CaO \cdot SiO_2$	3.28	慢	小	早期低后期高	好
$3CaO \cdot Al_2O_3$	3.04	最快	最大	低	最差
$4CaO \cdot Al_2O_3 \cdot Fe_2O_3$	3.77	快	中	低	中

各熟料矿物的强度增长情况如图3-2所示。水化热的释放情况如图3-3所示。

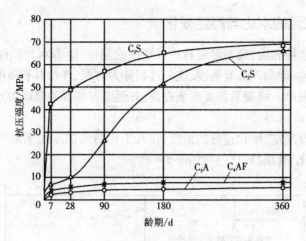

图 3-2　不同熟料矿物的强度增长曲线

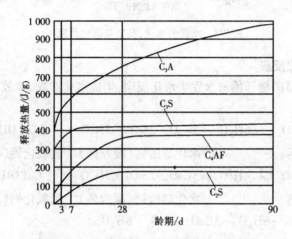

图 3-3　不同熟料矿物的水化热释放曲线

由表 3-4 及图 3-2、3-3 可知,不同熟料矿物单独与水作用的特性是不同的。

1)硅酸三钙的水化速度较快,早期强度高,28 天强度可达一年强度的 70% ~ 80%;水化热较大,且主要是早期放出,其含量也最高,是决定水泥性质的主要矿物。

2)硅酸二钙的水化速度最慢,水化热最小,且主要是后期放出,是保证水泥后期强度的主要矿物,且耐化学侵蚀性好。

3)铝酸三钙的凝结硬化速度最快(故需掺入适量石膏作缓凝剂),也是水化热最大的矿物。其强度值最低,但形成最快,3 d 强度接近最终强度。但其耐化学侵蚀性最差,且硬化时体积收缩最大。

4)铁铝酸四钙的水化速度也较快,仅次于铝酸三钙,其水化热中等,且有利于提高水泥抗拉(折)强度。

水泥是几种熟料矿物的混合物,改变矿物成分间比例时,水泥性质即发生相应的变化,可制成不同性能的水泥。如增加 C_3S 含量,可制成高强、早强水泥(我国水泥标准规定的 R 型水泥)。若增加 C_2S 含量而减少 C_3S 含量,水泥的强度发展慢,早期强度低,但后期强度高,其更大的优势是水化热降低。若提高 C_4AF 的含量,可制得抗折强度较高的道路水泥。

3.1.3 硅酸盐水泥的水化与凝结硬化

水泥与适量的水拌和后,最初形成具有可塑性的浆体,随着水化反应的进行,水泥浆体逐渐变稠失去可塑性,但尚不具有强度,这一过程称为初凝,开始具有强度时称为终凝,从初凝到终凝的过程为凝结。终凝后强度逐渐提高,并逐渐发展成为坚硬的水泥石,这一过程为硬化。

水泥的水化贯穿凝结、硬化过程的始终,在几十年龄期的水泥制品中,仍有未水化的水泥颗粒。水泥的水化、凝结、硬化过程如图3-4所示。

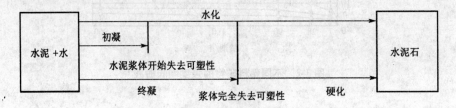

图3-4 水泥的水化、凝结与硬化示意

3.1.3.1 水泥的水化反应

水泥加水后,熟料矿物开始与水发生水化反应,生成水化产物,并放出一定的热量,其反应式如下:

$$2(3CaO \cdot SiO_2) + 6H_2O \rightarrow 3CaO \cdot 2SiO_2 \cdot 3H_2O + 3Ca(OH)_2$$

　　　硅酸三钙　　　　　水化硅酸钙(凝胶体)　氢氧化钙(晶体)

$$2(2CaO \cdot SiO_2) + 4H_2O \rightarrow 3CaO \cdot 2SiO_2 \cdot 3H_2O + Ca(OH)_2$$

　　　硅酸二钙　　　　　水化硅酸钙(凝胶体)　氢氧化钙(晶体)

$$3CaO \cdot Al_2O_3 + 6H_2O \rightarrow 3CaO \cdot Al_2O_3 \cdot 6H_2O$$

　　　铝酸三钙　　　　　水化铝酸钙(晶体)

$$4CaO \cdot Al_2O_3 \cdot Fe_2O_3 + 7H_2O \rightarrow 3CaO \cdot Al_2O_3 \cdot 6H_2O + CaO \cdot Fe_2O_3 \cdot H_2O$$

　　　铁铝酸四钙　　　　　水化铝酸钙(晶体)　水化铁酸钙(凝胶体)

在四种熟料矿物中,C_3A 的水化速度最快,若不加以抑制,水泥的凝结过快,影响正常使用。为了调节水泥凝结时间,在水泥中加入适量石膏共同粉磨,石膏起缓凝作用,其机理为:熟料与石膏一起迅速溶解于水,并开始水化,形成石膏、石灰饱和溶液,而熟料中水化最快的 C_3A 的水化产物 $3CaO \cdot Al_2O_3 \cdot 6H_2O$ 在石膏、石灰的饱和溶液中生成高硫型水化硫铝酸钙,又称钙矾石,反应式如下:

$$3CaO \cdot Al_2O_3 \cdot 6H_2O + 3(CaSO_4 \cdot 2H_2O) + 19H_2O \rightarrow 3CaO \cdot Al_2O_3 \cdot 3CaSO_4 \cdot 31H_2O$$

　　　水化铝酸钙　　　　石膏　　　　　　　水化硫铝酸钙(钙矾石晶体)

钙矾石是一种针状晶体,不溶于水,且形成时体积膨胀1.5倍。钙矾石在水泥熟料颗粒表面形成一层较致密的保护膜,封闭熟料组分的表面,阻滞水分子及离子的扩散,从而延缓了熟料颗粒,特别是 C_3A 的水化速度。加入适量的石膏不仅能调节凝结时间达到标准所规定的要求,而且适量石膏能在水泥水化过程中与 C_3A 生成一定数量的水化硫铝酸钙晶体,交错地填充于水泥石的空隙中,从而增加水泥石的致密性,有利于提高水泥强度,尤其是早期强度的发挥。但如果石膏掺量过多，会引起水泥体积安定性不良。

硅酸盐水泥主要水化产物有：水化硅酸钙凝胶体、水化铁酸钙凝胶体、氢氧化钙晶体、水化铝酸钙晶体和水化硫铝酸钙晶体。在完全水化的水泥石中，水化硅酸钙约占 50%，氢氧化钙约占 25%。

3.1.3.2　硅酸盐水泥的凝结与硬化

水泥的凝结硬化是个非常复杂的物理化学过程，可分为以下几个阶段。

水泥颗粒与水接触后，首先是最表层的水泥与水发生水化反应，生成水化产物，组成水泥—水—水化产物混合体系。反应初期，水化速度很快，不断形成新的水化产物扩散到水中，使混合体系很快成为水化产物的饱和溶液。此后，水泥继续水化所生成的产物不再溶解，而是以分散状态的颗粒析出，附在水泥粒子表面，形成凝胶膜包裹层，使水泥在一段时间内反应缓慢，水泥浆的可塑性基本上保持不变。

由于水化产物不断增加，凝胶膜逐渐增厚而破裂并继续扩展，水泥粒子又在一段时间内加速水化，这一过程可重复多次。由水化产物组成的水泥凝胶在水泥颗粒之间形成了网状结构。水泥浆逐渐变稠，并失去塑性而出现凝结现象。此后，由于水泥水化反应的继续进行，水泥凝胶不断扩展而填充颗粒之间的孔隙，使毛细孔越来越少，水泥石就具有越来越高的强度和胶结能力。

综上所述，水泥的凝结硬化是一个由表及里、由快到慢的过程。较粗颗粒的内部很难完全水化。因此，硬化后的水泥石是由水泥水化产物凝胶体（内含凝胶孔）及结晶体、未完全水化的水泥颗粒、毛细孔（含毛细孔水）等组成的不匀质结构体。

3.1.3.3　影响硅酸盐水泥凝结、硬化的因素

水泥的凝结硬化过程，也就是水泥强度发展的过程，受到许多因素的影响，有内部的和外界的，其主要影响因素分析如下。

（1）矿物组成

矿物组成是影响水泥凝结硬化的主要内因，如前所述，不同的熟料矿物成分单独与水作用时，水化反应的速度、强度发展的规律、水化放热是不同的，因此改变水泥的矿物组成，其凝结硬化将产生明显的变化。

（2）水泥细度

水泥颗粒的粗细程度直接影响水泥的水化、凝结硬化、强度、干缩及水化热等。水泥的颗粒粒径一般在 $7 \sim 200 \ \mu m$ 之间，颗粒越细，与水接触的比表面积越大，水化速度较快且较充分，水泥的早期强度和后期强度都很高。但水泥颗粒过细，在生产过程中消耗的能量越多，机械损耗也越大，生产成本增加，且水泥颗粒越细，需水量越大，在硬化时收缩也增大，因而水泥的细度应适中。

（3）石膏掺量

石膏掺入水泥中的目的是为了延缓水泥的凝结、硬化速度，调节水泥的凝结时间。需注意的是石膏的掺入要适量，掺量过少，不足以抑制 C_3A 的水化速度；过多掺入石膏，其本身会生成一种促凝物质，反而使水泥快凝；如果石膏掺量超过限量，则会在水泥硬化过程中仍有一部分石膏与 C_3A 及 C_4AF 的水化产物 $3CaO \cdot Al_2O_3 \cdot 6H_2O$ 继续反应生成水化硫铝酸钙针状晶体，使体积膨胀，水泥强度降低，严重时还会导致水泥体积安定性不良。适宜的石膏掺量主要取决于水泥中 C_3A 的含量和石膏的品种及质量，同时与水泥细度及熟料中 SO_3

含量有关,一般生产水泥时石膏掺量占水泥质量的 3% ~5%,具体掺量应通过试验确定。

（4）水灰比

拌和水泥浆时,水与水泥的质量比称为水灰比。从理论上讲,水泥完全水化所需的水灰比为 0.22 左右。但拌和水泥浆时,为使浆体具有一定塑性和流动性,所加入的水量通常要大大超过水泥充分水化时所需用水量,多余的水在硬化的水泥石内形成毛细孔。因此拌和水越多,硬化水泥石中的毛细孔就越多,当水灰比为 0.4 时,完全水化后水泥石的总孔隙率为 29.6%,而水灰比为 0.7 时,水泥石的孔隙率高达 50.3%。水泥石的强度随其孔隙增加而降低。因此,在不影响施工的条件下,水灰比小,则水泥浆稠,易于形成胶体网状结构,水泥的凝结硬化速度快,同时水泥石整体结构内毛细孔少,强度也高。

（5）温、湿度

温度对水泥的凝结硬化影响很大,提高温度,可加速水泥的水化速度,有利于水泥早期强度的形成。就硅酸盐水泥而言,提高温度可加速其水化,使早期强度能较快发展,但对后期强度可能会产生一定的影响（因而,硅酸盐水泥不适宜用于蒸汽养护、压蒸养护的混凝土工程）。而在较低温度下进行水化,虽然凝结硬化慢,但水化产物较致密,可获得较高的最终强度。但当温度低于 0℃ 时,强度不仅不增长,而且还会因水的结冰而导致水泥石被冻坏。

湿度是保证水泥水化的一个必备条件,水泥的凝结硬化实质是水泥的水化过程。因此,在干燥环境中,水化浆体中的水分蒸发,导致水泥不能充分水化,同时硬化也将停止,并会因干缩而产生裂缝。

在工程中,保持环境的温、湿度,使水泥石强度不断增长的措施称为养护,水泥混凝土在浇筑后的一段时间里应十分注意控制温、湿度的养护。

（6）龄期

龄期指水泥在正常养护条件下所经历的时间。水泥的凝结、硬化是随龄期的增长而渐进的过程,在适宜的温、湿度环境中,随着水泥颗粒内各熟料矿物水化程度的提高,凝胶体不断增加,毛细孔相应减少,水泥的强度增长可持续若干年。在水泥水化作用的最初几天内强度增长最为迅速,如水化 7 d 的强度可达到 28 d 强度的 70% 左右,28 d 以后的强度增长明显减缓,如图 3-5 所示。

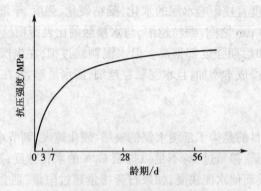

图 3-5　硅酸盐水泥强度发展与龄期的关系

水泥的凝结、硬化除上述主要因素之外,还与水泥的存放时间、受潮程度及掺入的外加剂种类等因素影响有关。

3.1.4 硅酸盐水泥的主要技术要求

根据国家标准《通用硅酸盐水泥》(GB 175—2007)对硅酸盐水泥的细度、凝结时间、体积安定性、强度等作了如下规定。

3.1.4.1 细度(选择性指标)

细度是指水泥颗粒的粗细程度。水泥细度不仅影响水泥的水化速度、强度,而且影响水泥的生产成本。水泥颗粒太粗,强度低;水泥颗粒太细,磨耗增高,生产成本上升,且水泥硬化收缩也较大。水泥细度可用筛析法和比表面积法来检测。

筛析法是以方孔筛的筛余百分数来表示其细度;比表面积是以 1 kg 水泥所具有的总表面积来表示,单位是 m^2/kg,用透气法比表面积仪测定。硅酸盐水泥的细度用比表面积来衡量,要求比表面积大于 300 m^2/kg。

3.1.4.2 凝结时间

凝结时间分初凝和终凝。初凝时间为水泥加水拌和开始至水泥标准稠度的净浆开始失去可塑性所需的时间;终凝时间为水泥加水拌和开始至标准稠度的净浆完全失去可塑性所需的时间。

标准中规定,硅酸盐水泥的初凝时间不得早于 45 min,终凝时间不得迟于 6.5 h。水泥的凝结时间是采用标准稠度的水泥净浆在规定温度及湿度的环境下,用水泥净浆时间测定仪测定的,详见 3.4 节水泥性能实验。

凝结时间的规定对工程有着重要的意义,为使混凝土、砂浆有足够的时间进行搅拌、运输、浇筑、砌筑,顺利完成混凝土和砂浆的制备,并确保制备的质量,初凝不能过短,否则在施工中即已失去流动性和可塑性而无法使用;当浇筑完毕,为了使混凝土尽快凝结、硬化,产生强度,顺利地进入下一道工序,规定终凝时间不能太长,否则将减缓施工进度,降低模板周转率。标准中规定,凝结时间不符合规定者为不合格品。

3.1.4.3 标准稠度用水量

在进行水泥的凝结时间、体积安定性等测定时,为了使所测得的结果有可比性,测定这些性质时,必须在一个规定的稠度下进行,即必须采用标准稠度的水泥净浆来测定,这个规定的稠度,称为标准稠度。水泥净浆达到标准稠度所需用水量即为标准稠度用水量,以水占水泥质量的百分数表示,用标准维卡仪测定。对于不同的水泥品种,水泥的标准稠度用水量各不相同,一般在 24% ~33% 之间。

水泥的标准稠度用水量主要取决于熟料矿物组成、混合材料的种类及水泥细度。

3.1.4.4 体积安定性

水泥的体积安定性是指水泥浆体在凝结硬化过程中体积变化的均匀性。当水泥浆体硬化过程发生不均匀变化时,会导致膨胀开裂、翘曲等现象,称为体积安定性不良。安定性不良的水泥会使混凝土构件产生膨胀性裂缝,从而降低建筑物质量,引起严重事故。因此,国家标准规定水泥体积安定性不符合规定者为不合格品。

引起水泥体积安定性不良的原因主要包括以下两点。

(1)水泥中含有过多的游离氧化钙和游离氧化镁

当水泥原料比例不当、煅烧工艺不正常或原料质量差($MgCO_3$ 含量高)时,会产生较多游离状态的氧化钙和氧化镁（f-CaO，f-MgO），它们与熟料一起经历了 1 450 ℃ 的高温煅烧，属严重过火的氧化钙、氧化镁，水化极慢，在水泥凝结硬化后很长时间才进行熟化。生成的 $Ca(OH)_2$ 和 $Mg(OH)_2$ 在已经硬化的水泥石中膨胀，使水泥石出现开裂、翘曲、疏松和崩溃等现象，甚至完全破坏。

（2）石膏掺量过多

当石膏掺量过多时，在水泥硬化后，残余石膏与固态水化铝酸钙反应生成水化硫铝酸钙，体积增大约 1.5 倍，从而导致水泥石开裂。

《水泥标准稠度用水量、凝结时间、安定性检验方法》（GB/T 1346—2011）中规定，硅酸盐水泥的体积安定性经沸煮法（分标准法和代用法）检验必须合格。用沸煮法只能检测出 f-CaO 造成的体积安定性不良。f-MgO 产生的危害与 f-CaO 相似，但由于 MgO 的水化作用更缓慢，其含量过多造成的体积安定性不良，必须用压蒸法才能检验出来。石膏造成的体积安定性不良则需长时间在温水中浸泡才能发现。由于后两种原因造成的体积安定性不良都不易检验，所以国家标准规定：水泥中 MgO 含量不宜超过 5.0%，经压蒸试验合格后，允许放宽到 6.0%，SO_3 含量不得超过 3.5%。

3.1.4.5 强度及等级

水泥强度是水泥的主要技术性质，是评定其质量的主要指标。根据国家相关标准 GB/T 17671 规定，采用《水泥胶砂强度检验方法》（ISO 法）测定水泥强度，该法是将水泥、标准砂和水按质量计以 1:3:0.5 混合，按规定方法制成 40 mm×40 mm×160 mm 的标准试件，在标准条件下养护，分别测定其 3 d 和 28 d 的抗折强度和抗压强度。根据试验结果，硅酸盐水泥分为 42.5、42.5R、52.5、52.5R、62.5 和 62.5 R 等 6 个等级，此外，依据水泥 3 d 的不同强度分为普通型和早强型两种类型，其中有代号 R 者为早强型水泥。通用硅酸盐水泥的各等级、各龄期强度不得低于表 3-5 的规定数值。各龄期强度指标全部满足规定者为合格，否则为不合格。

表 3-5　通用硅酸盐水泥的强度等级（GB 175—2007）　　　MPa

品种	强度等级	抗压强度		抗折强度	
		3 d	28 d	3 d	28 d
硅酸盐水泥	42.5	≥17.0	≥42.5	≥3.5	≥6.5
	42.5R	≥22.0		≥4.0	
	52.5	≥23.0	≥52.5	≥4.0	≥7.0
	52.5R	≥27.0		≥5.0	
	62.5	≥28.0	≥62.5	≥5.0	≥8.0
	62.5R	≥32.0		≥5.5	
普通硅酸盐水泥	42.5	≥17.0	≥42.5	≥3.5	≥6.5
	42.5R	≥22.0		≥4.0	
	52.5	≥23.0	≥52.5	≥4.0	≥7.0
	52.5R	≥27.0		≥5.0	

续表

品 种	强度等级	抗 压 强 度		抗 折 强 度	
		3 d	28 d	3 d	28 d
矿渣硅酸盐水泥 火山灰硅酸盐水泥 粉煤灰硅酸盐水泥 复合硅酸盐水泥	32.5	≥10.0	≥32.5	≥2.5	≥5.5
	32.5R	≥15.0		≥3.5	
	42.5	≥15.0	≥42.5	≥3.5	≥6.5
	42.5R	≥19.0		≥4.0	
	52.5	≥21.0	≥52.5	≥4.0	≥7.0
	52.5R	≥23.0		≥4.5	

3.1.4.6 化学指标

《通用硅酸盐水泥》(GB 175—2007)除对上述内容作了规定外,还对不溶物、烧失量和碱含量等提出了要求。通用硅酸盐水泥的化学指标应符合表3-6的规定。凡不溶物和烧失量任一项不符合标准规定的水泥均为不合格品水泥。

表3-6 通用硅酸盐水泥的化学指标 单位:MPa

品种	代号	不溶物 (质量分数)	烧失量 (质量分数)	三氧化硫 (质量分数)	氧化镁 (质量分数)	氯离子 (质量分数)
硅酸盐水泥	P·Ⅰ	≤0.75	≤3.0	≤3.5	≤5.0ᵃ	≤0.06ᶜ
	P·Ⅱ	≤1.50	≤3.5			
普通硅酸盐水泥	P·O	—	≤5.0			
矿渣硅酸盐水泥	P·S·A	—	—	≤4.0	≤6.0ᵇ	
	P·S·B	—	—		—	
火山灰质硅酸盐水泥	P·P					
粉煤灰硅酸盐水泥	P·F			≤3.5	≤6.0ᵇ	
复合硅酸盐水泥	P·C					

a. 如果水泥压蒸试验合格,则水泥中氧化镁的含量(质量分数)允许放宽至6.0%。

b. 如果水泥中氧化镁的含量(质量分数)大于6.0%时,需进行水泥压蒸安定性试验并合格。

c. 当有更低要求时,该指标由买卖双方协商确定。

3.1.4.7 碱含量(选择性指标)

水泥中碱含量按 $Na_2O + 0.658K_2O$ 计算值表示。若使用活性骨料,用户要求提供低碱水泥时,水泥中的碱含量应不大于0.60%或由买卖双方协商确定。

当混凝土骨料中含有活性二氧化硅时,会与水泥中的碱相互作用形成碱的硅酸盐凝胶,由于后者体积膨胀可引起混凝土开裂,造成结构的破坏,这种现象称为碱—骨料反应。它是影响混凝土耐久性的一个重要因素。碱—骨料反应与混凝土中的总碱量、骨料及使用环境等有关。为防止碱—骨料反应,标准对碱含量作出了相应规定。

3.1.5　硅酸盐水泥的腐蚀与防止措施

硬化水泥石在通常条件下具有较好的耐久性,但在某些含侵蚀性物的介质中,有害介质会侵入到水泥石内部,是以硬化的水泥石结构遭到破坏,强度降低,最终甚至造成建筑物的破坏,这种现象称为水泥石的腐蚀。它对水泥耐久性影响较大,必须采取有效措施予以防止。

3.1.5.1　水泥石的主要腐蚀类型

水泥石的腐蚀主要有以下四种类型。

（1）软水的侵蚀（溶出性侵蚀）

硅酸盐水泥属于水硬性胶凝材料,对于一般江、河、湖水等具有足够的抵抗能力。但是对于软水如冷凝水、雪水、蒸馏水、碳酸盐含量甚少的河水及湖水时,水泥石会遭受腐蚀。其腐蚀原因如下。

当水泥石长期与软水接触时,水泥石中的氢氧化钙会被溶出,在静水及无压水的情况下,氢氧化钙很快处于饱和状态,使溶解作用中止,此时溶出仅限于表层,危害不大。但在流动水及压力水的作用下,溶解的氢氧化钙会不断流失,而且水愈纯净,水压愈大,氢氧化钙流失的愈多。其结果是一方面使水泥石变得疏松,另一方面也使水泥石的碱度降低,导致了其他水化产物的分解溶蚀,最终使水泥石破坏。

当环境水中含有重碳酸盐 $Ca(HCO_3)_2$ 时,由于同离子效应的缘故,氢氧化钙的溶解受到抑制,从而减轻了侵蚀作用,重碳酸盐还可以与氢氧化钙起反应,生成几乎不溶于水的碳酸钙。生成的碳酸钙积聚在水泥石的孔隙中,形成了致密的保护层,阻止了外界水的侵入和内部氢氧化钙的扩散析出:

$$Ca(HCO_3)_2 + Ca(OH)_2 \rightarrow 2CaCO_3 \downarrow + 2H_2O$$

因此,对需与软水接触的混凝土,预先在空气中放置一段时间,使水泥石中的氢氧化钙与空气中的 CO_2 作用形成碳酸钙外壳,则可对溶出性侵蚀起到一定的保护作用。

（2）酸性腐蚀

1）碳酸水的腐蚀。雨水、泉水及某些工业废水中常溶解较多的 CO_2,当含量超过一定浓度时,将会对水泥石产生破坏作用,其反应式如下:

$$Ca(OH)_2 + CO_2 + H_2O \rightarrow CaCO_3 \downarrow + 2H_2O$$

$$CaCO_3 + CO_2 + H_2O \rightarrow Ca(HCO_3)_2$$

上述第二个反应式是可逆反应,若水中含有较多的碳酸,超过平衡浓度时,该式向右进行,水泥石中的 $Ca(OH)_2$ 经过上述两个反应式转变为 $Ca(HCO_3)_2$,从而溶解,进而导致其他水泥水化产物分解和溶解,使水泥石结构破坏;若水中的碳酸含量不高,低于平衡浓度时,则反应进行到第一个反应式为止,对水泥石并不起破坏作用。

2）一般酸的腐蚀。在工业污水和地下水中常含有无机酸（HCl、H_2SO_4、HPO_3 等）和有机酸（醋酸、蚁酸等）,各种酸对水泥都有不同程度的腐蚀作用,它们与水泥石中的 $Ca(OH)_2$ 作用后生成的化合物或溶于水或体积膨胀而导致破坏。腐蚀作用最快的是无机酸中的盐酸、氢氟酸、硝酸、硫酸和有机酸中的醋酸、蚁酸和乳酸等。

例如,盐酸与水泥石中的 $Ca(OH)_2$ 作用生成极易溶于水的氯化钙,导致溶出性化学侵蚀:

$$2HCl + Ca(OH)_2 \rightarrow CaCl_2 + 2H_2O$$

硫酸与水泥石中的 $Ca(OH)_2$ 作用：

$$H_2SO_4 + Ca(OH)_2 \rightarrow CaSO_4 \cdot 2H_2O$$

生成的二水石膏在水泥石孔隙中结晶产生体积膨胀。二水石膏也可以再与水泥石中的水化铝酸钙作用，生成高硫型水化硫铝酸钙。生成高硫型的水化硫铝酸钙含有大量的结晶水，体积膨胀 1.5 倍，破坏作用更大。由于高硫型水化硫铝酸钙呈针状晶体，故俗称"水泥杆菌"。

（3）盐类的腐蚀

1）镁盐的腐蚀。海水及地下水中常含有氯化镁、硫酸镁等镁盐，它们可与水泥石中的氢氧化钙起复分解反应生成易溶于水的氯化钙和松软无胶结能力的氢氧化镁。

$$MgCl_2 + Ca(OH)_2 \rightarrow CaCl_2 + Mg(OH)_2$$

2）硫酸盐的腐蚀。硫酸钠、硫酸钾等对水泥石的腐蚀同硫酸的腐蚀，而硫酸镁对水泥石的腐蚀包括镁盐和硫酸盐的双重腐蚀作用。

（4）强碱腐蚀

碱类溶液如浓度不大时一般无害。但铝酸盐含量较高的硅酸盐水泥遇到强碱（如氢氧化钠）作用后会被腐蚀破坏。氢氧化钠与水泥熟料中未水化的铝酸盐作用，生成易溶的铝酸钠，出现溶出性侵蚀：

$$3CaO \cdot Al_2O_3 + 6NaOH \rightarrow 3Na_2O \cdot Al_2O_3 + 3Ca(OH)_2$$

另外，当水泥石被氢氧化钠溶液浸透后，又在空气中干燥，与空气中的二氧化碳作用生成碳酸钠，碳酸钠在水泥石毛细孔中结晶沉积，可使水泥石胀裂。

综上所述，水泥石破坏有三种表现形式：一是溶解浸析，主要是水泥石中的 $Ca(OH)_2$ 溶解使水泥石中的 $Ca(OH)_2$ 浓度降低，进而引起其他水化产物的溶解；二是离子交换反应，侵蚀性介质与水泥石的组分 $Ca(OH)_2$ 发生离子交换反应，生成易溶解或是没有胶结能力的产物，破坏水泥石原有的结构；三是膨胀性侵蚀，水泥石中的水化铝酸钙与硫酸盐作用形成膨胀性结晶产物，产生有害的内应力，引起膨胀性破坏。

水泥石腐蚀是内外因并存的。内因是水泥石中存在有引起腐蚀的组分氢氧化钙和水化铝酸钙，水泥石本身结构不密实，有渗水的毛细管渗水通道；外因是在水泥石周围有以液相形式存在的侵蚀性介质。

除上述四种腐蚀类型外，对水泥石有腐蚀作用的还有其他一些物质，如糖、酒精、动物脂肪等。水泥石的腐蚀是一个极其复杂的物理化学过程，很少是单一类型的腐蚀，往往是几种类型腐蚀作用同时存在，相互影响，共同作用。

3.1.5.2 水泥石腐蚀的防止措施

（1）根据侵蚀性介质选择合适的水泥品种

如采用水化产物中氢氧化钙含量少的水泥，可提高对淡水等侵蚀的抵抗能力；采用含水化铝酸钙低的水泥，可提高对硫酸盐腐蚀的抵抗能力；选择混合材料掺量较大的水泥可提高抗各类腐蚀（除抗碳化外）的能力。

（2）提高水泥的密实度，降低孔隙率

硅酸盐水泥水化理论水灰比为 0.22 左右，而实际施工中水灰比为 0.40～0.70，多余的水分在水泥石内部形成连通的孔隙，腐蚀介质就易渗入水泥石内部，从而加速了水泥石的腐蚀。在实际工程中,可通过降低水灰比、仔细选择骨料、掺外加剂、改善施工方法等措施,提高水泥石的密实度,从而提高水泥石的抗腐蚀性能。

（3）加保护层

当侵蚀作用较强,上述措施不能奏效时,可用耐腐蚀的材料,如石料、陶瓷、塑料、沥青等覆盖于水泥石的表面,防止侵蚀性介质与水泥石直接接触,达到抗侵蚀的目的。

3.1.6　硅酸盐水泥的主要性能及应用

（1）强度高

硅酸盐水泥凝结硬化快,强度高,尤其是早期强度增长率大,特别适合早期强度要求高的工程、高强混凝土结构和预应力混凝土工程。

（2）水化热高

硅酸盐水泥熟料中 C_3S 和 C_3A 含量高,使早期放热量大,放热速度快,早期强度高,用于冬季施工常可避免冻害。但高放热量对大体积混凝土工程不利,如无可靠的降温措施,不宜用于大体积混凝土工程。

（3）抗冻性好

硅酸盐水泥拌和物不易发生泌水,硬化后的水泥石密度较大,所以抗冻性优于其他通用水泥。适用于严寒地区受反复冻融作用的混凝土工程。

（4）碱度高、抗碳化能力强

硅酸水泥硬化后的水泥石显示强碱性,埋于其中的钢筋在碱性环境中表面生成一层灰色钝化膜,可保持钢筋几十年不生锈。硅酸盐水泥碱性强且密实度高,抗碳化能力强所以特别适用于重要的钢筋混凝土结构及预应力混凝土工程。

（5）干缩小

硅酸盐水泥在硬化过程中,形成大量的水化硅酸钙凝胶体,使水泥石密实,游离水分少,不易产生干缩裂纹,可用于干燥环境的混凝土工程。

（6）耐磨性好

硅酸盐水泥强度高,耐磨性好,且干缩小,可用于路面与地面工程。

（7）耐腐蚀性差

硅酸盐水泥石中有大量的 $Ca(OH)_2$ 和水化铝酸钙,容易引起软水、酸类和盐类的侵蚀。所以不宜用于受流动水、压力水、酸类和硫酸盐侵蚀的工程。

（8）耐热性差

硅酸盐水泥石在温度为250℃时水化物开始脱水,水泥石强度下降,当受热700℃以上时水泥石开始破坏。所以硅酸盐水泥不宜单独用于耐热混凝土工程。

（9）湿热养护效果差

硅酸盐水泥在常规养护条件下硬化快、强度高。但经过蒸汽养护后,再经自然养护至28 d 测得的抗压强度往往低于未经蒸汽养护的 28 d 的抗压强度。

3.2　其他通用硅酸盐水泥

3.2.1　混合材料

粉磨水泥时通常在硅酸盐水泥熟料和适量石膏的基础上,掺入一定量的混合材料,其目的是为了调整水泥强度等级,改善水泥的某些性能,增加水泥的品种,扩大使用范围,降低水泥成本和提高产量,并且充分利用工业废料。

用于水泥中的混合材料,根据其是否参与水化反应分为活性混合材料和非活性混合材料。

3.2.1.1　活性混合材料

活性混合材料是指具有潜在活性的矿物质材料。所谓潜在活性是指单独不具有水硬性,但在石灰或石膏的激发与参与下,可一起和水反应,而形成具有水硬性的化合物的性能。硅酸盐水泥熟料水化后会产生大量的氢氧化钙,并且水泥中需掺入适量的石膏,因此在硅酸盐水泥中具备了使活性混合材料发挥潜在活性的条件。通常将氢氧化钙、石膏称为活性混合材料的"激发剂",分别称为碱性激发剂和硫酸盐激发剂,但硫酸盐激发剂必须在有碱性激发剂条件下才能发挥作用。

水泥中常用的活性混合材料有粒化高炉矿渣、火山灰质混合材料及粉煤灰。

（1）粒化高炉矿渣

炼铁高炉中的熔融矿渣经水淬等急冷方式处理而成的松软颗粒称为粒化高炉矿渣,又称水淬矿渣,其中主要的化学成分是 CaO、SiO_2 和 Al_2O_3,占90%以上。急速冷却的矿渣结构为不稳定的玻璃体,储有较高的潜在活性。如果熔融状态的矿渣缓慢冷却,其中的 SiO_2 等形成晶体,活性极小,称为慢冷矿渣,则不具有活性。

（2）火山灰质混合材料

凡是天然的或人工的以活性氧化硅和活性氧化铝为主要成分,其含量一般可达65% ~ 95%,具有火山灰活性的矿物质材料,都称为火山灰质混合材料。按其成因分为天然的和人工的两类。天然火山灰主要是火山喷发时随同熔岩一起喷发的大量碎屑沉积在地面或水中的松软物质,包括浮石、火山灰、凝灰岩等。人工火山灰是将一些天然材料或工业废料经加工处理而成,如硅藻土、沸石、烧黏土、煤矸石、煤渣等。

（3）粉煤灰

粉煤灰是发电厂燃煤锅炉排出的细颗粒废渣,其颗粒直径一般为 0.001 ~ 0.050 mm,呈玻璃态实心或空心的球状颗粒,表面比较致密,粉煤灰的成分主要是活性氧化硅、活性氧化铝和活性氧化铁,及一定量的氧化钙,根据氧化钙的含量可分为低钙粉煤灰（氧化钙含量低于 10%）和高钙粉煤灰。高钙粉煤灰通常活性较高,因为所含的钙绝大多数是以活性结晶化合物存在的,如 C_3A,少量的 C_3S、C_2S,此外,其所含的钙离子量使铝硅玻璃体的活性得到增强。

3.2.1.2　非活性混合材料

在水泥中主要起填充作用而不参与水泥水化反应或水化反应很微弱的矿物材料,称为非活性混合材料。将它们掺入水泥中的目的,主要是为了提高水泥产量,调节水泥强度等级。实际上非活性混合材料在水泥中仅起填充和分散作用,所以又称为填充性混合材料、惰性混合材料。磨细的石英砂、石灰石、黏土、慢冷矿渣及各种废渣等都属于非活性材料。另外,凡不符合技术要求的粒化高炉矿渣、火山灰质混合材料及粉煤灰均可作为非活性混合材料使用。

3.2.1.3 窑灰

窑灰是水泥回转窑窑尾废气中收集下的粉尘,活性较低,一般作为非活性混合材料加入,以减少污染,保护环境。

3.2.2 普通硅酸盐水泥

3.2.2.1 组成

普通硅酸盐水泥简称为普通水泥。根据国家标准《通用硅酸盐水泥》(GB 175—2007)规定,普通硅酸盐水泥是指(熟料和石膏)组分不低于80%且小于95%,掺加大于5%且不超过20%的粉煤灰、粒化高炉矿渣或火山灰等活性混合材料,其中允许用不超过水泥质量8%的非活性混合材料或不超过水泥质量5%的窑灰来代替活性材料,共同磨细制成的水硬性胶凝材料,代号 P·O。

3.2.2.2 主要技术要求

《通用硅酸盐水泥》(GB 175—2007)对普通水泥的技术要求如下。

1)细度。用比表面积表示,根据规定应不小于 300 m^2/kg。

2)凝结时间。初凝不得早于 45 min,终凝不得迟于 10 h。

3)强度。普通硅酸盐水泥的强度等级分为 42.5、42.5R、52.5、52.5R 共 4 个强度等级。各强度等级各龄期的强度不得低于表 3-5 的数值。

4)烧失量。普通水泥中的烧失量不得大于 5.0%。

普通硅酸盐水泥的体积安定性及氧化镁、三氧化硫、碱含量、氯离子等技术要求与硅酸盐水泥相同。

3.2.2.3 主要性能及应用

普通硅酸盐水泥的成分中绝大部分仍是硅酸盐水泥熟料,故其基本特征与硅酸盐水泥相近。但由于普通硅酸盐水泥中掺入了少量混合材料,故某些性能与硅酸盐水泥稍有差异。具体表现为:

1)早期强度略低;

2)水化热略低;

3)耐腐蚀性略有提高;

4)耐热性稍好;

5)抗冻性、耐磨性、抗碳化性略有降低。

在应用范围方面,普通硅酸盐水泥被广泛用于各种混凝土或钢筋混凝土工程。与硅酸盐水泥基本相同,甚至在一些不能用硅酸盐水泥的地方也可采用普通水泥,使得普通水泥成为建筑行业应用面最广、使用量最大的水泥品种。

3.2.3 其他四种通用硅酸盐水泥

3.2.3.1 组成

矿渣硅酸盐水泥、火山灰硅酸盐水泥、粉煤灰硅酸盐水泥、复合硅酸盐水泥这四种通用硅酸盐水泥的组成,见表3-2。

3.2.3.2 主要技术要求

(1)细度、凝结时间和体积安定性

这四种水泥的细度以筛余表示,要求 80 μm 方孔筛筛余不大于10%或45 μm 方孔筛筛余不大于30%。凝结时间和体积安定性与普通硅酸盐水泥相同。

(2)氧化镁、三氧化硫含量

水泥中氧化镁的含量不超过 6.0%,大于 6.0%时须进行水泥压蒸安定性试验并合格。矿渣水泥中三氧化硫的含量不得超过 4.0%;火山灰水泥、粉煤灰水泥和复合水泥中三氧化硫的含量不得超过 3.5%。

(3)强度等级

水泥强度等级按规定龄期的抗压强度和抗折强度来划分,分为 32.5、32.5R、42.5、42.5R、52.5、52.5R 六个等级,各强度等级水泥的各龄期强度不得低于表 3-5 中的数值。

3.2.3.3 主要性能及应用

1.矿渣硅酸盐水泥、火山灰硅酸盐水泥及粉煤灰硅酸盐水泥的共性与应用

这三种水泥都是在硅酸盐水泥熟料的基础上加入大量活性混合材料再加适量石膏磨细而制成,所加活性混合材料在化学组成与化学活性上基本相同,因而存在有很多共性,三种水泥的共性如下。

(1)凝结硬化慢,早期强度低,后期强度发展较快

这三种水泥的水化反应分两步进行。首先是熟料矿物的水化,生成水化硅酸钙、氢氧化钙等水化产物;其次是生成的氢氧化钙和掺入的石膏分别作为"激发剂"与活性混合材料中的活性 SiO_2 和活性 Al_2O_3 发生二次水化反应,生成水化硅酸钙、水化铝酸钙等新的水化产物。由于三种水泥中熟料含量少,二次水化反应又比较慢,因此早期强度低,但后期由于二次水化反应的不断进行及熟料的继续水化,水化产物不断增多,使得水泥强度发展较快,后期强度可赶上甚至超过同强度等级的普通硅酸盐水泥。

(2)抗软水、抗腐蚀能力强

由于水泥中熟料少,因而水化生成的氢氧化钙及水化铝酸钙含量少,加之二次水化反应还要消耗一部分氢氧化钙,因此水泥中造成腐蚀的因素大大削弱,使水泥抵抗软水、海水及硫酸盐腐蚀的能力增强,适宜用于水工、海港工程及受侵蚀性作用的工程。

(3)水化热低

由于水泥中熟料少,即水化放热量高的 C_3A、C_3S 含量相对减小,且"二次水化反应"的速度慢、水化热较低,使水化放热量少且慢,因此适用于大体积混凝土工程。

(4)湿热敏感性强,适宜高温养护

这三种水泥在低温下水化明显减慢,强度较低,采用高温养护可加速熟料的水化,并大大加快活性混合材料的水化速度,大幅度地提高早期强度,且不影响后期强度的发展。与此相比,普通水泥、硅酸盐水泥在高温下养护,虽然早期强度可提高,但后期强度发展受到影响,比一直在常温下养护的强度低。主要原因是硅酸盐水泥、普通水泥的熟料含量高,熟料在高温下水化速度较快,短时间内生成大量的水化产物,这些水化产物对未水化的水泥颗粒的后期水化起阻碍作用,因此硅酸盐水泥、普通水泥不适合高温养护。

（5）抗碳化能力差

由于这三种水泥的水化产物中氢氧化钙含量少，碱度较低，抗碳化的缓冲能力差，其中尤以矿渣水泥最为明显。

（6）抗冻性差、耐磨性差

由于加入较多的混合材料，使水泥的需水量增加，水分蒸发后易形成毛细管通路或粗大孔隙，水泥石的孔隙率较大，导致抗冻性差，耐磨性差。

2. 矿渣硅酸盐水泥、火山灰硅酸盐水泥及粉煤灰硅酸盐水泥的个性与应用

三种活性混合材料自身性质与特征的差异，使这三种水泥有各自的特性。三种水泥的特性如下。

（1）矿渣硅酸盐水泥

1）耐热性强。矿渣水泥中矿渣含量较大，硬化后氢氧化钙含量少，且矿渣本身又是高温形成的耐火材料，故矿渣水泥的耐热性好，适用于高温车间、高炉基础及热气体通道等耐热工程。

2）保水性差、泌水性大、干缩性大。粒化高炉矿渣难于磨得很细，加上矿渣玻璃体亲水性差，在拌制混凝土时泌水性大，容易形成毛细管通道和粗大孔隙，在空气中硬化时易产生较大干缩。

（2）火山灰硅酸盐水泥

1）抗渗性好。火山灰混合材料含有大量的微细孔隙，使其具有良好的保水性，并且在水化过程中形成大量的水化硅酸钙凝胶，使火山灰水泥的水泥石结构密实，从而具有较高的抗渗性。

2）干缩大、干燥环境中表面易"起毛"。火山灰水泥水化产物中含有大量胶体，长期处于干燥环境时，胶体会脱水产生严重的收缩，导致干缩裂缝。因此，使用时特别注意加强养护，使较长时间保持潮湿状态，以避免产生干缩裂缝。对于处在干热环境中施工的工程，不宜使用火山灰水泥。

（3）粉煤灰硅酸盐水泥

1）干缩性小、抗裂性高。粉煤灰呈球形颗粒，比表面积小，吸附水的能力小，因而这种水泥的干缩性小，抗裂性高，但致密的球形颗粒，保水性差，易泌水。

2）早强低、水化热低。粉煤灰由于内比表面积小，不易水化，所以活性主要在后期发挥。因此，粉煤灰水泥早期强度、水化热比矿渣水泥和火山灰水泥还要低，因此特别适用于大体积混凝土工程。

3. 复合硅酸盐水泥的性质与应用

复合硅酸盐水泥与矿渣硅酸盐水泥、火山灰硅酸盐水泥、粉煤灰硅酸盐水泥相比，掺混合材料种类不是一种而是两种或两种以上，多种混合材料互掺，有利于发挥各种材料的优点，可弥补一种混合材料性能的不足，明显改善水泥的性能，复合硅酸盐水泥的早期强度接近于普通水泥，性能略优于其他掺混合材料的水泥，为充分利用混合材料生产水泥，扩大水泥应用范围，提供了广阔的途径。

3.2.4 水泥的验收、运输与保管

3.2.4.1 水泥的验收

(1) 品种验收

水泥包装袋应符合《水泥包装袋》(GB 9774—2010)的规定。水泥包装袋上应清楚标明:执行标准、水泥品种、代号、强度等级、生产者名称、生产许可证标志(Qs)及编号、出厂编号、包装日期、净含量。包装袋两侧应根据水泥的品种采用不同的颜色印刷水泥名称和强度等级,硅酸盐水泥和普通硅酸盐水泥采用红色,矿渣硅酸盐水泥采用绿色;火山灰质硅酸盐水泥、粉煤灰硅酸盐水泥和复合硅酸盐水泥采用黑色或蓝色。散装发运时应提交与袋装标志相同内容的卡片。

(2) 数量验收

水泥可以散装或袋装,袋装水泥每袋净含量为 50 kg,且应不少于标志质量的 99%;随机抽取 20 袋总质量(含包装袋)应不少于 1 000 kg。其他包装形式由供需双方协商确定,但有关袋装质量要求,应符合上述规定。

(3) 质量验收

水泥出厂前应按品种、强度等级和编号取样试验,袋装水泥和散装水泥应分别进行编号和取样,取样应有代表性,可连续取,亦可从 20 个以上不同部位取等量样品,总量至少 12 kg。

交货时水泥的质量验收可抽取实物试样以其检验结果为依据,也可以生产者同编号水泥的检验报告为依据。采取何种方法验收由双方商定,并在合同或协议中注明。

以抽取实物试样的检验结果为验收依据时,买卖双方应在发货前或交货地共同取样和鉴封,取样数量 20 kg,缩分为二等分。一份由卖方保存 40 d,一份由买方按标准规定的项目和方法进行检验。在 40 d 内买方检验认为水泥质量不符合标准要求,而卖方又有异议时,可将卖方保存的一份试样送水泥质量监督检验机构进行仲裁检验。

以生产者同编号水泥的检验报告为验收依据时,在发货前或交货时买方在同编号水泥中取样,双方共同签封后由卖方保存 90 d,或认可卖方自行取样、签封并保存 90 d 的同编号水泥的封存样。在 90 d 内,买方对水泥质量有疑问时,则买卖双方应将共同认可的试样送省级或省级以上国家认可的水泥质量监督检验机构进行仲裁检验。

(4) 结论

水泥出厂检验项目为化学指标(包括不溶物、三氧化硫、氧化镁、氯离子)、凝结时间、安定性、强度,检验结果均符合标准为合格品,检验结果不符合标准中以上四条中的任何一项技术要求为不合格品。

3.2.4.2 水泥的运输与保管

水泥在保管时,应按不同生产厂、不同品种、强度等级和出厂日期分开堆放,严禁混杂;在运输及保管时要注意防潮和防止空气流动,先存先用,不可储存过久。如果水泥受潮,其部分颗粒会因水化而结块,从而失去胶结能力,强度严重降低。即使是在良好的干燥条件下,也不宜储存过久。因为水泥会吸收空气中的水分和二氧化碳,发生缓慢水化和碳化现象,使强度下降,而影响水泥正常使用,甚至会导致工程质量事故。

水泥在正常储存条件下,储存 3 个月,强度下降 10% ~20%;储存 6 个月,强度下降 15% ~30%;储存一年后,强度下降 25% ~40%。所以,水泥的储存期一般规定不超过 3 个月。过期水泥在使用时应重新检测,按实际强度使用。

3.3 其他品种水泥

3.3.1 快硬硅酸盐水泥

3.3.1.1 定义

按照《快硬硅酸盐水泥》(GB 199—1990),凡以硅酸盐水泥熟料和适量石膏磨细制成的,以 3 d 抗压强度表示标号的水硬性胶凝材料,称为快硬硅酸盐水泥(简称快硬水泥)。

快硬水泥制造过程与硅酸盐水泥相似,只是适当增加了熟料中硬化快的矿物,如硅酸三钙为 50% ~60%,铝酸三钙为 8% ~14%,铝酸三钙和硅酸三钙的总量应不少于 60% ~65%,同时适当增加石膏的掺量(达 8%)及提高水泥细度,通常比表面积达 450 m²/kg。但要求更严格的生产工艺条件,原料有害杂质要少,生料均匀性要好,熟料冷却速率要高等。

3.3.1.2 主要技术要求

(1)细度

快硬水泥的细度用 0.08 mm 方孔筛筛余百分数来表示,其值不得超过 10%。

(2)凝结时间

初凝时间不得早于 45 min,终凝时间不得迟于 10 h。

(3)体积安定性

熟料中氧化镁含量不得超过 5.0%。如水泥压蒸安定性试验合格,则熟料中氧化镁的含量允许放宽到 6.0%,水泥中三氧化硫的含量不得超过 4.0%。

(4)强度

快硬水泥以 3 d 强度确定标号,分为 32.5、37.5、42.5 三种,各龄期强度不得低于表 3-7 中的数值。

表 3-7 快硬水泥各龄期强度值

标号	抗压强度/MPa			抗折强度/MPa		
	1 d	3 d	28 d	1 d	3 d	28 d
32.5	15.0	32.5	52.5	3.5	5.0	7.2
37.5	17.0	37.5	57.5	4.0	6.0	7.6
42.5	19.0	42.5	62.5	4.5	6.4	8.0

3.3.1.3 性质与应用

快硬硅酸盐水泥凝结硬化快,但干缩性较大;早期强度及后期强度均高,抗冻性好;水化热大,耐腐蚀性差。主要用于紧急抢修工程、军事工程、冬季施工和混凝土预制构件。但不能用于大体积混凝土工程及经常与腐蚀介质接触的混凝土工程。此外,由于快硬水泥细度大,易受潮变质,故在运输和储存中应注意防潮,一般储期不宜超过一个月,已风化的水泥必须对其性能重新检验,合格后方可使用。

3.3.2 道路硅酸盐水泥

3.3.2.1 定义

依据国家标准《道路硅酸盐水泥》(GB 13693—2005)的规定,由道路硅酸盐水泥熟料,适量石膏,可加入标准规定的混合材料磨细制成的水硬性胶凝材料,称为道路硅酸盐水泥(简称道路水泥),代号 P·R。

3.3.2.2 主要技术要求

(1)熟料矿物成分含量

道路水泥的熟料矿物组成要求 $C_3A < 5\%$, $C_4AF > 16\%$;f-CaO 旋窑生产的不得大于 1.0% ,立窑生产的不得大于 1.8% 。

(2)凝结时间

初凝不早于 1.5 h,终凝不迟于 10 h。

(3)细度

比表面积为 300 ~ 450 m^2/kg 。

(4)安定性

氧化镁含量不得超过 5.0% ,三氧化硫不得超过 3.5% ,沸煮法检验安定性必须合格。

(5)干缩率、耐磨性

28 d 干缩率不大于 0.10% ,28 d 磨耗量应不大于 3.00 kg / m^2 。

(6)强度

道路水泥的各龄期强度不得低于表 3-8 的数值。

表 3-8 道路水泥各龄期强度

强度等级	抗压强度/MPa		抗折强度/MPa	
	3 d	28 d	3 d	28 d
32.5	16.0	32.5	3.5	6.5
42.5	21.0	42.5	4.0	7.0
52.5	26.0	52.5	5.0	7.5

3.3.2.3 性质与应用

道路水泥是一种强度高、特别是抗折强度高、耐磨性好、干缩性小、抗冲击性好、抗冻性和抗硫酸性比较好的专用水泥。可以较好地承受高速车辆的车轮摩擦、循环负荷、冲击和震荡、货物起卸时的骤然负荷,较好地抵抗路面与路基的温差和干湿度差产生的膨胀应力,抵抗冬季的冻融循环。使用道路水泥铺筑路面,可减少路面裂缝和磨耗,减小维修量,延长使用寿命。道路水泥主要用于道路路面、机场跑道路面和城市广场等工程。

3.3.3 白色硅酸盐水泥

3.3.3.1 定义

按照《白色硅酸盐水泥》(GB/T 2015—2005)由氧化铁含量少的硅酸盐水泥熟料、适量石膏及本标准规定的混合材料,磨细制成水硬性胶凝材料称为白色硅酸盐水泥(简称"白水泥")。代号 P·W。

硅酸盐系列水泥的颜色通常呈灰色,主要是因为含有较多的氧化铁及其他杂质所致。白水泥的生产工艺与常用水泥基本相同,关键是严格控制水泥原料的铁含量,严防在生产过程中混入铁质(以及锰、铬等氧化物)。

3.3.3.2　主要技术要求

(1)细度

白水泥的细度要求为 80 μm 方孔筛筛余不得大于 10%。

(2)凝结时间

初凝时间不得早于 45 min,终凝时间不得迟于 10 h。

(3)体积安定性

熟料中氧化镁含量不得超过 5.0%,如果水泥经压蒸安定性试验合格,则熟料中氧化镁的含量允许放宽到 6.0%,同时水泥中三氧化硫不得超过 3.5%。

(4)强度

按 3 d、28 d 的强度值将白水泥划分为 32.5、42.5 和 52.5 三个等级,各等级、各龄期强度不得低于表3-9 中的数值。

表 3-9　白色硅酸盐水泥的强度要求

强度等级	抗压强度/MPa		抗折强度/MPa	
	3 d	28 d	3 d	28 d
32.5	12.0	32.5	3.0	6.0
42.5	17.0	42.5	3.5	6.5
52.5	22.0	52.5	4.0	7.0

(5)白度

白度是白水泥的一项重要的技术性能指标。目前白水泥的白度是通过光电系统组成的白度计对可见光的反射程度确定的。将白水泥样品装入压样器中压成表面平整的白板,置于白度仪中测定白度,以其表面对红、绿、蓝三原色光的反射率与氧化镁标准白板的反射率比较,用相对反射百分率表示。白水泥白度值不低于87。

3.3.3.3　性质与应用

白水泥具有强度高、色泽洁白等特点,在建筑装饰工程中常用来配制彩色水泥浆,用于建筑物内、外墙的粉刷及天棚、柱子的粉刷,还可用于贴面装饰材料的勾缝处理;配制各种彩色砂浆用于装饰抹灰,如常用的水刷石、斩假石等,模仿天然石材的色彩、质感,具有较好的装饰效果;配制彩色混凝土,制作彩色水磨石等。

在应用白水泥制备混凝土时粗细骨料宜采用白色或彩色的大理石、石灰石、石英砂和各种颜色的石屑,不能掺和其他杂质,以免影响其白度及色彩。白水泥的施工和养护方法与普通硅酸盐水泥相同,但施工时底层及搅拌工具必须清洗干净,以免影响白水泥的装饰效果。

3.4　水泥性能实验

通过实训操作练习,掌握水泥主要技术性质的检测方法、仪器使用、操作技能及其数值的确定方法。

3.4.1　水泥试验的一般规定

3.4.1.1　试验材料

(1)当试验水泥从取样至试验要保持 24 h 以上时,应把它贮存在基本装满和气密的容器里,这个容器应不与水泥起反应。试样应充分拌匀,通过 0.9 mm 方孔筛,并记录筛余物情况。

(2)各国生产的 ISO 标准砂都可以用来按《水泥胶砂强度检验方法》(GB/T 17671—1999)(ISO 法)标准测定水泥强度。

(3)试验用水必须是洁净的饮用水,如有争议时应以蒸馏水为准。

3.4.1.2　实验环境

(1)水泥实验室的温度应保持在(20±2)℃,相对湿度不低于 50%;水泥试样、砂、拌和水和试验用具的温度应与实验室一致。

(2)试体带模养护的养护箱或雾室温度保持在(20±1)℃,相对湿度不低于 90%。

(3)试体养护池水温度应在(20±1)℃范围内。

3.4.1.3　实验仪器设备

必须符合相应标准规定的检测用仪器、设备。

3.4.2　水泥细度

3.4.2.1　执行标准

《水泥细度检验方法筛析法》(GB/T 1345—2005)。

3.4.2.2　水泥细度测定

1. 测定方法与表示方法

水泥细度测定的常用方法有负压筛析法、水筛法和手工筛析法。当对结果有争议时,以负压筛析法为准。

采用 45 μm 方孔筛和 80 μm 方孔筛对水泥试样进行筛析试验,用筛上筛余物的质量百分数来表示水泥样品的细度。

2. 主要仪器、设备

水泥细度筛、负压筛析仪、天平(感量不大于 0.01 g)等。

3. 实验步骤

本试验采用负压筛析法,负压筛析仪由筛座、负压筛、负压源及收尘器组成,其中筛座由转速为(30±2)r/min 的喷气嘴、负压表、控制板、微电机及壳体构成,如图 3-6 所示。

1)试验前所用试验筛应保持清洁,负压筛和手工筛应保持干燥。试验时,80 μm 筛析试验称取试样 25 g,45 μm 筛析试验称取试样 10 g。

2)筛析试验前,应把负压筛放到筛座上,盖上筛盖,接通电源,检查控制系统,调节负压

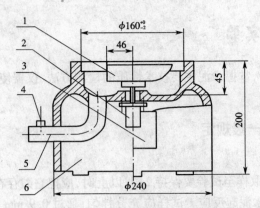

图 3-6　负压筛析仪示意

1—喷气嘴;2—微电机;3—控制板开口;4—负压表接口;
5—负压源及收尘器接口;6—壳体

至 4～6 kPa 范围内。

3)称取试样精确至 0.01 g,置于洁净的负压筛中,放在筛座上,盖上筛盖,接通电源,开动筛析仪连续筛析 2 min,在此期间如有试样附着在筛盖上,可轻轻地敲击筛盖使试样落下。筛毕,用天平称量全部筛余物。

4. 结果计算及处理

(1)计算

水泥试样筛余百分数按下式计算(计算结果精确至 0.1%):

$$F = \frac{R_1}{W} \times 100 \tag{3-1}$$

式中:F——水泥试样的筛余百分数,%;

R_1——水泥筛余物的质量,g;

W——水泥试样的质量,g。

(2)筛余结果的修正

试验筛的筛网会在试验中磨损,因此筛析结果应进行修正。修正的方法是将上式的结果乘以该试验筛标定后得到的有效修正系数,即为最终结果。

合格评定时,每个样品应称取二个试样分别筛析,取筛余平均值为筛析结果。若两次筛余结果绝对误差大于 0.5% 时(筛余值大于 5.0% 时可放至 1.0%)应再做一次试验,取两次相近结果的算术平均值,作为最终结果。

3.4.3　水泥标准稠度用水量的测定

3.4.3.1　执行标准

《水泥标准稠度用水量、凝结时间、安定性检验方法》(GB/T 1346—2011)。

3.4.3.2　水泥标准稠度用水量的测定

水泥标准稠度用水量的测定方法有标准法、代用法两种,通常采用标准法进行测定。本实验为标准法。

1. 原理

水泥标准稠度净浆对标准试杆(或试锥)的沉入具有一定阻力。通过试验不同含水量水泥净浆的穿透性,以确定水泥标准稠度净浆中所需加入的水量。

2. 主要仪器、设备

水泥净浆搅拌机,见图3-7;标准稠度与凝结时间测定仪及配件,见图3-8。

 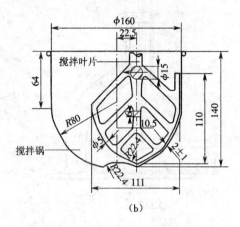

（a）　　　　　　　　　　　　　　　　　（b）

图 3-7　水泥净浆搅拌机（单位:mm）

（a）水泥净浆搅拌机照片;（b）搅拌锅与搅拌叶片

3. 实验步骤

（1）试验前准备工作

维卡仪的滑动杆能自由滑动。试模和玻璃底板用湿布擦拭,将试模放在底板上;调整至试杆接触玻璃板时,指针对准零点;搅拌机运行正常。

（2）水泥净浆的拌制

用水泥净浆搅拌机搅拌,搅拌锅和搅拌叶片先用湿布擦过,将拌和水倒入搅拌锅内,然后在 5~10 s 内小心将称好的 500 g 水泥加入水中,防止水和水泥溅出;拌时,先将锅放在搅拌机的锅座上,升至搅拌位置,启动搅拌机,低速搅拌 120 s,停 15 s,同时将叶片和锅壁上的水泥浆刮入锅中间,接着高速搅拌 120 s,停机。

（3）标准稠度用水量的测定步骤

拌和结束后,立即取适量水泥净浆一次性将其装入已置于玻璃底板上的试模中,浆体超过试模上端,用宽约 25 mm 的直边刀轻轻拍打超出试模部分的浆体 5 次以排除浆体中的孔隙,然后在试模上表面约 1/3 处,略倾斜于试模分别向外轻轻锯掉多余净浆,再从试模边沿轻抹顶部一次,使净浆表面光滑。在锯掉多余净浆和抹平的操作过程中,注意不要压实净浆;抹平后迅速将试模和底板移到维卡仪上,并将其中心定在试杆下,降低试杆直至与水泥净浆表面接触,拧紧螺丝 1~2 s 后,突然放松,使试杆垂直自由地沉入水泥净浆中。在试杆停止沉入或释放试杆 30 s 时记录试杆距底板之间的距离,升起试杆后,立即擦净;整个操作应在搅拌后 1.5 min 内完成。以试杆沉入净浆并距底板（6±1）mm 的水泥净浆为标准稠度净浆。其拌和水量为该水泥的标准稠度用水量（P）,按水泥质量的百分比计。

3.4.4　水泥凝结时间的测定

3.4.4.1　执行标准

《水泥标准稠度用水量、凝结时间、安定性检验方法》（GB/T 1346—2011）。

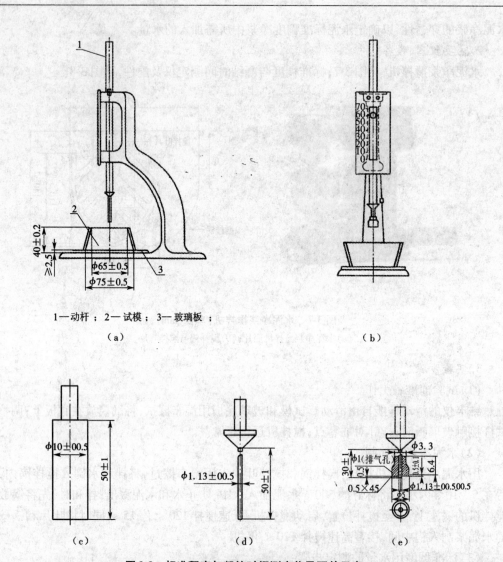

1—动杆 ; 2—试模 ; 3—玻璃板 ;

（a）　　　　　　　　　　　　　　　　（b）

（c）　　　　　　　　　（d）　　　　　　　　　（e）

图 3-8　标准稠度与凝结时间测定仪及配件示意

（a）初凝时间测定用立式试模侧视图；（b）终凝时间测定用反转试模的前视图；

（c）标准稠度试杆；（d）初凝用试针；（e）终凝用试针

3.4.4.2　水泥凝结时间的测定

1）调整凝结时间测定仪的试针接触玻璃板时指针对准零点。

2）以标准稠度用水量制成标准稠度净浆，按 3.4.3 装模和刮平后,立即放入湿气养护箱中。记录水泥全部加入水中的时间作为凝结时间的起始时间。

3）初凝时间的测定。

试件在湿气养护箱中养护至加水后 30 min 时进行第一次测定。测定时,从湿气养护箱中取出试模放到试针下,降低试针与水泥净浆表面接触。拧紧螺丝 1～2 s 后,突然放松,试针垂直自由地沉入水泥净浆。观察试针停止下沉或释放试针 30 s 时指针的读数。临近初凝时间时每隔 5 min（或更短时间）测定一次,当试针沉至距底板（4±1）mm 时,为水泥达到初凝状态;由水泥全部加入水中至初凝状态的时间为水泥的初凝时间,用 min 来表示。

4)终凝时间的测定。

为了准确观测试针沉入的状况,在终凝针上安装了一个环形附件,见图3-8(e)。在完成初凝时间测定后,立即将试模连同浆体以平移的方式从玻璃板取下,翻转180°,直径大端向上,小端向下放在玻璃板上,再放入湿气养护箱中继续养护。临近终凝时间时每隔15 min(或更短时间)测定一次,当试针沉入试体0.5 mm时,即环形附件开始不能在试体上留下痕迹时,为水泥达到终凝状态。由水泥全部加入水中至终凝状态的时间为水泥的终凝时间,用min来表示。

3.4.5 水泥安定性的测定

3.4.5.1 执行标准

《水泥标准稠度用水量、凝结时间、安定性检验方法》(GB/T 1346—2011)。

3.4.5.2 水泥安定性的测定

1. 仪器、设备

主要有雷氏夹膨胀测定仪、沸煮箱。见图3-9、图3-10。

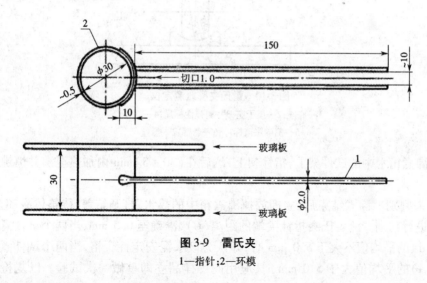

图3-9 雷氏夹
1—指针;2—环模

2. 试验前准备工作

每个试样需成型两个试件,每个雷氏夹需配备两个边长或直径约80 mm、厚度4~5 mm的玻璃板,凡与水泥净浆接触的玻璃板和雷氏夹内表面都要稍稍涂上一层油。

3. 雷氏夹试件的成型

将预先准备好的雷氏夹放在已稍擦油的玻璃板上,并立即将已制好的标准稠度净浆一次装满雷氏夹,装浆时一只手轻轻扶持雷氏夹,另一只手用宽约25 mm的直边刀在浆体表面轻轻插捣3次,然后抹平,盖上稍涂油的玻璃板,接着立即将试件移至湿气养护箱内养护(24±2)h。

4. 沸煮

1)调整好沸煮箱内的水位,使能保证在整个沸煮过程中都超过试件,不需中途添补试验用水,同时又能保证在(30±5)min内升至沸腾。

2)脱去玻璃板取下试件,先测量雷氏夹指针尖端间的距离(A),精确到0.5 mm,接着将

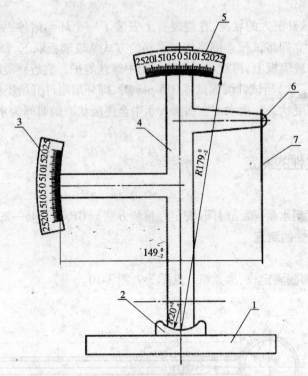

图 3-10 雷氏夹膨胀测定仪
1—底座;2—模子座;3—测弹性标尺;4—立柱;
5—测膨胀值标尺;6—悬臂;7—悬丝

试件放入沸煮箱水中的试件架上,指针朝上,然后在 (30 ± 5) min 内加热至沸并恒沸 (180 ± 5) min。

3)结果判别。沸煮结束后,立即放掉沸煮箱中的热水,打开箱盖,待箱体冷却至室温,取出试件进行判别。测雷氏夹指针尖端的距离 (C),准确至 0.5 mm,当两个试件煮后增加距离 $(C-A)$ 的平均值不大于 5.0 mm 时,即认为该水泥安定性合格,当两个试件煮后增加距离 $(C-A)$ 的平均值大于 5.0 mm 时,应用同一样品立即重做一次试验。以复检结果为准。

3.4.6 水泥胶砂强度的测定

3.4.6.1 执行标准

《水泥胶砂强度检验方法(ISO 法)》(GB/T 17671—1999)。

3.4.6.2 水泥胶砂强度的测定

1. 仪器、设备

主要有胶砂搅拌机、试模、振实台、抗压抗折试验机等。见图 3-11、图 3-12、图 3-13。

2. 胶砂的制备

1)试验用砂采用中国 ISO 标准砂,其质量应符合 GB/T 17671—1999 的要求。

2)胶砂配合比按水泥:标准砂:水 =1:3.0:0.5 进行拌制。一锅胶砂成三条试体,每锅需水泥 (450 ± 2) g,标准砂 $(1\ 350 \pm 5)$ g,水 (225 ± 1) g。

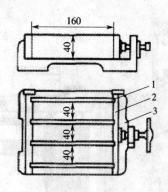

图 3-11 试模

1—隔板;2—端板;3—底板

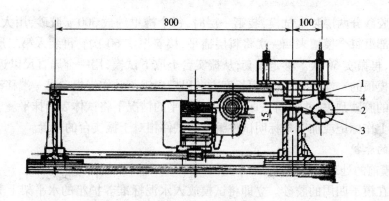

图 3-12 振实台

1—凸头;2—凸轮;3—止动器;4—随动轮

3)搅拌 每锅胶砂均需用搅拌机搅拌。具体步骤如下:

①先把水加入锅里,再加水泥,把锅放在固定架上,上升至固定位置;

②立即开动机器,低速搅拌 30 s 后,在第二个 30 s 开始的同时均匀地将砂子加入,快速再拌 30 s;

③停拌 90 s,在第一个 15 s 内用一胶皮刮具将叶片和锅壁上的胶砂刮入锅中,在高速下继续搅拌 60 s,各个搅拌阶段的时间误差应在 ±1 s 以内。

3.试件的制备

胶砂制备后立即进行成型。将空试模和模套固定在振实台上,用一个适当勺子直接从

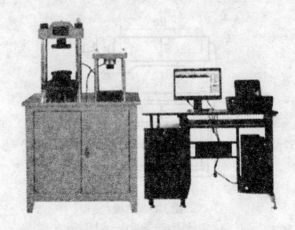

图 3-13　水泥折压一体机

搅拌锅里将胶砂分两层装入试模,装第一层时,每个槽里约放 300 g 胶砂,用大播料器垂直架在模套顶部沿每个模槽来回一次将料层播平,接着振实 60 次。再装入第二层胶砂,用小播料器播平,再振实 60 次。移走模套,从振实台上取下试模,用一金属直尺以近似 90°的角度架在试模模顶的一端,然后沿试模长度方向以横向锯割动作慢慢向另一端移动,一次将超过试模部分的胶砂刮去,并用同一直尺以近乎水平的情况下将试体表面抹平。

在试模上作标记或加字条标明试件编号和试件相对于振实台的位置。

4.试件的养护

(1)脱模前的处理与养护

去掉留在模子四周的胶砂。立即将试模放入水泥标准养护箱的水平架上养护,使空气能与试模的周边接触。另外,养护时不应将试模放在其他试模上。一直养护到规定的脱模试件时取出脱模。脱模前用防水墨汁或颜料对试体进行编号或作其他标记。对于两个龄期以上的试件,在编号时应将同一试模中的三条试体分在两个以上龄期内。

(2)脱模

脱模应非常小心,可用塑料锤、橡皮榔头或专门的脱模器。对于 24 h 龄期的试件,应在破型试验前 20 min 内脱模;对于 24 h 以上龄期的,应在 20 ~ 24 h 之间脱模。

(3)水养护

水中养护将做好标记的试件水平或垂直放在(20 ± 1)℃水中养护,水平放置时,刮平面应朝上,养护期间试件之间间隔或试件上面的水深不得小于 5 mm。

5.强度的测定

(1)强度试验试体的龄期

试体龄期是从水泥加水搅拌开始试验时算起,不同龄期强度试验在下列时间里进行,24 h ± 15 min;48 h ± 30 min;72 h ± 45 min;7 d ± 2 h; >28 d ± 8 h。

(2)抗折强度的测定

1)每龄期取出三条试件先测定抗折强度。测试前,须擦去试件表面的水分和砂粒,清除夹具上圆柱表面黏着的杂物。

2)将试体一个侧面放在试验机支撑圆柱上,试体长轴垂直于支撑圆柱,通过加荷圆柱以(50 ± 10)N/s 的速率均匀地将荷载垂直地加在棱柱体相对侧面上,直至折断。

保持两个半截棱柱体处于潮湿状态直至抗压试验。

抗折强度 R_f 以 N/mm^2（MPa）表示，按式 3-2 进行计算：

$$R_f = \frac{1.5F_fL}{b^3} \tag{3-2}$$

式中：F_f——折断时施加于棱柱体中部的荷载，N；

  L——支撑圆柱之间的距离，mm；

  b——棱柱体正方形截面的边长，mm。

（3）抗压强度的测定

1）抗折强度测定后的断块应立即进行抗压强度测定。抗压强度测定时须用抗压夹具进行，试件受压面积为 40 mm×40 mm。测试前，应清除试件受压面与压板间的砂粒或杂物。测试时，以试件的侧面作为受压面，试件的底面靠紧夹具定位销，并使夹具对准抗压试验机压板中心。

2）抗压试验机加荷速度为（2 400±200）N/s。

抗压强度 R_c 以 N/mm^2（MPa）为单位，按式（4-3）进行计算：

$$R_c = \frac{F_c}{A} \tag{3-3}$$

式中：F_c——破坏时的最大荷载，N；

  A——受压部分面积，mm^2（40 mm×40 mm = 1 600 mm^2）。

6. 试验结果的确定

（1）抗折强度

以一组三个棱柱体抗折结果的平均值作为试验结果。当三个强度值中有超出平均值 ±10% 时，应剔除后再取平均值作为抗折强度试验结果。各试体的抗折强度记录至 0.1 MPa，平均值精确至 0.1 MPa。

（2）抗压强度

以一组三个棱柱体上得到的六个抗压强度测定值的算术平均值为试验结果。如六个测定值中有一个超出六个平均值的 ±10%，就应剔除这个结果，而以剩下五个的平均数为结果。如果五个测定值中再有超过它们平均数 ±10% 的，则此组结果作废。各个半棱柱体得到的单个抗压强度结果计算至 0.1 MPa，平均值精确至 0.1 MPa。

应用案例与发展动态

水泥是一种传统的、用量非常大的建筑材料，在相当长的时期内没有其他材料可以代替它，因此水泥也是具有巨大生命力的材料。

目前，国内外在水泥性能、应用研究方面的进展有如下一些趋势。

1. 高性能水泥的研究与开发

随着社会的发展，超高层建筑物、大深度地下构筑物、超长大桥、海上机场等大型建筑物越来越多，对水泥和混凝土的性能提出了更高要求，这是必须开发高性能水泥的理由之一；另外，用少量高性能水泥可以达到大量低质水泥的使用效果，因此可以减少生产水泥的资源能源消耗，减轻环境负荷，这是开发高性能水泥的另一个理由。高性能水泥的主要研究内容是水泥熟料矿物体系与水泥颗粒形状、颗粒级配等问题。

高性能水泥与同类水泥相比,水泥生产的能耗可以降低 20% 以上,CO_2 排放量可以减少 20% 以上,强度可以提高 10 MPa 以上,综合性能可以提高 30% ~ 50%,因此水泥用量可以减少 20% ~ 30%,开发高性能水泥有利于环境保护和水泥工业的可持续发展。

2. 改善水泥工业与生态环境的相容性

随着科学技术的发展和人们环保意识的增强,可持续发展的问题越来越得到重视,从 20 世纪 90 年代中期开始,出现了 Eco-Cement(生态水泥)一词,在日本和欧美对生态水泥的研究热了起来,目前世界上至少有 100 多家水泥厂已使用了可燃废弃物,如日本在 20 家水泥企业 36 家水泥厂中约有一半处理各种废弃物;欧洲每年要焚烧处理 100 万 t 有害废弃物;瑞士 Holcim 公司可燃废弃物替代燃料已达 80%,法国 Lafarge 公司替代率达到 50% 以上;美国大部分水泥厂利用可燃废弃物煅烧水泥。国外水泥企业一般替代率达到 10% ~ 20%。

可燃废弃物的种类很多,如废机油、废溶剂、废轮胎、动物肉脂粉、稻米壳、石油焦、废纸、废塑料、废棉织品、可燃生活垃圾等,还有医院的有毒垃圾和某些工业部门的有毒有害物。为了提高利用率、保证安全和进一步改善环境质量,国外还出现了专门从事废弃物收集和预处理的公司,使得废弃物处理专门化。

为实现可持续发展,与生态环境完全相容、和谐共存,国外水泥工业的发展动态如下:

1)最大限度减少粉尘、NO_x、SO_2、重金属等对环境的污染;
2)实现高效余热回收,最大程度减少水泥电耗;
3)不断提高燃料的替代率,最大程度减少水泥热耗;
4)提高窑系统运转率,提高劳动生产率;
5)开发生态水泥,减少自然资源的使用量;
6)利用计算机网络系统,实现高智能型的生产自动控制和管理信息化。

思 考 题

1. 什么是硅酸盐水泥和硅酸盐水泥熟料?
2. 硅酸盐水泥的凝结硬化过程是怎样进行的,影响硅酸盐水泥凝结硬化的因素有哪些?
3. 何谓水泥的体积安定性?不良的原因和危害是什么?如何测定?
4. 什么是硫酸盐腐蚀和氯盐腐蚀?
5. 腐蚀水泥石的介质有哪些?水泥石受腐蚀的基本原因是什么?
6. 硅酸盐水泥检验中,哪些性能不符合要求时该水泥属于不合格品?怎样处理不合格品?
7. 为什么掺较多活性混合材料的硅酸盐水泥早期强度比较低,后期强度发展比较快,甚至超过同强度等级的硅酸盐水泥?
8. 与硅酸盐水泥相比,矿渣水泥、火山灰水泥和粉煤灰水泥在性能上有哪些不同?分析它们的适用和不宜使用的范围。
9. 某硅酸盐水泥各龄期的抗折强度及抗压破坏荷载测定值如表 1 所示,试评定其强度等级。

表 1 龄期抗折强度(MPa)、抗压破坏荷载(kN)

龄期/d	抗折强度/MPa			抗压强度/kN					
3	4.05	4.2	4.1	41.0	42.5	46.0	45.5	43.0	43.6
28	7.0	7.5	8.5	95	94	89	93	96	90

10. 不同品种以及同品种不同强度等级的水泥能否混掺使用？为什么？

11. 白色硅酸盐水泥对原料和工艺有什么要求？

12. 膨胀水泥的膨胀过程与水泥体积安定性不良所形成的体积膨胀有何不同？

13. 简述高铝水泥的水化过程及后期强度下降的原因。

14. 为什么生产硅酸盐水泥时掺适量石膏对水泥不起破坏作用,而硬化水泥石遇到有硫酸盐溶液的环境,产生出石膏时就有破坏作用？

15. 水泥强度检验为什么要用标准砂和规定的水灰比？试件为何要在标准条件下养护？

16. 仓库内有三种白色胶凝材料,分别是生石灰粉、建筑石膏和白水泥,有什么简易方法可以辨认？

4　混凝土

学习目标

● 掌握普通混凝土组成材料的品种、技术要求及选用。

● 掌握各种组成材料各项性质的要求、测定方法及对混凝土性能的影响。

● 熟悉混凝土拌和物的性质及其测定和调整方法。

● 熟悉硬化混凝土的力学性质、变形性质和耐久性及其影响因素。

● 熟悉普通混凝土的配合比设计方法。

● 了解混凝土技术的新进展及其发展趋势。

4.1　混凝土概述

4.1.1　混凝土的分类

混凝土是由胶凝材料、水和粗、细骨料,必要时加入化学外加剂和矿物掺和材料,按适当比例配合,经过均匀拌制、密实成型及养护硬化而成的人工石材。它是一种主要的建筑材料,广泛应用于工业与民用建筑、给水与排水工程、水利工程以及地下工程、国防建设等。混凝土也是世界上用量最大的人造材料。混凝土的种类很多,分类方法也很多。

4.1.1.1　按表观密度分类(主要是骨料不同)

1)重混凝土:干表观密度大于 2 600 kg/m³ 的混凝土。常由高密度骨料重晶石和铁矿石等配制而成。主要用于辐射屏蔽方面。

2)普通混凝土:干表观密度为 2 000～2 500 kg/m³ 的水泥混凝土。主要以天然砂、石子和水泥配制而成,是土木工程中最常用的混凝土品种。

3)轻混凝土:干表观密度小于 1 950 kg/m³ 的混凝土。包括轻骨料混凝土、多孔混凝土和无砂大孔混凝土等。主要用于保温和轻质材料。

4.1.1.2　按所用胶凝材料分类

通常根据主要胶凝材料的品种,并以其名称命名,如水泥混凝土、石膏混凝土、水玻璃混凝土、硅酸盐混凝土、沥青混凝土、聚合物混凝土,等等。有时也以加入的特种改性材料命名,如水泥混凝土中掺入钢纤维时,称为钢纤维混凝土;水泥混凝土中掺大量粉煤灰时则称为粉煤灰混凝土等等。

4.1.1.3　按使用功能和特性分类

按使用部位、功能和特性通常可分为:结构混凝土、道路混凝土、水工混凝土、耐热混凝土、耐酸混凝土、防辐射混凝土、补偿收缩混凝土、防水混凝土、泵送混凝土、自密实混凝土、纤维混凝土、聚合物混凝土、高强混凝土、高性能混凝土、高抛落混凝土等。

4.1.1.4 按施工工艺分类

泵送混凝土、喷射混凝土、真空脱水混凝土、造壳混凝土(裹砂混凝土)、碾压混凝土、压力灌浆混凝土(预填骨料混凝土)、热拌混凝土、太阳能养护混凝土等多种。

4.1.1.5 按掺和料分类

粉煤灰混凝土、硅灰混凝土、磨细高炉矿渣混凝土、纤维混凝土等多种。

4.1.1.6 按抗压强度分类

低强混凝土(抗压强度小于 30 MPa)、中强混凝土(抗压强度 30 MPa)和高强混凝土(抗压强度大于等于 60 MPa);按每立方米水泥用量又可分为:贫混凝土(水泥用量不超过 170 kg)和富混凝土(水泥用量不小于 230 kg)等。

4.1.2 普通混凝土

普通混凝土是指以水泥为胶凝材料,砂子和石子为骨料,经加水搅拌、浇筑成型、凝结固化成具有一定强度的"人工石材",即水泥混凝土,是目前工程上大量使用的混凝土品种。

4.1.2.1 普通混凝土的主要优点

(1)原材料资源丰富

混凝土中70%以上的材料是砂石料,属地方性材料,可就地取材,避免远距离运输,因而价格低廉。

(2)施工方便

混凝土拌和物具有良好的流动性和可塑性,可根据工程需要浇筑成各种形状尺寸的构件及构筑物。既可现场浇筑成型,也可预制。

(3)性能可根据需要设计调整

通过调整各组成材料的品种和数量,特别是掺入不同外加剂和掺和料,可获得不同施工和易性、强度、耐久性或具有特殊性能的混凝土,满足工程上的不同要求。

(4)抗压强度高

混凝土的抗压强度一般在 7.5~60 MPa 之间。当掺入高效减水剂和掺和料时,强度可达 100 MPa 以上。而且,混凝土与钢筋具有良好的匹配性,浇筑成钢筋混凝土后,可以有效地改善抗拉强度低的缺陷,使混凝土能够应用于各种结构部位。

(5)耐久性好

原材料选择正确、配比合理、施工养护良好的混凝土具有优异的抗渗性、抗冻性和耐腐蚀性能,且对钢筋有保护作用,可保持混凝土结构长期使用性能稳定。

4.1.2.2 普通混凝土存在的主要缺点

(1)自重大

1 m³混凝土重约 2 400 kg,故结构物自重较大,导致地基处理费用增加。

(2)抗拉强度低,抗裂性差

混凝土的抗拉强度一般只有抗压强度的 1/20~1/10,易开裂。

(3)收缩变形大

水泥水化凝结硬化引起的自身收缩和干燥收缩达 0.5 mm/m 以上,易产生混凝土收缩裂缝。

4.1.2.3 普通混凝土的基本要求

①满足便于搅拌、运输和浇捣密实的施工和易性。

②满足设计要求的强度等级。

③满足工程所处环境条件所必需的耐久性。

④满足上述三项要求的前提下,最大限度地降低水泥用量,节约成本,即经济合理性。

为了满足上述四项基本要求,必须研究原材料性能,研究影响混凝土和易性、强度、耐久性、变形性能的主要因素;研究配合比设计原理、混凝土质量波动规律以及相关的检验评定标准等等。这也是本章的重点和紧紧围绕的中心。

4.2 普通混凝土的组成材料

普通混凝土(以下简称为混凝土)是由水泥、砂、石和水所组成。为改善混凝土的某些性能还常加入适量的外加剂和掺和料。在混凝土中,砂、石起骨架作用,称为骨料或集料;水泥与水形成水泥浆,水泥浆包裹在骨料表面并填充其空隙。硬化前,水泥浆起润滑作用,赋予混凝土拌和物一定流动性,便于施工操作。水泥浆硬化后,则将砂、石骨料胶结成一个坚实的整体。砂、石一般不参与水泥与水的化学反应,主要作用是节约水泥、承担荷载,限制硬化水泥的收缩。外加剂、掺和料起节约水泥和改善混凝土性能的作用。混凝土中,骨料一般约占总体积的70%~80%,水泥浆(硬化后为水泥石)约占20%~30%,此外还含有少量的空气。

混凝土的性能在很大程度上取决于组成材料的性能。因此必须根据工程性质、设计要求和施工现场条件合理选择原料的品种、质量和用量。要做到合理选择原材料,则首先必须了解组成材料的性质、作用原理和质量要求。

4.2.1 水泥

4.2.1.1 水泥品种的选择

水泥品种的选择主要根据工程结构特点、工程所处环境及施工条件确定。如高温车间结构混凝土有耐热要求,一般宜选用耐热性好的矿渣水泥等等。常用水泥品种的选用见表4-1。

4.2.1.2 水泥强度等级的选择

水泥强度等级的选择,应与混凝土的设计强度等级相适应。若用低强度等级的水泥配制高强度等级混凝土,不仅会使水泥用量过多,还会对混凝土产生不利影响。反之,用高强度等级的水泥配制低强度等级混凝土,若只考虑强度要求,会使水泥用量偏少,从而影响耐久性能;若水泥用量兼顾了耐久性等要求,又会导致超强而不经济。因此,根据经验一般以选择的水泥强度等级标准值为泥土强度等级标准值的1.5~2.0倍为宜。

表 4-1 常用水泥的选用参考表

混凝土工程特点或所处环境条件		优先选用	可以使用	不得使用
环境条件	在普通气候环境中的混凝土	普通水泥	矿渣水泥、火山灰质水泥、粉煤灰水泥、复合水泥	—
	在干燥环境中的混凝土	普通水泥	矿渣水泥	火山灰质水泥、粉煤灰水泥
	在高湿度环境中或永远处在水下的混凝土	矿渣水泥	普通水泥、火山灰质水泥、粉煤灰水泥、复合水泥	—
	严寒地区的露天混凝土、寒冷地区处在水位升降范围内的混凝土	普通水泥	矿渣水泥	火山灰质水泥、粉煤灰水泥
	严寒地区处在水位升降范围内的混凝土	普通水泥（强度等级 >42.5）	—	矿渣水泥、火山灰质水泥、粉煤灰水泥
	受侵蚀性环境水或侵蚀性气体作用的混凝土	根据侵蚀性介质的种类、浓度等具体条件按专门（或设计）规定选用		
工程特点	厚大体积的混凝土	矿渣水泥、粉煤灰水泥	普通水泥、火山灰质水泥	快硬硅酸盐水泥、硅酸盐水泥
	要求快硬的混凝土	快硬硅酸盐水泥、硅酸盐水泥	普通水泥	矿渣水泥、火山灰质水泥、粉煤灰水泥
	高强的混凝土	硅酸盐水泥	普通水泥、矿渣水泥	火山灰质水泥、粉煤灰水泥
	有抗渗性要求的混凝土	普通水泥、火山灰质水泥	—	矿渣水泥
	有耐磨性要求的混凝土	硅酸盐水泥、普通水泥	—	—

4.2.2 细骨料

普通混凝土所用骨料按粒径大小分为两种,粒径大于 4.75 mm 的称为粗骨料,粒径小于 4.75 mm 的称为细骨料。混凝土的细骨料按产源分为天然砂、机制砂两类。

天然砂是由自然生成的,经人工开采和筛分的粒径小于 4.75 mm 的岩石颗粒,包括河砂、湖砂、山砂、淡化海砂,但不包括软质、风化的岩石颗粒。

机制砂是经除土处理,由机械破碎、筛分制成的,粒径小于 4.75 mm 的岩石、矿山尾矿或工业废渣颗粒,但不包括软质、风化的颗粒,俗称机制砂。

砂按其技术要求分为Ⅰ类、Ⅱ类、Ⅲ类三个类别。

我国在《建设用砂》(GB/T 14684—2011)标准中,对所采用的细骨料的技术要求主要有以下几个方面。

4.2.2.1 砂的粗细度和颗粒级配

1)砂的粗细程度:是指不同粒径的砂粒混合后平均粒径大小。

通常用细度模数(M_x)表示,其值并不等于平均粒径,但能较准确反映砂的粗细程度。细度模数 M_x 越大,表示砂越粗,单位质量总表面积(或比表面积)越小;M_x 越小,则砂比表面积越大。在相同砂用量条件下,细砂的总表面积比粗砂的总表面积大,在混凝土中砂子表面需用水泥浆包裹,赋予流动性和黏结强度,砂子的总表面积愈大,则需要包裹砂粒表面的水泥浆就愈多。

2)砂的颗粒级配:是指不同粒径的砂粒搭配比例。

良好的级配指粗颗粒的空隙恰好由中颗粒填充,中颗粒的空隙恰好由细颗粒填充,如此逐级填充(如图4-1所示)使砂形成最密致的堆积状态,空隙率达到最小值,堆积密度达最大值。这样可达到节约水泥,提高混凝土综合性能的目标。因此,砂颗粒级配反映空隙率大小。

图4-1　砂颗粒级配示意

砂的粗细程度和颗粒级配用筛分析方法测定,用细度模数表示粗细程度,用级配区表示砂的级配。根据《建设用砂》(GB/T 14684—2011),筛分析是用一套孔径(净尺寸)为0.15 mm、0.30 mm、0.60 mm、1.18 mm、2.36 mm、4.75 mm 的6个标准方孔筛,将500 g 干砂试样由粗到细依次过筛,然后称量各筛上的筛余量 m_i(g),计算各筛上的分计筛余率 a_i(%)(各筛上的筛余量占砂样总重量的百分率),再计算累计筛余率 A_i(%)(该号筛的筛余百分率加上该号筛以上各筛余百分率之和)。a_i 和 A_i 的计算关系见表4-2。

表4-2　累计筛余与分计筛余计算关系

筛孔尺寸/mm	分计筛余/%	累计筛余/%
4.75	a_1	$A_1 = a_1$
2.36	a_2	$A_2 = a_1 + a_2$
1.18	a_3	$A_3 = a_1 + a_2 + a_3$
0.60	a_4	$A_4 = a_1 + a_2 + a_3 + a_4$
0.30	a_5	$A_5 = a_1 + a_2 + a_3 + a_4 + a_5$
0.15	a_6	$A_6 = a_1 + a_2 + a_3 + a_4 + a_5 + a_6$

细度模数根据下式计算(精确至0.01):

$$M_x = \frac{(A_2 + A_3 + A_4 + A_5 + A_6) - 5A_1}{100 - A_1}$$
(4-1)

细度模数(M_x)越大,表示砂越粗,砂按细度模数分为粗、中、细三种规格,其细度模数分别为:粗砂为3.7~3.1,中砂为3.0~2.3,细砂为2.2~1.6。依据《普通混凝土用砂、石质量及检验方法标准》(JGJ 52—2006),砂按细度模数分为粗、中、细、特细砂三种规格,其细度模数分别为:粗砂为3.7~3.1,中砂为3.0~2.3,细砂为2.2~1.6。

砂的颗粒级配,以级配区或筛分曲线判定砂级配的合格性。对细度模数为3.7~1.6的普通混凝土用砂,根据0.60 mm 孔径筛(控制粒级)的累计筛余百分率,划分成为Ⅰ区、Ⅱ区、Ⅲ区三个级配区,见表4-3。

混凝土用砂的颗粒级配,应处于表4-3的任何一个级配区中,才符合级配要求。

以累计筛余百分率为纵坐标,以筛孔尺寸为横坐标,根据表4-3的数值可以画出天然砂三个级配区的筛分曲线,如图4-2。通过观察所画的砂的筛分曲线是否完全落在三个级配区的任一区内,即可判定该砂级配的合格性。同时也可根据筛分曲线偏向情况大致判断砂的粗细程度,当筛分曲线偏向右下方时,表示砂较粗,筛分曲线偏向左上方时,表示砂较细。

表4-3　天然砂(机制砂)颗粒级配

累计筛余 %　　　级配区 方筛孔	I	II	III
9.50 mm	0	0	0
4.75 mm	10~0	10~0	10~0
2.36 mm	35~5	25~0	15~0
1.18 mm	65~35	50~10	25~0
600 μm	85~71	70~41	40~16
300 μm	95~80	92~70	85~55
150 μm	100~90(97~85)	100~90(94~80)	100~90(94~75)

注:1.砂的实际颗粒级配与表中所列数字相比,除4.75 mm和600 μm筛孔外,可以略有超出,但超出总量应小于5%;

2.对于砂浆用砂,4.75 mm筛孔的累计筛余量应为0。

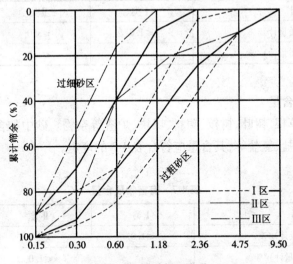

图4-2　天然砂级配曲线

　　配制混凝土时宜优先选用II区砂。在实际工程中,若砂的级配不合适,可采用人工掺配的方法来改善,即将粗、细砂按适当的比例进行掺和使用;或将砂过筛,筛除过粗或过细颗粒。

4.2.2.2　含泥量、石粉含量和泥块含量

　　含泥量是指天然砂中粒径小于75 μm的颗粒含量;石粉含量是指机制砂中粒径小于75 μm的颗粒含量;泥块含量是指砂中原粒径大于1.18 mm,经水浸洗、手捏后小于600 μm的

颗粒含量。骨料中的泥颗粒极细,会黏附在骨料表面,影响水泥石与骨料之间的胶结能力。而泥块会在混凝土中形成薄弱部分,对混凝土的质量影响更大。

天然砂的含泥量和泥块含量应符合表4-4的规定。

表4-4　天然砂的含泥量和泥块含量

类别	Ⅰ类	Ⅱ类	Ⅲ类
含泥量(按质量计)/%	≤1.0	≤3.0	≤5.0
泥块含量(按质量计)/%	0	≤1.0	≤2.0

机制砂的石粉含量和泥块含量应符合表4-5和表4-6的规定。

表4-5　石粉含量和泥块含量(MB值≤1.4或快速法试验合格)

类别	Ⅰ类	Ⅱ类	Ⅲ类
MB值	≤0.5	≤1.0	≤1.4或合格
石粉含量(按质量计)/% [a]		≤10.0	
(按质量计)/%	0	≤1.0	≤2.0

a 此指标根据使用地区和用途,经试验验证,可由供需双方协商确定。

表4-6　机制砂石粉含量和泥块含量(MB值>1.4或快速法试验不合格)

类别	Ⅰ类	Ⅱ类	Ⅲ类
石粉含量(按质量计)/%	≤1.0	≤3.0	≤5.0
泥块含量(按质量计)/%	0	≤1.0	≤2.0

4.2.2.3　有害物质含量

砂中不应混有草根、树叶、树枝、塑料、煤块、炉渣等杂物。砂中如含有云母、轻物质、有机物、硫化物及硫酸盐、氯盐等,其含量应符合表4-7的规定。

表4-7　有害物质含量

类别	Ⅰ类	Ⅱ类	Ⅲ类
云母(按质量计)/%	≤1.0	≤2.0	
轻物质(按质量计)/%	≤1.0		
有机物	合格		
硫化物及硫酸盐(按SO_3计)/%	≤0.5		
氯化物(以氯离子质量计)/%	≤0.01	≤0.02	≤0.06
贝壳(按质量计)/% [a]	≤3.0	≤5.0	≤8.0

a 指此指标仅适用于海砂,其他砂种不作要求。

硫化物及硫酸盐杂质对水泥有侵蚀作用;云母为表面光滑的层、片状物质,与水泥黏结性差,影响混凝土的强度和耐久性;轻物质为表观密度小于2 000 kg/m³的物质,影响混凝土的强度;有机质影响水泥的水化硬化;氯化物对钢筋有锈蚀作用。当采用海砂配制钢筋混凝土时,海砂中氯离子含量要求小于0.06%(以干砂重计);对预应力混凝土不宜采用海砂,若必须使用海砂时,需用淡水冲洗至氯离子含量小于0.02%。用海砂配制素混凝土,氯离子含量不予限制。

当砂中有害杂质及含泥量多,又无合适砂源时,可过筛和用清水或石灰水(有机质含量多时)冲洗后使用,以符合就地取材原则。

4.2.2.4　砂的坚固性

砂的坚固性是指砂在自然风化和其他外界物理化学因素作用下抵抗破裂的能力。

1)天然砂采用硫酸钠溶液法进行试验,砂样经5次循环后其质量损失应符合表4-8的规定。

表4-8　坚固性指标

类别	Ⅰ类	Ⅱ类	Ⅲ类
质量损失/%	≤8		≤10

2)机制砂采用压碎指标法进行试验,压碎指标值应小于表4-9的规定。

表4-9　压碎指标

类别	Ⅰ类	Ⅱ类	Ⅲ类
单级最大压碎指标/%	≤20	≤25	≤30

压碎指标试验是将一定质量试样,在烘干状态下单粒级的砂子装入受压钢模内,以每秒钟500 N的速度加荷至25 kN时稳荷5 s后,以同样速度卸荷。然后用该粒级的下限筛进行筛分,称出试样的筛余量G_1和通过量G_2,压碎指标Y_i可按下式计算(精确至0.1%):

$$Y_i = \frac{G_2}{G_1 + G_2} \times 100\% \tag{4-2}$$

压碎指标越小,表示砂子抵抗受压破坏的能力越强,砂子越坚固。

4.2.2.5　砂的表观密度、松散堆积密度、空隙率

砂的表观密度、松散堆积密度应符合如下规定:

1)表观密度不小于2 500 kg/m³;

2)松散堆积密度不小于1 400 kg/m³;

3)空隙率不大于44%。

4.2.3　粗骨料

混凝土常用的粗骨料有卵石和碎石。卵石是由自然风化、水流搬运和分选、堆积形成的,粒径大于4.75 mm的岩石颗粒。分为河卵石、海卵石、山卵石等,其中河卵石应用较多。碎石是由天然岩石、卵石、矿山废石经机械破碎、筛分制成的,粒径大于4.75 mm的岩石颗粒。

依据《建设用卵石、碎石》(GB/T 14685—2011)规定,按卵石、碎石技术要求把粗骨料分为Ⅰ类、Ⅱ类、Ⅲ类,共三个类别。对其技术要求主要有以下几个方面。

4.2.3.1　最大粒径与颗粒级配

（1）最大粒径(D_{max})

粗骨料中公称粒级的上限称为该骨料的最大粒径。当骨料粒径增大时,其总表面积减小,因此包裹它表面所需的水泥浆数量相应减少,可节约水泥,所以在条件许可的情况下,粗骨料最大粒径应尽量用得大些。在普通混凝土中,骨料粒径大于40 mm并没有好处,有可能造成混凝土强度下降。根据《混凝土结构工程施工及验收规范》(GB 50204—2002)的规定,混凝土粗骨料的最大粒径不得超过结构截面最小尺寸的1/4,同时不得大于钢筋间最小净距的3/4;对于混凝土实心板,骨料的最大粒径不宜超过板厚的1/3,且不得超过40 mm;对于泵送混凝土,骨料最大粒径与输送管内径之比,碎石不宜大于1∶3,卵石不宜大于1∶2.5。石子粒径过大,不利于运输和搅拌。

（2）颗粒级配

粗骨料与细骨料一样,也要求有良好的颗粒级配,以减少空隙率,增强密实性,从而可以节约水泥,保证混凝土的和易性及混凝土的强度。特别是配制高强度混凝土,粗骨料级配特别重要。

粗骨料的级配也是用筛分析方法测定,12个标准筛孔径为2.36 mm、4.75 mm、9.50 mm、16.0 mm、19.0 mm、26.5 mm、31.5 mm、37.5 mm、53.0 mm、63.0 mm、75.0 mm、90.0 mm,分计筛余百分率及累计筛余百分率的计算与砂相同。依据《建设用卵石、碎石》(GB/T 14685—2011),混凝土用碎石及卵石的颗粒级配范围应符合表4-10的规定。

表4-10　碎石或卵石的颗粒级配

公称粒级/mm		累计筛余/%											
		方孔筛/mm											
		2.36	4.75	9.50	16.0	19.0	26.5	31.5	37.5	53.0	63.0	75.0	90.0
连续粒级	5~16	95~100	85~100	30~60	0~10	0							
	5~20	95~100	90~100	40~80	—	0~10	0						
	5~25	95~100	90~100	—	30~70	—	0~10	0					
	5~31.5	95~100	90~100	70~90	—	15~45	—	0~5	0				
	5~40	—	95~100	70~90	—	30~65	—	—	0~5	0			
单粒粒级	5~10	95~100	80~100	0~15	0								
	10~16		95~100	80~100	0~15	0							
	10~20		95~100	85~100	—	0~15	0						
	16~31.5		95~100	—	85~100	—	—	0~10	0				
	20~40		—	95~100	—	80~100	—	—	0~10	0			
	31.5~63		—	—	95~100	—	75~100	45~75	—	0~10	0		
	40~80		—	—	95~100	—	—	70~100	—	30~60	0~10	0	

　　粗骨料的级配按卵石、碎石粒径尺寸分为连续粒级和单粒粒级两种。连续粒级是按颗粒尺寸由小到大连续分级,每级骨料都占有一定比例,如天然卵石。连续粒级颗粒级差小,配制的混凝土拌和物和易性好,不易发生离析,目前应用较广泛。单粒粒级颗粒级差大,空隙率的降低比连续粒级快得多,可最大限度地发挥骨料的骨架作用,减小水泥用量。但混凝土拌和物易产生离析现象,增加施工困难,工程应用较少。

　　单粒级宜用于组合成具有所要求级配的连续粒级,也可与连续粒级配合使用,以改善骨料级配或配成较大粒级的连续粒级。工程中不宜采用单一的单粒级粗骨料配制混凝土。

4.2.3.2　含泥量和泥块含量

　　含泥量是指卵石、碎石中粒径小于 75 μm 的颗粒含量,泥块含量是指卵石、碎石中原粒径大于 4.75 mm,经水浸洗、手捏后小于 2.36 mm 的颗粒含量。卵石、碎石的含泥量和泥块含量应符合表4-11 的规定。

表 4-11　卵石、碎石的含泥量和泥块含量

类别	Ⅰ类	Ⅱ类	Ⅲ类
含泥量(按质量计)/%	≤0.5	≤1.0	≤1.5
泥块含量(按质量计)/%	0	≤0.2	≤0.5

4.2.3.3　针片状颗粒含量

　　卵石和碎石颗粒长度大于该颗粒所属相应粒级的平均粒径 2.4 倍者为针状颗粒;厚度小于平均粒径 0.4 倍者为片状颗粒。(平均粒径是指该粒级上、下限粒径的算术平均值)。为提高混凝土强度和减小骨料间的空隙,粗骨料比较理想的颗粒形状应是三维长度相等或相近的球形或立方体形颗粒,而三维长度相差较大的针、片状颗粒受力时容易折断,影响混凝土的强度,而且会增大骨料的空隙率,使混凝土拌和物的和易性变差。卵石和碎石的针片状颗粒含量应符合表4-12 的规定。

表 4-12　卵石和碎石的针片状颗粒含量

类别	Ⅰ类	Ⅱ类	Ⅲ类
针、片状颗粒总含量(按质量计)/%	≤5	≤15	≤25

4.2.3.4　有害物质限量

　　卵石和碎石中不应混有草根、树叶、树枝、塑料、煤块和炉渣等杂物。其有害物质含量应符合表4-13 的规定。

表 4-13　有害物质限量

类别	Ⅰ类	Ⅱ类	Ⅲ类
有机物	合格	合格	合格
硫化物及硫酸盐(按 SO₃质量计)/%	≤0.5	≤1.0	≤1.0

4.2.3.5 坚固性

卵石、碎石在自然风化和其他外界物理化学因素作用下抵抗破裂的能力称作骨料的坚固性。当骨料由于干湿循环或冻融交替等风化作用引起体积变化而导致混凝土破坏时,即认为坚固性不良。骨料越密实,强度越高,吸水率越小时,其坚固性越好;骨料的坚固性采用硫酸钠溶液法进行试验,卵石和碎石 5 次循环后,其质量损失符合表 4-14 的规定。

表 4-14 碎石和卵石的坚固性指标

类别	Ⅰ类	Ⅱ类	Ⅲ类
质量损失/%	≤5	≤8	≤12

4.2.3.6 强度

为保证混凝土的强度要求,粗骨料必须具有足够的强度。碎石和卵石的强度,采用岩石抗压强度和压碎指标两种方法检验。

岩石抗压强度检验,是将碎石的母岩制成边长为 5 cm 的立方体(或直径与高均为 5 cm 的圆柱体)试件,在水饱和状态下,测定其极限抗压强度值。其抗压强度火成岩应不小于 80 MPa,变质岩应不小于 60 MPa,水成岩应不小于 30 MPa。

压碎指标检验是指将一定质量的气干状态下粒径为 9.50 ~ 19.0 mm 的石子装入一个标准圆筒内,放在压力机上以 1 kN/s 速度均匀加荷至 200 kN 并稳荷 5 s,然后卸荷,用孔径 2.36 mm 的筛筛除被压碎的细粒,称出留在筛上的试样质量,压碎指标 Q_e 可按下式计算:精确至 0.1%。

$$Q_e = \frac{G_1 - G_2}{G_1} \times 100 \tag{4-3}$$

压碎指标 Q_e 值愈小,表示粗骨料抵抗受压破坏的能力愈强。普通混凝土用碎石和卵石的压碎指标值见表 4-15。

表 4-15 普通混凝土用碎石和卵石的压碎指标

类别	Ⅰ类	Ⅱ类	Ⅲ类
碎石压碎指标/%	≤10	≤20	≤30
卵石压碎指标/%	≤12	≤16	≤16

压碎指标检验实用方便,用于经常性的质量控制;而在选择采石场或对粗骨料有严格要求以及对质量有争议时,宜采用岩石立方体强度检验。

4.2.3.7 卵石、碎石表观密度、连续级配松散堆积空隙率

1)卵石、碎石表观密度不小于 2 600 kg/m³

2)连续级配松散堆积空隙率:Ⅰ类小于等于 43%;Ⅱ类小于等于 45%;Ⅲ类小于等于 47%。

4.2.3.8 骨料的含水状态

砂的含水状态有如下四种,如图 4-3 所示。

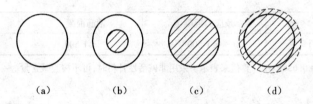

图 4-3 骨料含水状态示意
(a)绝干状态;(b)气干状态;(c)饱和面干状态;(d)湿润状态

1)绝干状态:砂粒内外不含任何水,通常在(105±5)℃条件下烘干而得。

2)气干状态:砂粒表面干燥,内部孔隙中部分含水,指室内或室外(天晴)空气平衡的含水状态,其含水量的大小与空气相对湿度和温度密切相关。

3)饱和面干状态:砂粒表面干燥,内部孔隙全部吸水饱和。水利工程上通常采用饱和面干状态计量砂用量。

4)湿润状态:砂粒内部吸水饱和,表面还含有部分表面水。施工现场,特别是雨后常出现此种状况,搅拌混凝土中计量砂用量时,要扣除砂中的含水量;同样,计量水用量时,要扣除砂中带入的水量。

4.2.4 混凝土用水

混凝土用水是混凝土拌和水和混凝土养护用水的总称,包括饮用水、地表水、地下水、再生水、海水等。水是混凝土的主要组分之一,对混凝土用水的质量要求是:不影响混凝土的凝结和硬化;无损于混凝土强度发展及耐久性;不加快钢筋锈蚀;不引起预应力钢筋脆断;不污染混凝土表面。因此,《混凝土用水标准》(JGJ 63—2006)对混凝土用水提出了具体的质量要求。

地表水和地下水常溶有较多的有机质和矿物盐类,必须按标准规定检验合格后方可使用。海水中含有较多的硫酸盐和氯盐,影响混凝土的耐久性并加速混凝土中钢筋的锈蚀,未经处理的海水严禁用于钢筋混凝土和预应力混凝土结构;对有饰面要求的混凝土,也不得采用海水拌制,以免因表面产生盐析而影响装饰效果。

混凝土拌和用水水质应符合表 4-16 的规定。对于设计使用年限为 100 年的结构混凝土,氯离子含量不得超过 500 mg/L;对使用钢丝或经热处理钢筋的预应力混凝土,氯离子含量不得超过 350 mg/L。

表 4-16 混凝土拌和用水水质要求

项　　目	预应力混凝土	钢筋混凝土	素混凝土
pH 值	≥5.0	≥4.5	≥4.5
不溶物/(mg/L)	≤2 000	≤2 000	≤5 000
可溶物/(mg/L)	≤2 000	≤5 000	≤10 000
氯离子/(mg/L)	≤500	≤1 000	≤3 500
硫酸根离子/(mg/L)	≤600	≤2 000	≤2 700

续表

项　　目	预应力混凝土	钢筋混凝土	素混凝土
碱含量/(mg/L)	≤1 500	≤1 500	≤1 500

注:碱含量按 $Na_2O + 0.658K_2O$ 计算值来表示。采用非碱活性骨料时,可不检验碱含量。

混凝土养护用水可不检验不溶物、可溶物、水泥凝结时间和水泥胶砂强度。其他同混凝土拌和用水水质要求。

4.3　混凝土拌和物的性能

混凝土的各组成材料按一定比例配合、搅拌而成的尚未凝固的材料,称为混凝土拌和物,又称新拌混凝土。为便于施工和保证良好的浇筑质量,新拌混凝土应具备良好的和易性,从而保证混凝土的强度和耐久性。

4.3.1　和易性的概念

和易性也称工作性,是指混凝土拌和物易于施工操作(拌和、运输、浇灌、捣实)并能获得质量均匀、成型密实的性能。和易性是一项综合的技术性质,包括有流动性、黏聚性和保水性等三方面的含义。

流动性是指混凝土拌和物在自重或机械振捣作用下,易于流动并均匀密实地填满模板的性能。流动性的大小直接影响浇捣施工的难易和混凝土的质量,流动性好,混凝土拌和物较稀,混凝土容易操作、成型。

黏聚性是指混凝土各组成材料之间有一定的黏聚力,使混凝土保持整体均匀完整和稳定的性能,在运输和浇注过程中不致产生分层和离析现象。黏聚性差会影响混凝土的成型、浇筑质量,造成强度下降,耐久性不满足要求。

保水性是指混凝土拌和物在施工过程中,具有一定的保持内部水分的能力而不致产生严重的泌水现象。新拌混凝土是由不同密度、不同粒径的颗粒(骨料和水泥)和水组成,在自重和外力作用下,固体颗粒下沉,水上浮于混凝土表面,形成泌水,造成硬化后混凝土表面酥软,当泌水发生在骨料或钢筋下面时,影响混凝土的整体均匀性。保水性差的混凝土拌和物,因泌水会形成易透水的孔隙,使混凝土的密实性变差,强度和耐久性降低。

混凝土拌和物的流动性、黏聚性、保水性三者之间既互相联系,又互相矛盾。如黏聚性好则保水性一般也较好,但流动性可能较差;当增大流动性时,黏聚性和保水性往往变差。因此,拌和物的和易性良好,一般需要这三方面性能在某种具体工作条件下达到统一,达到均为良好的状况。

4.3.2　和易性的测定及评定

混凝土拌和物的和易性内涵比较复杂,难以用一种简单的测定方法和指标来全面恰当地评价。根据我国现行标准《普通混凝土拌和物性能试验方法标准》(GB/T 50080—2002)规定,用坍落度、坍落扩展度法和维勃稠度法来测定混凝土拌和物的流动性,并辅以直观经验来评定黏聚性和保水性,以此评定和易性。

坍落度与坍落扩展度法适用于骨料最大粒径不大于40 mm、坍落度不小于10 mm的混凝土拌和物稠度测定,当混凝土拌和物的坍落度大于220 mm时,用坍落扩展度法。维勃稠度法适用于骨料最大粒径不大于40 mm,在5~30 s之间的混凝土拌和物稠度测定。

4.3.3 和易性的选用

选择新拌水泥混凝土的坍落度,要根据施工方法和结构断面尺寸、钢筋分布情况等因素。对无筋厚大结构、钢筋配置稀疏易于施工的结构,尽可以选用较小的坍落度,以节约水泥;反之,对断面尺寸较小、形状复杂或配筋特密的结构,则应选用较大的坍落度。一般在便于操作和保证捣固密实的条件下,尽可能选用较小的坍落度,以节约水泥,提高强度,获得质量合格的混凝土拌和物,具体选择可参考表4-17。

表4-17　混凝土坍落度的适宜范围

项　　目	结构特点	坍落度/mm
1	无筋的厚大结构或配筋稀疏的构件	10~30
2	板、梁和大型及中型截面的柱子等	35~50
3	配筋较密的结构(薄壁、筒仓、细柱等)	55~70
4	配筋特密的结构	75~90

表4-17中系指采用机械振捣的坍落度,当采用人工捣实时可适当增大。当施工工艺采用泵送混凝土拌和物时,可通过掺入高效减水剂等措施提高流动性,使坍落度达到80~180 mm。

4.3.4 影响和易性的主要因素

4.3.4.1 水泥浆的数量

混凝土拌和物中的水泥浆,赋予混凝土拌和物以一定的流动性。在水胶比不变的情况下,单位体积拌和物内,如果水泥浆愈多,则拌和物的流动性愈大。但若水泥浆过多,将会出现流浆现象,使拌和物的黏聚性变差,同时对混凝土的强度与耐久性也会产生一定影响,且水泥用量也大。水泥浆过少,致使其不能填满骨料空隙或不能很好包裹骨料表面时,就会产生崩坍现象,黏聚性变差。因此,混凝土拌和物中水泥浆的含量应以满足流动性要求为度,不宜过量。

4.3.4.2 水泥浆的稠度

水泥浆的稠度是由水胶比所决定的。在水泥用量不变的情况下,水胶比愈小,水泥浆就愈稠,混凝土拌和物的流动性便愈小。水胶比一般应根据混凝土强度和耐久性要求合理地选用。无论是水泥浆的多少,还是水泥浆的稀稠,实际上对混凝土拌和物流动性起决定作用的单位体积是用水量的多少。大量的实验研究证明在原材料品质一定的条件下,单位用水量一旦选定,单位水泥(1 m³)用量增减50~100 kg,混凝土的流动性基本保持不变,这一规律称为固定用水量定则。这一定则对普通混凝土的配合比设计带来极大便利,即可通过固定用水量保证混凝土坍落度的同时,调整水泥用量,即调整水胶比,来满足强度和耐久性要求。

4.3.4.3　砂率

砂率是指混凝土中砂的质量占砂、石总质量的百分率。砂率的变动会使骨料的空隙率和骨料的总表面积有显著改变,因而对混凝土拌和物的和易性产生显著影响。砂率过大时,骨料的总表面积及空隙率都会增大,在水泥浆含量不变的情况下,相对地水泥浆显得少了,减弱了水泥浆的润滑作用,而使混凝土拌和物的流动性减小;砂率过小,又不能保证在粗骨料之间有足够的砂浆层,也会降低混凝土拌和物的流动性,而且会严重影响其黏聚性和保水性,容易造成离析、流浆等现象。当采用合理砂率时,能使混凝土拌和物获得最大的流动性且能保持良好的黏聚性和保水性,而水泥用量为最少。可按骨料的品种、规格及混凝土的水胶比合理选用。

4.3.4.4　组成材料的性质

水泥对和易性的影响主要表现在水泥的需水性上。需水量大的水泥品种,达到相同的坍落度,需要较多的用水量。常用水泥中以普通硅酸盐水泥所配制的混凝土拌和物的流动性和保水性较好,用矿渣水泥和某些火山灰水泥时,拌和物的坍落度一般较用普通水泥时为小,而且矿渣水泥将使拌和物的泌水性显著增加。

骨料的性质对混凝土拌和物的和易性影响较大。级配良好的骨料,空隙率小,在水泥浆量相同的情况下,包裹骨料表面的水泥浆较厚,和易性好。碎石比卵石表面粗糙,所配制的混凝土拌和物流动性较卵石配制的差。

4.3.4.5　温度和时间

混凝土拌和物的流动性随温度的升高而降低,这是由于温度升高可加速水泥的水化,增加水分的蒸发,所以夏季施工时,为了保持一定的流动性应当提高拌和物的用水量。

混凝土拌和物随时间的延长而变干稠,流动性降低。这是由于拌和物中一些水被骨料吸收,一些水蒸发,一些水与水泥发生水化反应变成水化产物结合水而致。

4.3.4.6　外加剂

外加剂对拌和物的和易性有较大影响,加入减水剂和引气剂可明显提高拌和物的流动性,引气剂还可有效地改善拌和物的黏聚性和保水性,而且在不改变混凝土配合比的情况下,能提高强度和耐久性,是高强、高性能混凝土的必需组分。

4.3.5　改善混凝土和易性的措施

在实际施工中,可采用如下措施调整混凝土拌和物的和易性。

1)通过试验,采用合理砂率,尽可能降低砂率,有利于提高混凝土的质量和节约水泥。

2)改善砂、石(特别是石子)的级配。

3)尽量采用较粗的砂、石。

4)当混凝土拌和物坍落度太小时,维持水胶比不变,适当增加水泥和水的用量,或者加入外加剂等;当拌和物坍落度太大,但黏聚性良好时,可保持砂率不变,适当增加砂、石。

5)有条件时尽量掺用外加剂(减水剂、引气剂等)。

4.4 硬化后混凝土的性能

4.4.1 硬化混凝土的强度

普通混凝土一般均用作结构材料,故其强度是混凝土硬化后的主要力学性能,混凝土强度有立方体抗压强度、棱柱体抗压强度、抗拉强度、抗弯强度、抗剪强度和与钢筋的黏结强度等。其中抗压强度最大,抗拉强度最小,约为抗压强度的 1/20～1/10,对混凝土抗裂性起着非常重要的作用,故在结构工程中混凝土主要用来承受压力作用。

4.4.1.1 混凝土立方体抗压标准强度与强度等级

按照国家标准《普通混凝土力学性能试验方法标准》(GB/T 50081—2002),混凝土立方体抗压强度是指按标准方法制作的边长为 150 mm × 150 mm × 150 mm 的立方体试件,在标准养护条件(采用标准养护的试件,应在温度为(20 ± 5)℃的环境中静置一昼夜至二昼夜,然后编号、拆模。拆模后应立即放入温度为(20 ± 2)℃,相对湿度 95% 以上的标准养护室中养护,或在温度为(20 ± 2)℃的不流动的 $Ca(OH)_2$ 饱和溶液中)下养护至 28 d 龄期,以标准方法测试、计算得到的抗压强度值称为混凝土立方体的抗压强度,以 f_{cc} 表示。国家标准还规定,当混凝土强度等级 < C60 时,可采用非标准试件,对非标准尺寸的立方体试件,可采用折算系数折算成标准试件的强度值。即边长为 100 mm 和 200 mm 的立方体试件分别采用折算系数 0.95 和 1.05 折算成标准试件的强度值。当混凝土强度等级 > C60 时,宜采用标准试件;使用非标准试件时,尺寸换算系数应由试验确定。

在实际的混凝土工程中,其养护条件(温度、湿度)不可能与标准养护条件一样,为了能说明工程中混凝土实际达到的强度,往往把混凝土试件放在与工程实际相同的条件下养护,再按所需的龄期测得立方体试件抗压强度值,作为工地混凝土质量控制的依据。

混凝土强度等级是按混凝土立方体抗压标准强度标准值(以 $f_{cu,k}$ 表示)来划分的。混凝土立方体抗压强度标准值,是指按标准方法制作和养护的边长为 150 mm 的立方体试件,在 28 d 龄期,用标准试验方法测得的抗压强度总体分布中的一个值,强度低于该值的概率不应大于 5%(即具有强度保证率为 95% 的立方体抗压强度)。混凝土强度等级采用符号 C 与立方体抗压强度标准值(以 N/mm^2 或 MPa 计)表示。按照《混凝土结构设计规范》(GB 50010—2010)规定,普通混凝土划分为 14 个等级,即:C15、C20、C25、C30、C35、C40、C45、C50、C55、C60、C65、C70、C75、C80。按照《混凝土质量控制标准》(GB500164—2011)规定,普通混凝土划分为 18 个等级,即:C10、C15、C20、C25、C30、C35、C40、C45、C50、C55、C60、C65、C70、C75、C80、C85、C90、C100。混凝土强度等级是混凝土结构设计时强度计算取值的依据,同时也是混凝土施工中控制工程质量和工程验收时的重要依据。

4.4.1.2 混凝土的轴心抗压强度

确定混凝土强度等级采用立方体试件,但实际工程中钢筋混凝土构件形式极少是立方体的,大部分是棱柱体形或圆柱体形。为了使测得的混凝土强度接近于混凝土构件的实际情况,在钢筋混凝土结构计算中,计算轴心受压构件(例如柱子、桁架的腹杆等)时,都采用混凝土的轴心抗压强度 f_{cp} 作为设计依据。

根据《普通混凝土力学性能试验方法标准》（GB/T 50081—2002）的规定，轴心抗压强度采用 150 mm×150 mm×300 mm 的棱柱体作为标准试件。轴心抗压强度值 f_{cp} 比同截面的立方体抗压强度值 f_{cc} 小，在立方体抗压强度 f_{cc} 为 10～55 MPa 范围内时，轴心抗压强度 f_{cp} 与 f_{cc} 之比约为 0.70～0.80。

4.4.1.3　混凝土的抗拉强度

混凝土的抗拉强度只有抗压强度的 1/20～1/10，且随着混凝土强度等级的提高，比值有所降低。我国采用立方体的劈裂抗拉试验来测定混凝土的抗拉强度（用 f_{ts}）。混凝土的劈裂抗拉强度与混凝土标准立方体抗压强度之间的关系，可用经验公式表达如下：

$$f_{ts} = 0.35 f_{cc}^{\frac{3}{4}} \tag{4-4}$$

由于混凝土受拉时呈脆性断裂，故在钢筋混凝土结构设计中，不考虑混凝土承受拉力，而是在混凝土中配以钢筋，由钢筋来承受结构中的拉力。但混凝土抗拉强度对于混凝土抗裂性具有重要作用，它是结构设计中确定混凝土抗裂度的主要指标，有时也用它来间接衡量混凝土与钢筋间的黏结强度，并预测由于干湿变化和温度变化而产生裂缝的情况。

4.4.1.4　影响混凝土强度的主要因素

强度试验证实，普通混凝土破坏主要是骨料与水泥石的黏结界面发生破坏。所以，混凝土的强度主要取决于水泥石强度及其与骨料的黏结强度。而黏结强度又与水泥强度等级、水胶比及骨料的性质有密切关系，此外混凝土的强度还受施工质量、养护条件及龄期的影响。

1. 水泥强度等级和水胶比

水泥强度等级和水胶比是决定混凝土强度最主要的因素，也是决定性因素。

水泥是混凝土中的活性组分，其强度的大小直接影响着混凝土强度的高低。在配合比相同的条件下，所用的水泥强度等级越高，制成的混凝土强度也越高。当用同一种水泥（品种及标号相同）时，混凝土的强度主要决定于水胶比。在水泥强度等级相同的情况下，水胶比愈小，水泥与骨料黏结力也愈大，混凝土的强度就愈高。但如果加水太少（水胶比太小），拌和物过于干硬，在一定的捣实成型条件下，无法保证浇筑质量，混凝土中将出现较多的蜂窝、孔洞，强度也将下降。按《普通混凝土配合比设计规程》（JGJ 55—2011），在原材料一定的情况下，混凝土 28 d 龄期的抗压强度（$f_{cu,0}$）与胶凝材料 28 d 胶砂抗压强度（f_b）及水胶比（W/B）之间的关系符合下列公式：

$$W/B = \frac{\alpha_a f_b}{f_{cu,0} + \alpha_a \alpha_b f_b} \tag{4-5}$$

式中：W/B——混凝土水胶比；

α_a、α_b——回归系数，采用碎石 $\alpha_a = 0.53$，$\alpha_b = 0.20$，采用卵石 $\alpha_a = 0.49$，$\alpha_b = 0.13$；

f_b——胶凝材料 28d 胶砂抗压强度（MPa）；

$f_{cu,0}$——混凝土的试配强度（MPa）。

2. 骨料

当骨料级配良好、砂率适当时，由于组成了坚强密实的骨架，有利于混凝土强度的提高。如果混凝土骨料中有害杂质较多，品质低，级配不好时，会降低混凝土的强度。

由于碎石表面粗糙有棱角,提高了骨料与水泥砂浆之间的机械啮合力和黏结力,所以在原材料、坍落度相同的条件下,用碎石拌制的混凝土比用卵石拌制的混凝土的强度要高。

骨料的强度影响混凝土的强度。一般来说骨料强度越高,所配制的混凝土强度越高,这在低水胶比和配制高强度混凝土时,特别明显。骨料粒形以三维长度相等或相近的球形或立方体形为好,若含有较多扁平或细长的颗粒,会增加混凝土的孔隙率,扩大混凝土中骨料的表面积,增加混凝土的薄弱环节,导致混凝土强度下降。

3. 养护温度及湿度

混凝土强度是一个渐进发展的过程,其发展的程度和速度取决于水泥的水化状况,而温度和湿度是影响水泥水化速度和程度的重要因素。因此,混凝土成型后,必须在一定时间内保持适当的温度和足够的湿度,以使水泥充分水化,这就是混凝土的养护。

养护温度高,水泥水化速度加快,混凝土的强度发展也快;反之,在低温下混凝土强度发展迟缓,当温度降至冰点以下时,则由于混凝土中的水大部分结冰,不但水泥停止水化,强度停止发展,而且由于混凝土孔隙中的水结冰,使混凝土体积膨胀(约9%),而对孔壁产生相当大的压应力(可达100 MPa),从而使硬化中的混凝土结构遭到破坏,导致混凝土已获得的强度受到损失。同时,混凝土早期强度低,更容易冻坏。

水是水泥水化反应的必要条件,如果湿度不够,水泥水化反应不能正常进行,甚至停止水化,会严重降低混凝土强度。水泥水化不充分,水化作用未完成,还会使混凝土结构疏松,形成干缩裂缝,增大渗水性,从而影响混凝土的耐久性。为此,施工规范规定,在混凝土浇筑成型后,必须保证足够的湿度,应在12 h内进行覆盖,以防止水分蒸发。在夏季施工的混凝土,要特别注意浇水保湿。

4. 龄期

龄期是指混凝土在正常养护条件下所经历的时间。在正常养护的条件下,混凝土的强度将随龄期的增长而不断发展,最初7~14 d内强度发展较快,以后逐渐缓慢,28 d达到设计强度。28 d后强度仍在发展,其增长过程可延续数十年之久。

在标准养护条件下,混凝土强度的发展大致与龄期的对数成正比关系(龄期不小于3 d),可按下式进行推算。

$$f_n = f_{28}\frac{\lg n}{\lg 28} \tag{4-6}$$

式中:f_n—n d 龄期时的混凝土抗压强度;$n \geq 3$。

f_{28}—28 d 龄期时的混凝土抗压强度。

上式仅适用于正常条件下硬化的中等强度等级的普通混凝土,实际情况要复杂得多。

5. 试验条件

试验条件是指试件的尺寸、形状、表面状态及加荷速度等。试验条件不同,会影响混凝土强度的试验值。

(1)试件尺寸

相同的混凝土试件尺寸越小,测得的强度越高。试件尺寸影响强度的主要原因是,试件尺寸越小,试件内存在的缺陷几率也较小,测得的抗压强度值越大。我国标准规定,采用150 mm × 150 mm × 150 mm 的立方体试件作为标准试件,当采用非标准的其他尺寸试件时,所测得的抗压强度应乘以表4-18所列的换算系数。

表4-18　混凝土试件不同尺寸的强度换算系数

	标准试件尺寸/mm	非标准试件尺寸/mm	换算系数
立方体抗压强度	$150 \times 150 \times 150$	$100 \times 100 \times 100$	0.95
		$200 \times 200 \times 200$	1.05
轴心抗压强度	$150 \times 150 \times 300$	$100 \times 100 \times 300$	0.95
		$200 \times 200 \times 400$	1.05
劈裂抗拉强度	$150 \times 150 \times 150$	$100 \times 100 \times 100$	0.85
抗折强度	$150 \times 150 \times 600$（或550）	$100 \times 100 \times 400$	0.85

注:混凝土强度等级大于等于C60时,宜采用标准试件;使用非标准试件时,尺寸换算系数应由试验确定,其试件数量不应少于30组。

（2）试件的形状

当试件受压面积相同,而高度不同时,高宽比越大,抗压强度越小。这是由于试件受压时,试件受压面与试件承压板之间的摩擦力,对试件相对于承压板的横向膨胀起着约束作用,越接近受压面,约束作用越大。这就是所谓的"环箍效应"。该约束有利于强度的提高。

（3）表面状态

如在压板和试件表面间加润滑剂,则环箍效应大大减小,试件将出现直裂破坏,测出的强度也较低。

（4）加荷速度

加荷速度越快,测得的混凝土强度值也越大,当加荷速度超过1.0 MPa/s时,这种趋势更加显著。在《混凝土力学性能试验方法标准》(GB/T 50081—2002)标准中规定,混凝土强度等级 <C30 时,加荷速度取每秒钟0.3~0.5 MPa;混凝土强度等级≥C30 且 <C60 时,取每秒钟0.5~0.8 MPa;混凝土强度等级≥C60 时,取每秒钟0.8~1.0 MPa,且应连续均匀地进行加荷。

4.4.1.5　提高混凝土强度的措施

根据影响混凝土强度的因素分析,提高混凝土强度可以从以下几个方面采取措施。

（1）采用高强度等级水泥和早强型水泥

在混凝土配合比相同的情况下,水泥的强度等级越高,水泥可提高混凝土的早期强度,有利于加快施工进度。硅酸盐水和普通硅酸盐水泥的早期强度比其他水泥的早期强度高。如采用高强度等级硅酸盐水泥或普通硅酸盐水泥,则可提高混凝土的早期强度。也可用快硬水泥,它的3 d强度即可达到同标号普通硅酸盐水泥混凝土28 d 的强度。

（2）尽可能降低水胶比

为使混凝土拌和物中的游离水分减少,采用较小的水胶比,用水量小的干硬性混凝土,或在混凝土中掺入减水剂。

（3）改善粗细骨料的颗粒级配

砂的颗粒级配是指粒径不同的砂粒互相搭配的情况,级配良好的砂,空隙率较小,不仅可以节省水泥,而且可以改善混凝土拌和物的和易性,提高混凝土的密实度、强度和耐久性。

(4)掺外加剂以改善抗冻性、抗渗性

混凝土外加剂是在拌制混凝土的过程中掺入用以改善混凝土性能的物质,掺量不大于水泥质量的5%,外加剂的掺量很小,却能显著地改善混凝土的性能,提高技术经济效果,使用方便,因此受到国内外的重视,而且已成为混凝土中除水泥、砂、石、水以外的第5组分。

(5)采用湿热处理,进行蒸汽养护和蒸压养护

1)蒸汽养护是将混凝土放在温度低于100℃的常压蒸汽中进行养护。一般混凝土经过16~20 h蒸汽养护后,其强度即可达到正常条件下养护28 d强度的70%~80%。

2)蒸压养护是将混凝土构件放在175℃的温度及8个大气压的压蒸锅内进行养护。在高温的条件下,水泥水化时析出的氢氧化钙,不仅能与活性的氧化硅结合,而且亦能与结晶状态的氧化硅相化合,生成含水硅酸盐结晶,使水泥的水化加速,硬化加快,而且混凝土的强度也大大提高。对掺有活性混合材料的水泥更为有效。

(6)采用机械搅拌和振捣

机械搅拌比人工拌和能使混凝土拌和物更均匀,特别在拌和低流动性混凝土拌和物时效果更显著。采用机械振捣,可使混凝土拌和物的颗粒产生振动,暂时破坏水泥浆体的凝聚结构,从而降低水泥浆的黏度和骨料间的摩擦阻力,提高混凝土拌和物的流动性,使混凝土拌和物能很好地充满模型,混凝土内部孔隙大大减少,从而使密实度和强度大大提高。

4.4.2 硬化混凝土的变形性

4.4.2.1 非荷载作用下的变形

混凝土的变形,包括非荷载作用下的变形和荷载作用下的变形。非荷载作用下的变形,分为混凝土的化学收缩、干湿变形及温度变形;荷载作用下的变形,分为短期荷载作用下的变形及长期荷载作用的变形——徐变。

(1)化学收缩

由于水泥水化生成物的体积,比反应前物质的体积小,而使混凝土收缩,这种收缩称为化学收缩。其收缩量是随混凝土硬化龄期的延长而增加的,大致与时间的对数成正比。一般在混凝土成形后40 d内增长较快,以后逐渐趋于稳定。化学收缩是不能恢复的,但化学收缩值很小,对混凝土结构没有破坏作用,但在混凝土内部可能产生微细裂缝,而产生应力集中,影响承载状态和耐久性。

(2)干湿变形

混凝土在凝结硬化过程中及其以后的使用过程中,由于混凝土周围环境湿度的变化,会引起混凝土的干湿变形,表现为干缩湿胀,从而导致混凝土体积不稳定。这类变形归根结底是混凝土中水分变化引起的,当混凝土在水中硬化时,体积会产生轻微膨胀。

混凝土干燥过程中的体积收缩,在重新吸水以后大部分可以恢复。混凝土的湿胀变形量很小,一般无破坏作用。但干缩变形对混凝土危害较大,干缩能使混凝土表面出现拉应力而导致开裂,严重影响混凝土的耐久性。

(3)温度变形

混凝土与其他材料一样,也具有热胀冷缩的性质。混凝土的温度线膨胀系数为(1~

1.5）×10^{-2} mm/（m·℃），即温度每升降1℃，每1 m 胀缩0.010～0.015 mm。

在混凝土硬化初期，水泥水化放出较多热量，而混凝土又是热的不良导体，散热较慢，因此造成混凝土内外温差很大，使混凝土产生内胀外缩，结果在混凝土外表产生很大的拉应力，严重时使混凝土产生裂缝。因此，在大体积混凝土施工时，常采用低热水泥，减少水泥用量，掺加缓凝剂及采用人工降温等措施。

4.4.2.2　荷载作用下的变形

1. 在短期荷载作用下的变形

（1）混凝土的弹塑性变形

混凝土是一种由水泥石、砂、石、游离水、气泡等组成的不匀质的材料，它是一个弹塑性体。它在受力时，既会产生可以恢复的弹性变形，又会产生不可恢复的塑性变形，其应力与应变之间的关系不是直线而是曲线。其应力与应变的关系呈曲线，如图4-4 所示。

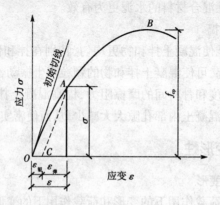

图4-4　混凝土在压力作用下的应力—应变曲线

在静力试验的加荷过程中，若加荷至应力为σ，应变为ε的 A 点，然后将荷载逐渐卸去，则卸荷时的应力—应变曲线如 AC 所示（微向上弯曲）。卸荷后能恢复的应变$\varepsilon_{弹}$，是由混凝土的弹性性质引起的，称为弹性应变；剩余的不能恢复的应变$\varepsilon_{塑}$，则是由混凝土的塑性性质引起的，称为塑性应变。

（2）混凝土的弹性模量

在应力—应变曲线上任一点的应力σ与其应变ε的比值，称作混凝土在该应力下的变形模量。它反映混凝土所受应力与所产生应变之间的关系。在计算钢筋混凝土结构的变形、裂缝开展及大体积混凝土的温度应力时，均需知道该混凝土的弹性模量。

根据《普通混凝土力学性能试验方法》（GB/T 50081—2002）中规定，采用 150 mm × 150 mm × 300 mm 的棱柱体作为标准试件，加荷至基准应力为 0.5 MPa 的初始荷载值 F_0 恒荷，再连续均匀地加荷至轴心抗压强度f_{cp}的 1/3 的荷载值 F_a，经一次对中两次反复预压，在最后一次预压完成后，在基准应力 0.5 MPa（F_0）持荷 60 s 并在以后的 30 s 内记录每一测点的变形读数ε_0；再用同样的加荷速度加荷至F_a，持荷 60 s 并在以后的 30 s 内记录每一测点的变形读数ε_a，测得的变形模量值，即为该混凝土的弹性模量。

影响混凝土弹性模量的因素，主要有混凝土的强度、骨料的含量及其弹性模量，以及养护条件等。混凝土的强度越高，弹性模量越大，当混凝土的强度等级由 C10 增高到 C60 时，其弹性模量大致是由 1.75×10^4 MPa 增至 3.60×10^4 MPa;骨料的含量越多,弹性模量越大,混凝土的弹性模量越高;混凝土的水胶比较小,养护较好及龄期较长时,混凝土的弹性模量就较大。

（3）混凝土受压变形与破坏

混凝土在未受力前,其水泥浆与骨料之间及水泥浆内部,就已存在着随机分布的不规则的微细原生界面裂缝。而混凝土在短期荷载作用下,随着荷载的增加、裂缝逐渐开展、连通,直至试件破坏。

2.在长期荷载作用下的变形——徐变

混凝土在长期荷载作用下,除产生瞬间的弹性变形和塑性变形外,还会产生随时间而增长的非弹性变形,即荷载不变而变形仍随时间增大,一般要延续 $2 \sim 3$ 年才逐渐趋于稳定。这种在长期荷载作用下产生的变形,通常称为徐变。

混凝土徐变和许多因素有关。混凝土的水胶比较小或混凝土在水中养护时,同龄期的水泥石中未填满的孔隙较少,故徐变较小。水胶比相同的混凝土,其水泥用量愈多,其徐变愈大。混凝土所用骨料弹性模量较大时,徐变较小。所受应力越大,徐变越大。此外,徐变与混凝土的弹性模量也有密切关系,一般弹性模量大者,徐变小。

混凝土的徐变对钢筋混凝土构件来说,能消除钢筋混凝土内的应力集中,使应力较均匀地重新分布;对大体积混凝土,能消除一部分由于温度变形所产生的破坏应力。但在预应力钢筋混凝土结构中,混凝土的徐变,将使钢筋的预加应力受到损失。

4.4.3　硬化混凝土的耐久性

混凝土耐久性是指混凝土抵抗环境介质作用并长期保持其良好的使用性能和外观完整性,从而维持混凝土结构的安全、正常使用的能力。

环境对混凝土结构的物理和化学作用以及混凝土结构抵御环境作用的能力,是影响混凝土结构耐久性的因素。如空气、水的作用,温度变化,阳光辐射,侵蚀性介质作用等。在通常的混凝土结构设计中,往往忽视环境对结构的作用,许多混凝土结构在达到预定的设计使用期限前,就出现了钢筋锈蚀、混凝土劣化剥落等结构性能及外观的耐久性破坏现象,需要大量投资进行修复,甚至拆除重建。我国的混凝土结构设计规范把混凝土结构的耐久性设计作为一项重要内容,高性能混凝土的设计以耐久性为依据。

混凝土的耐久性是一个综合性概念,它包含的内容很多,如抗渗性、抗冻性、抗侵蚀性、抗碳化反应、抗碱—骨料反应等。这些性能都决定着混凝土经久耐用的程度,故统称为耐久性。

4.4.3.1　抗渗性

混凝土的抗渗性,是指混凝土抵抗水、油等液体在压力作用下渗透的性能。它是决定混凝土耐久性最基本的因素,直接影响混凝土的抗冻性和抗侵蚀性,若混凝土的抗渗性差,不仅周围水等液体物质易渗入内部,而且当遇到负温或环境水中含有侵蚀性介质的情况时,混凝土就易遭受冰冻或侵蚀作用而破坏,对钢筋混凝土还将引起其内部钢筋锈蚀,并导致表面混凝土保护层开裂与剥落。因此,对地下建筑、水坝、水池、港口工程、海岸工程等工程,必须要求混凝土具有一定的抗渗性。

混凝土的抗渗性用抗渗等级表示。抗渗等级是以 28 d 龄期的标准试件,在标准试验方法下进行试验,以每组 6 个试件,4 个试件未出现渗水时,所承受的最大静水压来表示,共有 P6、P8、P10、P12 等 4 个等级,表示混凝土能抵抗 0.6 MPa、0.8 MPa、1.0 MPa、1.2 MPa 的静水压力而不渗水。

混凝土的抗渗性主要与其密度及内部孔隙的大小和构造有关,混凝土渗水的主要原因是由于内部的孔隙形成连通的渗水孔道,混凝土内部的互相连通的孔隙和毛细管通路,以及由于在混凝土施工成型时,振捣不实产生的蜂窝、孔洞都会造成混凝土渗水,这些渗水通道的多少,主要与水胶比大小有关,因此水胶比是影响抗渗性的决定因素,水胶比增大,抗渗性下降,除此之外,粗骨料最大粒径、养护方法、外加剂、水泥品种等对混凝土的抗渗性也有影响。

提高混凝土抗渗性的主要措施是提高混凝土的密实度和改善混凝土中的孔隙结构,减少连通孔隙。这些可通过降低水胶比,选择好的骨料级配,充分振捣和养护,掺入引气剂等方法来实现。

4.4.3.2 抗冻性

混凝土的抗冻性是指混凝土在饱水状态下,能经受多次冻融循环而不破坏,同时也不严重降低所具有性能的能力。在寒冷地区,特别是接触水又受冻的环境下的混凝土,要求具有较高的抗冻性。

混凝土的抗冻性用抗冻等级来表示。抗冻等级是以 28 d 龄期的混凝土标准试件,在饱水后反复冻融循环,以抗压强度损失不超过 25%,且质量损失不超过 5% 时,所能承受的最大的循环次数来确定,如 F10、F15、F25、F50、F100、F150、F200、F250 和 F300 分别表示混凝土能承受水冻水融条件下,经受快速冻融循环的最多次数不少于 10、15、25、50、100、150、200、250 和 300 次。

影响抗冻性的主要因素是混凝土的密实度、孔隙率和孔隙构造、孔隙的充水程度。密实的混凝土和具有封闭孔隙的混凝土(如引气混凝土)抗冻性较高。当混凝土采用的原材料质量好、水胶比小、具有封闭细小孔隙(如掺入引气剂的混凝土)及掺入减水剂、防冻剂等其抗冻性都较高。随着混凝土龄期增加,混凝土抗冻性能也得到提高。

4.4.3.3 抗侵蚀性

当混凝土所处环境中含有侵蚀性介质时,混凝土便会遭受侵蚀,通常有软水侵蚀、硫酸盐侵蚀、镁盐侵蚀、碳酸侵蚀、一般酸侵蚀与强碱侵蚀等,其侵蚀机理详见本书第 3 章。随着混凝土在地下工程、海岸工程等恶劣环境中的大量应用,对混凝土的抗侵蚀性提出了更高的要求。

混凝土的抗侵蚀性与所用水泥品种、混凝土的密实度和孔隙特征等有关,密实和孔隙封闭的混凝土,环境水不易侵入,抗侵蚀性较强。提高混凝土抗侵蚀性的主要措施是合理选择水泥品种、降低水胶比、提高混凝土密实度和改善孔结构。

4.4.3.4 抗碳化性

混凝土的碳化是指混凝土内水泥石中的氢氧化钙与空气中的二氧化碳,在湿度适宜时发生化学反应,生成碳酸钙和水的过程,也称中性化。混凝土的碳化,是二氧化碳由表及里逐渐向混凝土内部扩散的过程。碳化引起水泥石化学组成及组织结构的变化,对混凝土的碱度、强度和收缩产生影响。

碳化对混凝土性能有不利的影响。首先是碳化使混凝土碱度降低,减弱了对钢筋的保护作用,导致钢筋锈蚀;另外,碳化作用会增加混凝土的收缩,引起混凝土表面产生拉应力而出现微细裂缝,从而降低了混凝土的抗拉强度、抗折强度及抗渗能力。

碳化作用对混凝土也有一些有利影响,即碳化作用产生的碳酸钙填充了水泥石的孔隙,以及碳化时放出的水分有助于未水化水泥的水化,从而可提高混凝土碳化层的密实度,对提高抗压强度有利。如混凝土预制桩往往利用碳化作用来提高桩的表面硬度。

影响碳化速度的主要因素有环境中二氧化碳的浓度、水泥品种、水胶比、环境湿度等。在实际工程中,为减少碳化作用对钢筋混凝土结构的不利影响,可采取以下措施:

1)在钢筋混凝土结构中采用适当的保护层,使碳化深度在建筑物设计年限内达不到钢筋表面;

2)根据工程所处环境及使用条件,合理选择水泥品种;

3)使用减水剂,改善混凝土的和易性,提高混凝土的密实度;

4)采用水胶比小、单位水泥用量较大的混凝土配合比;

5)加强施工质量控制,加强养护,保证振捣质量,减少或避免混凝土出现蜂窝等质量事故;

6)在混凝土表面涂刷保护层,防止二氧化碳侵入等。

4.4.3.5 碱—骨料反应

碱—骨料反应是指水泥中的碱与骨料中的活性二氧化硅发生化学反应,在骨料表面生成复杂的碱—硅酸凝胶,这种凝胶吸水后,体积膨胀(体积可增加 3 倍以上),从而导致混凝土产生膨胀开裂而破坏的现象。

混凝土发生碱—骨料反应必须具备三个条件:一是水泥中碱含量高;二是砂、石骨料中含有活性二氧化硅成分;三是有水存在。在无水情况下,混凝土不可能发生碱—骨料反应。

碱—骨料反应缓慢,有一定潜伏期,可经过几年或十几年才会出现,一旦发生碱—骨料反应,则无法阻止破坏的发展。实际工程中,为抑制碱—骨料反应的危害,可采取以下方法:

1)控制水泥总含碱量不超过 0.6%;

2)选用非活性骨料;

3)降低混凝土的单位水泥用量,以降低单位混凝土的含碱量;

4)在混凝土中掺入火山灰质混合材料,以减少膨胀值;

5)防止水分侵入,设法使混凝土处于干燥状态。

4.4.3.6 提高混凝土耐久性的措施

混凝土所处的环境和使用条件不同,对其耐久性的要求也不相同,但影响耐久性的因素却有许多相同之处。混凝土的密实程度是影响耐久性的主要因素,其次是原材料的性质、施工质量等。提高混凝土耐久性的主要措施有以下几点。

1)根据混凝土工程的特点和所处的环境条件,选用适当品种的水泥及掺和料。

2)适当控制混凝土的水胶比,保证混凝土密实度并提高混凝土耐久性。依据《混凝土结构设计规范》(GB 50010—2010),设计使用年限为 50 年的混凝土结构,其混凝土材料宜符合表 4-18 的规定。

表 4-18　结构混凝土材料的耐久性基本要求

环境等级	最大水胶比	最低强度等级	最大氯离子含量 /%	最大碱含量 /(kg/m³)
一	0.60	C20	0.30	不限制
二ₐ	0.55	C25	0.20	
二_b	0.50(0.55)	C30(C25)	0.15	
三ₐ	0.45(0.50)	C35(C30)	0.15	3.0
三_b	0.40	C40	0.10	

注:1. 氯离子含量系指其占胶凝材料总量的百分比;
2. 预应力构件混凝土中的最大氯离子含量为 0.06%;其最低混凝土强度等级宜按表中的规定提高两个等级;
3. 素混凝土构件的水胶比及最低强度等级的要求可适当放松;
4. 有可靠工程经验时,二类环境中的最低混凝土强度等级可降低一个等级;
5. 处于严寒和寒冷地区二_b、三ₐ类环境中的混凝土应使用引气剂,并可采用括号中的有关参数;
6. 当使用非碱活性骨料时,对混凝土中的碱含量可不作限制。

3)选用质量良好、技术条件合格的砂、石骨料。

4)掺用减水剂或引气剂等外加剂,改善混凝土的孔结构,对提高混凝土的抗渗性和抗冻性有良好作用。

5)改善施工操作方法,保证施工质量(如保证搅拌均匀,振捣密实,加强养护等)。也可采取表面处理等适当的防护措施。

4.5　混凝土外加剂

混凝土外加剂是指在混凝土搅拌前或拌制过程中掺入的,用以改善新拌混凝土和硬化混凝土性能的材料,除特殊情况外,掺量一般不超过水泥用量的 5%。

随着混凝土工程技术的发展,对混凝土性能提出了许多新的要求。如泵送混凝土要求高的流动性;冬期施工要求高的早期强度;高层建筑、港口工程要求高强度、高耐久性。外加剂的应用使高强度、高性能混凝土的生产和应用成为现实,促进了混凝土技术的飞速进步,技术经济效益也十分显著,并解决了许多工程技术难题。如远距离运输和高耸建筑物的泵送问题;紧急抢修工程的早强速凝问题;大体积混凝土工程的水化热问题等。目前,外加剂已成为除水泥、水、砂子、石子以外的第五组成材料。

混凝土外加剂种类繁多,根据《混凝土外加剂的分类、命名与定义》(GB 8075—2005)的规定,混凝土外加剂按其主要功能分为四类。

1)改善混凝土拌和物流变性能的外加剂,包括各种减水剂、引气剂和泵送剂等;

2)调节混凝土凝结时间、硬化性能的外加剂,包括缓凝剂、促凝剂和速凝剂等;

3)改善混凝土耐久性的外加剂,包括引气剂、防水剂、阻锈剂等;

4）改善混凝土其他性能的外加剂,包括膨胀剂、防冻剂、着色剂等。

目前,在工程中常用的外加剂主要有减水剂、早强剂、缓凝剂、引气剂、防冻剂等。

4.5.1 减水剂

减水剂是指在保持混凝土坍落度相同的条件下,能减少拌和用水量的外加剂。根据减水剂的作用效果及功能情况,可分为普通减水剂、高效减水剂、早强减水剂、缓凝减水剂、缓凝高效减水剂及引气减水剂等。

4.5.1.1 减水剂的作用原理

常用减水剂均属表面活性物质,其分子是由亲水基团和憎水基团两个部分组成,当水泥加水拌和后,由于水泥颗粒间分子凝聚力的作用,使水泥浆形成絮凝结构,见图4-5（a）。在这絮凝结构中,包裹了一定的拌和水（游离水）,从而降低了混凝土拌和物的和易性。如在水泥中加入适量的减水剂,由于减水剂的表面活性作用,致使憎水基团定向吸附于水泥颗粒表面,亲水基团指向水溶液,使水泥颗粒表面带有相同的电荷,在静电斥力作用下,水泥颗粒互相分开见图4-5（b）,絮凝结构解体,包裹的游离水被释放出来,从而有效地增加了混凝土拌和物的流动性。当水泥颗粒表面吸附足够的减水剂后,在水泥颗粒表面形成一层稳定的溶剂化水膜层,它阻止了水泥颗粒间的直接接触,并在颗粒间起润滑作用,也改善了混凝土拌和物的和易性,见图4-5（c）。此外,由于水泥颗粒被有效分散,颗粒表面被水分充分润湿,增大了水泥颗粒的水化面积,使水化比较充分,从而提高了混凝土的强度。可见,减水剂的作用原理可由吸附—分散作用、润滑作用、湿润作用三部分组成。只要掺入少量的减水剂,就可使硬化前混凝土和易性改善,硬化后混凝土性能改善,减水剂已成为高性能混凝土主要成分。

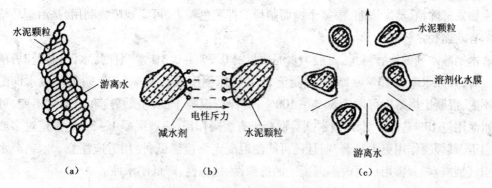

图4-5 水泥浆的絮凝结构和减水剂作用示意

（a）水泥絮凝结构；（b）絮凝结构的解体；（c）释放出游离水

4.5.1.2 减水剂的技术经济效果

根据使用目的不同,在混凝土中加入减水剂后,一般可取得以下效果。

（1）增加流动性

在用水量及水泥用量不变时,混凝土坍落度可增大 100 ~ 200 mm,明显提高混凝土流动性,且不影响混凝土的强度。泵送混凝土或其他大流动性混凝土均需掺入高效减水剂。

（2）提高混凝土强度

在保持流动性及水泥用量不变的条件下，可减少拌和水量 10%～15%，从而降低了水胶比，使混凝土强度提高 15%～20%，特别是早期强度提高更为显著。掺入高效减水剂是制备早强、高强、高性能混凝土的技术措施之一。

（3）节约水泥

在保持流动性及水胶比不变的条件下，可以在减少拌和水量的同时，相应减少水泥用量，即在保持混凝土强度不变的情况下，可节约水泥用量 10%～15%，且有利于降低工程成本。

（4）改善混凝土的耐久性

由于减水剂的掺入，显著地改善了混凝土的孔结构，使混凝土的密实度提高，透水性降低，从而可提高抗渗、抗冻、抗化学腐蚀及防锈蚀等能力。

此外，掺用减水剂后，还可以改善混凝土拌和物的泌水、离析现象，延缓混凝土拌和物的凝结时间，减慢水泥水化放热速度。防止因内外温差而引起裂缝。

4.5.1.3　常用减水剂

减水剂种类很多。按减水效果可分为普通减水剂和高效减水剂；按凝结时间可分为标准型、早强型、缓凝型三种；按是否引气可分为引气型和非引气型两种；按其化学成分主要有木质素磺酸盐系、萘系、水溶性树脂类、糖蜜类和复合型减水剂等。

（1）木质素磺酸盐系减水剂

这类减水剂包括木质素磺酸钙（木钙）、木质素磺酸钠（木钠）、木质素磺酸镁（木镁）等。其中，木钙减水剂（又称 M 型减水剂）使用较多。

木钙减水剂是以生产纸浆或纤维浆剩余下来的亚硫酸浆废液为原料，采用石灰乳中和，经生物发酵除糖、蒸发浓缩、喷雾干燥而制得的棕黄色粉末，可实现废物利用，是治理环境污染的有效途径之一。

木钙减水剂的适宜掺量，一般为水泥质量的 0.2%～0.3%。当保持水泥用量和坍落度不变时，其减水率为 10%～15%，混凝土 28 d 抗压强度提高 10%～20%；若不减水即配合比不变，混凝土坍落度可增大 80%～100%；若保持混凝土的抗压强度和坍落度不变，可节约水泥用量 10% 左右。木钙减水剂对混凝土有缓凝作用，一般缓凝 1～3 h。掺量过多或在低温下，其缓凝作用更为显著，而且还可能使混凝土强度降低，使用时应注意。木钙减水剂是引气型减水剂，掺用后可改善混凝土的抗渗性、抗冻性、降低泌水性。

木钙减水剂可用于一般混凝土工程，尤其适用于大体积浇筑、滑模施工、泵送混凝土及夏季施工等。木钙减水剂不宜单独用于冬期施工，在日最低气温低于 5℃ 时，应与早强剂或防冻剂复合使用。木钙减水剂也不宜单独用于蒸养混凝土及预应力混凝土，以免蒸养后混凝土表面出现酥松现象。

（2）萘磺酸盐系减水剂

简称萘系减水剂，是用萘或萘的同系物经磺化与甲醛缩合而成。萘系减水剂通常是工业萘或煤焦油中萘、蒽、甲基萘等馏分，经磺化、水碱、综合、中和、过滤、干燥而成，一般为棕色粉末。目前，我国生产的主要有 NNO、NF、FDN、UNF、MF、建 I 型等减水剂，其中大部分品牌为非引气型减水剂。

萘系减水剂的适宜掺量为水泥质量的0.5%~1.0%,减水率为10%~25%,混凝土28 d强度提高20%以上。在保持混凝土强度和坍落度相近时,可节约水泥10%~20%。掺入萘系减水剂后,混凝土的其他力学性能以及抗渗、耐久性等均有所改善,且对钢筋无锈蚀作用,具有早强功能。但混凝土的坍落度损失较大,故实际生产的萘系减水剂,绝大多数为复合型的,通常与缓凝剂或引气剂复合。

萘系减水剂的减水增强效果好,对不同品种水泥的适应性较强。适用于配制早强、高强、流态、蒸养混凝土。也适用于最低气温0℃以上施工的混凝土,低于此温时宜与早强剂复合使用。

(3)水溶性树脂减水剂

这类减水剂是以一些水溶性树脂为主要原料制成的减水剂,如三聚氰胺树脂、古玛隆树脂等。该类减水剂增强效果显著,为高效减水剂,我国产品有SM树脂减水剂等。

SM减水剂为非引气型早强高效减水剂,性能优于萘系减水剂,但目前价格较高,适宜掺量0.5%~2.0%,减水率可达15%~27%,1 d强度提高一倍以上,3 d强度提高30%~100%,7 d强度可达基准28 d强度,28 d强度可提高20%~30%,长期强度也能提高,且可显著提高混凝土的抗渗、抗冻性和弹性模量。

掺SM减水剂的混凝土黏聚性较大,可泵性较差,且坍落度经时损失也较大。适于配制高强混凝土、早强混凝土、流态混凝土及蒸养混凝土等。

(4)聚羧酸减水剂

自20世纪90年代以来,聚羧酸已发展成为一种高效坍落度损失小,具有良好的流动性,在较低的温度下不需大幅度增加减水剂的加入量。其通常掺量为水泥质量的0.5%~1.0%,减水率达25%以上。

(5)复合减水剂

单一减水剂往往很难满足不同工程性质和不同施工条件的要求,因此,减水剂研究和生产中往往复合各种其他外加剂,组成早强减水剂、缓凝减水剂、引气减水剂、缓凝引气减水剂等,以满足不同施工要求及降低成本。随着工程建设和混凝土技术进步的需要,各种新型多功能复合减水剂正在不断研制生产中,如2~3 h内无坍落度损失的保塑高效减水剂等。

4.5.2　泵送剂

混凝土泵送剂是能改善混凝拌和物泵送性能的外加剂。泵送混凝土要求混凝土有较大的流动性,并在较长时间内保持这种性能,即坍落度损失小,黏性较好,混凝土不离析,不泌水,要做到这一点,仅靠调整混凝土配比是不够的,必须依靠混凝土外加剂,尤其是混凝土泵送剂,但单一组分的外加剂很难满足泵送混凝土对外加剂性能的要求,常用的泵送剂是多种外加剂的复合产品,其主要组成有:减水组分、缓凝组分、润滑组分、引气组分、增稠组分。复合泵送剂的组成,应根据具体情况而选择,不一定都含有上述的组成。泵送剂能让混凝土拌和物具有能顺利通过输送管道、不阻塞、不离析、黏塑性良好的性能。

泵送是一种有效的混凝土运输手段,可以改善工作条件,节约劳力,提高施工效率,尤其适用于工地狭窄和有障碍物的施工现场以及大体混凝土结构和高层建筑。用泵送浇筑的混凝土数量在我国已日益增多,商品混凝土在大中城市泵送率达 60% 以上,有的甚至更高。高性能混凝土施工大多采用泵送工艺,选择好的泵送剂也是至关重要的因素。

4.5.3　早强剂

早强剂是指能加速混凝土早期强度发展并对后期强度无显著影响的外加剂。早强剂能加速水泥的水化和硬化,缩短混凝土施工养护期,从而达到尽早拆模,提高模板周转率,加快施工进度的目的。早强剂可以在常温、低温和负温(不低于 -5℃)条件下加速混凝土的硬化过程,多用于冬期施工和抢修工程。早强剂主要有氯盐、硫酸盐和有机胺三大类,但更多使用的是它们的复合早强剂。

(1)氯盐类早强剂

氯盐类早强剂主要有氯化钙、氯化钠、氯化钾、氯化铝及三氯化铁等,其中以氯化钙应用最广。氯化钙适宜掺量为 0.5% ~3%,氯化钙早强剂能使混凝土 3 d 强度提高 50% ~100%,7 d 强度提高 20% ~40%,但后期强度不一定提高,甚至可能低于基准混凝土。氯化钙早强剂能降低混凝土中水的冰点,防止混凝土早期受冻,但掺量不宜过多,否则会引起水泥速凝,不利于施工,还会加大混凝土的收缩。

(2)硫酸盐类早强剂

硫酸盐类早强剂主要有硫酸钠、硫代硫酸钠、硫酸钙、硫酸铝、硫酸铝钾等,建筑工程中最常用的为硫酸钠早强剂。硫酸钠分无水硫酸钠(白色粉末)和有水硫酸钠(白色晶体)。硫酸钠的适宜掺量为 0.5% ~2.0%,当掺量为 1% ~1.5% 时,达到混凝土设计强度 70% 的时间可缩短一半左右。其早强效果不及氯化钙。对矿渣水泥混凝土早强效果较显著,但后期强度略有下降。其掺量限值见表 4-19。

表 4-19　硫酸钠掺量限值　　　　　　　　　　　　　　　　%

混凝土种类	使用环境	掺量限值(胶凝材料质量百分比) 不大于
预应力混凝土	干燥环境	1.0
钢筋混凝土	干燥环境	2.0
	潮湿环境	1.5
有饰面要求的混凝土	—	0.8
素混凝土	—	1.8

(3)有机胺类早强剂

有机胺类早强剂主要有三乙醇胺、三异丙醇胺等,其中早强效果以三乙醇胺为佳,在工程上最为常用。三乙醇胺为无色或淡黄色油状液体,呈碱性,能溶于水,无毒、不燃、三乙醇胺掺量极少,一般为水泥重的 0.02% ~0.05%,能使混凝土早期强度提高,虽然早强效果不及氯化钙,但后期强度不下降并略有提高,且无其他影响混凝土耐久性的不利作用。

三乙醇胺对混凝土稍有缓凝作用,掺量不宜超过 0.1%,掺量过多会造成混凝土严重缓凝和混凝土后期强度下降,掺量越大,强度下降越多,故应严格控制掺量。

三乙醇胺单独使用时,早强效果不明显,为改善三乙醇胺的早强效果,通常与其他外加剂(如氯化钠、氯化钙、硫酸钠等)复合使用。

(4)复合早强剂

为了克服单一早强剂存在的各种不足,发挥各自特点,通常将三乙醇胺、硫酸钠、氯化钙、氯化钠、石膏及其他外加剂复配组成复合早强剂效果大大改善,有时可产生超叠加作用。

在即将实施的《混凝土外加剂应用技术规范》(GB 50119—2011)中规定,含有氯盐的早强剂严禁用于钢筋混凝土结构、预应力混凝土结构、钢纤维混凝土结构、使用冷拉钢筋或冷拔低碳钢丝的混凝土结构。含有无机盐的早强剂严禁用于与镀锌钢材或铝铁相接触部位的混凝土结构,有外露钢筋预埋铁件而无防护措施的混凝土结构;使用直流电源的混凝土结构,距高压直流电源100 m以内的混凝土结构;不宜用于处于水位变化的结构,露天结构及经常受水淋、受水流冲刷的结构,相对湿度大于80%环境中使用的结构,直接接触酸、碱或其他侵蚀性介质的结构,有装饰要求的混凝土,特别是要求色彩一致或表面有金属装饰的混凝土。三乙醇胺等有机胺类早强剂不宜用于蒸养混凝土。

4.5.4 缓凝剂

缓凝剂是指能延缓混凝土凝结时间,并对混凝土后期强度发展无不利影响的外加剂。缓凝剂主要有四类:糖类,如糖蜜;木质素磺酸盐类,如木钙、木钠;羟基羧酸及其盐类,如柠檬酸、酒石酸;无机盐类,如锌盐、硼酸盐等。常用的缓凝剂是木钙和糖蜜,基中糖蜜的缓凝效果最好。

糖蜜缓凝剂是制糖下脚料经石灰处理而成,也是表面活性剂,掺入混凝土拌和物中,能吸附在水泥颗粒表面,形成同种电荷的亲水膜,使水泥颗粒相互排斥,并阻碍水泥水化,从而起缓凝作用。糖蜜的适宜掺量为0.1%~0.3%,混凝土凝结时间可延长2~4 h,掺量每增加0.1%,可延长1 h。掺量如大于1%,会使混凝土长期酥松不硬,强度严重下降。

缓凝剂具有缓凝、减水、降低水化热和增强作用,对钢筋也无锈蚀作用。主要适用于大体积混凝土和炎热气候下施工的混凝土,泵送混凝土及滑模施工的混凝土以及需长时间停放或长距离运输的混凝土。缓凝剂不宜用于日最低气温5℃以下施工的混凝土,也不宜单独用于有早强要求的混凝土及蒸养混凝土。

4.5.5 引气剂

引气剂是指在混凝土搅拌过程中,能引入大量分布均匀的微小气泡,以减少混凝土拌和物的泌水、离析,改善和易性,并能显著提高硬化混凝土抗冻性、耐久性的外加剂。目前,应用较多的引气剂为松香热聚物、松香皂、烷基苯磺酸盐等。

松香热聚物是松香与苯酚、硫酸、氢氧化钠以一定配比经加热缩聚而成。松香皂是由松香经氢氧化钠皂化而成。松香热聚物的适宜掺量为水泥质量的0.005%~0.02%,混凝土的含气量为3%~5%,减水率为8%左右。按混凝土含气量3%~5%计(不加引气剂的混凝土含气量为1%),1 m³混凝土拌和物中含数百亿个气泡。

由于大量微小、封闭并均匀分布的气泡的存在,如同滚珠一样,减少了颗粒间的摩擦阻力,使混凝土拌和物流动性增加。同时,由于水分均匀分布在大量气泡的表面,使能自由移动的水量减少,混凝土拌和物的保水性、黏聚性也随之提高,从而改善混凝土拌和物的和易性;大量均匀分布的封闭气泡有较大的弹性变形能力,对由水结冰所产生的膨胀应力有一定的缓冲作用,因而混凝土的抗冻性得到提高;大量微小气泡占据混凝土的孔隙,切断毛细管通道,使抗渗性得到改善;但由于大量气泡的存在,减少了混凝土的有效受力面积,使混凝土强度有所降低,一般混凝土的含气量每增加 1%,其抗压强度将降低 4% ~ 6%,抗折强度降低 2% ~ 3%。

引气剂可用于抗渗混凝土、抗冻混凝土、抗硫酸盐侵蚀混凝土、泌水严重的混凝土、贫混凝土、轻混凝土以及对饰面有要求的混凝土等,但引气剂不宜用于蒸养混凝土及预应力混凝土。工程上常与减水剂复合使用,或采用复合引气减水剂。

4.5.6　防冻剂

防冻剂是能使混凝土在负温下硬化,并在规定养护条件下达到预期性能的外加剂。防冻剂按其成分可分为强电解质无机盐类(氯盐类、氯盐阻锈类、无氯盐类)、水溶性有机化合物类、有机化合物与无机盐复合类、复合型防冻剂。氯盐类防冻剂是以氯盐(如氯化钠、氯化钙等)为防冻组分的外加剂;氯盐阻锈类防冻剂是含有阻锈组分,并以氯盐为防冻组分的外加剂;无氯盐类防冻剂是以亚硝酸盐、硝酸盐等无机盐为防冻组分的外加剂;有机化合物类防冻剂是以某些醇类、尿素等有机化合物为防冻组分的外加剂;复合型防冻剂是以防冻组分复合早强、引气、减水等组分的外加剂。

不同类别的防冻剂,性能有差异,合理地选用十分重要。氯盐类防冻剂适用于无筋混凝土;氯盐阻锈类防冻剂可用于钢筋混凝土;无氯盐类防冻剂可用于钢筋混凝土工程和预应力钢筋混凝土工程。硝酸盐、亚硝酸盐、碳酸盐易引起钢筋的应力腐蚀,故此类防冻剂不适用于预应力混凝土以及与镀锌钢材相接触部位的钢筋混凝土结构。另外,含有六价铬盐、亚硝酸盐等有毒成分的防冻剂,严禁用于饮水工程及与仪器接触的部位。

防冻剂用于冬季负温条件下施工的混凝土。目前,国产防冻剂品种适用于 -15 ~ 0 ℃的气温,当在更低气温下施工时,应增加其他混凝土冬期施工措施,如暖棚法、原料(砂、石、水)预热法等。

4.6　普通混凝土的配合比设计

混凝土配合比设计就是根据工程要求、结构形式和施工条件来确定各组成材料数量之间的比例关系。常用的表示方法有以下两种。

一种是以 1 m³ 混凝土中各项材料的质量表示,如某配合比:水泥 240 kg,水 180 kg,砂 630 kg,石子 1 280 kg,矿物掺和料 160 kg,该混凝土 1 m³ 总质量为 2 490 kg。

另一种是以各项材料相互间的质量比来表示(以水泥质量为 1),将上例换算成质量比为:水泥:砂:石:掺和料 = 1:2.63:5.33:0.67,水胶比 = 0.45。

4.6.1　混凝土配合比的设计基本要求

混凝土配合比设计须满足以下五项基本要求:

1）满足施工规定所需的和易性要求；

2）满足设计的强度要求；

3）满足与使用环境相适应的耐久性要求；

4）在上述三满足的前提下，考虑经济原则，节约水泥，降低成本；

5）满足可持续发展所必需的生态性要求。

4.6.2 混凝土配合比设计的三个参数

混凝土配合比设计，实质上就是确定胶凝材料、水、砂和石子这四种组成材料用量之间的三个比例关系：

1）水与胶凝材料之间的比例关系，常用水胶比表示；

2）砂与石子之间的比例关系，常用砂率表示；

3）胶凝材料与骨料之间的比例关系，常用单位用水量（1 m^3 混凝土的用水量）表示。

4.6.3 混凝土配合比设计步骤

混凝土配合比设计步骤包括配合比计算、试配和调整、施工配合比的确定等。

4.6.3.1 初步配合比计算

1. 计算配制强度（$f_{cu,0}$）

根据《普通混凝土配合比设计规程》（JGJ 55—2011）规定，混凝土配制强度应按下列规定确定。

1）当混凝土的设计强度小于 C60 时，配制强度应按下式确定：

$$f_{cu,0} \geq f_{cu,k} + 1.645\sigma \tag{4-7}$$

式中：$f_{cu,0}$——混凝土配制强度，MPa；

$f_{cu,k}$——混凝土立方体抗压强度标准值，这里取混凝土的设计强度等级值，MPa；

σ——混凝土强度标准差，MPa。

2）当混凝土的设计强度不小于 C60 时，配制强度应按下式确定：

$$f_{cu,0} \geq 1.15 f_{cu,k} \tag{4-8}$$

其中混凝土强度标准差 σ 应按下列规定确定。

①当具有近 1~3 个月的同一品种、同一强度等级混凝土的强度资料，且试件组数不小于 30 时，其混凝土强度标准差 σ 计算公式如下：

$$\sigma = \sqrt{\frac{\sum\limits_{i=1}^{n} f_{cu,i}^2 - n m_{f_{cu}}^2}{n-1}} \tag{4-9}$$

式中：$f_{cu,i}$——统计周期内同一品种混凝土第 i 组试件的强度值，MPa；

$m_{f_{cu}}$——统计周期内同一品种混凝土 n 组试件的强度平均值，MPa；

n——统计周期内同品种混凝土试件的总组数。

对于强度等级不大于 C30 的混凝土，当混凝土强度标准差计算值不小于 3.0 MPa 时，应按混凝土强度标准差计算公式计算结果取值；当混凝土强度标准差计算值小于 3.0 MPa 时，应取 3.0 MPa。

对于强度等级大于 C30 且小于 C60 的混凝土,当混凝土强度标准差计算值不小于 4.0 MPa 时,应按混凝土强度标准差计算公式计算结果取值;当混凝土强度标准差计算值小于 4.0 MPa 时,应取 4.0 MPa。

②当没有近期的同一品种、同一强度等级混凝土强度资料时,其强度标准差 σ 可按表 4-20 取值。

表 4-20 标准差 σ 值

混凝土强度等级	≤C20	C25 ~ C45	C50 ~ C55
σ/MPa	4.0	5.0	6.0

2. 计算水胶比(W/B)

1)混凝土强度等级小于 C60 时,混凝土水胶比应按下式计算:

$$W/B = \frac{\alpha_a \cdot f_b}{f_{cu,0} + \alpha_a \cdot \alpha_b \cdot f_b} \tag{4-10}$$

式中:W/B——混凝土水胶比

α_a、α_b——回归系数,取值应符合表 4-21 和本规程 5.1.2 的规定;

f_b——胶凝材料 28 d 胶砂抗压强度,可实测,MPa,也可按规程确定。

2)回归系数按下列规定确定:根据工程所使用的原材料,通过试验建立的水胶比与混凝土强度关系式确定;当不具备上述试验统计资料时,可按表 4-21 采用。

表 4-21 回归系数 α_a 和 α_b 取值表

系 数	碎 石	卵 石
α_a	0.53	0.49
α_b	0.20	0.13

3)当胶凝材料 28 d 抗压强度(f_b)无实测值时,其值可按下式确定:

$$f_b = \gamma_f \cdot \gamma_s \cdot f_{ce} \tag{4-11}$$

式中:γ_f、γ_s——粉煤灰影响系数和粒化高炉矿渣粉影响系数,按表 4-22 选用;

f_{ce}——水泥 28 d 胶砂抗压强度,MPa。可实测。

表 4-22 粉煤灰影响系数 γ_f 和粒化高炉矿渣粉影响系数 γ_s

掺量/%	粉煤灰影响系数(γ_f)	粒化高炉矿渣粉影响系数(γ_s)
0	1.00	1.00
10	0.85 ~ 0.95	1.00
20	0.75 ~ 0.85	0.95 ~ 1.00
30	0.65 ~ 0.75	0.90 ~ 1.00
40	0.55 ~ 0.65	0.80 ~ 0.90

掺量/%	粉煤灰影响系数(γ_f)	粒化高炉矿渣粉影响系数(γ_s)
50	—	0.70 ~ 0.85

注:1.采用Ⅰ级、Ⅱ级粉煤灰宜取上限值;

2.采用 S75 级粒化高炉矿渣粉宜取下限值,采用 S95 级粒化高炉矿渣粉宜取上限值,采用 S105 级粒化高炉矿渣粉宜取上限值加 0.05;

3.当超出表中的掺量时,粉煤灰和粒化高炉矿渣粉影响系数应经试验测定。

在确定 f_{ce} 值时,f_{ce} 值可根据 3 d 强度或快测强度推定 28 d 强度关系式得出。当无水泥 28 d 抗压强度实测值时,其值可按下式确定:

$$f_{ce} = \gamma_c \cdot f_{ce} \tag{4-12}$$

式中:γ_c——水泥强度等级值的富余系数,可按实际统计资料确定;当缺乏实际统计资料时,可按表 4-23 选用;

$f_{ce,g}$——水泥强度等级值,MPa。

表 4-23　水泥强度等级值的富余系数(γ_c)

水泥强度等级值	32.5	42.5	52.5
富余系数	1.12	1.16	1.10

3.计算每立方米混凝土用水量和外加剂用量

(1)干硬性和塑性混凝土用水量的确定

水胶比在 0.40 ~ 0.80 范围内时,根据粗骨料的品种、粒径及施工要求的混凝土拌和物稠度,其用水量可按表 4-24、表 4-25 选取。

表 4-24　干硬性混凝土的用水量(kg/m³)

拌和物稠度		卵石最大粒径/mm			碎石最大粒径/mm		
项　目	指　标	10.0	20.0	40.0	16.0	20.0	40.0
	16 ~ 20	175	160	145	180	170	155
维勃稠度/s	11 ~ 15	180	165	150	185	175	160
	5 ~ 10	185	170	155	190	180	165

表 4-25　塑性混凝土的用水量(kg/m³)

拌和物稠度		卵石最大粒径/mm				碎石最大粒径/mm			
项　目	指标	10.0	20.0	31.5	40.0	16.0	20.0	31.5	40.0
	10 ~ 30	190	170	160	150	200	185	175	165
坍落度	35 ~ 50	200	180	170	160	210	195	185	175
/mm	55 ~ 70	210	190	180	170	220	205	195	185
	75 ~ 90	215	195	185	175	230	215	205	195

注:1.本表用水量系采用中砂时的取值。采用细砂时,每立方米混凝土用水量可增加 5 ~ 10 kg;采用粗砂时,可减少 5 ~ 10 kg。

2.掺用矿物掺和料和外加剂时,用水量应相应调整。

（2）流动性和大流动性混凝土的用水量

掺外加剂时每立方米流动性和大流动性混凝土用水量可按下式计算：

$$m_{w0} = m'_{w0}(1-\beta) \tag{4-13}$$

式中：m_{w0}——计算配合比每立方米混凝土的用水量,kg/m^3；

m'_{w0}——未掺外加剂时推定的满足实际坍落度要求的每立方米混凝土用水量,kg/m^3,以上表4-25中90 mm坍落度的用水量为基础,按每增大20 mm坍落度相应增加5 kg/m^3用水量来计算；

β——外加剂的减水率,%,应经混凝土试验确定。

（3）外加剂用量

每立方米混凝土中外加剂用量应按下式计算：

$$m_{a0} = m_{b0}\beta_a \tag{4-14}$$

式中：m_{a0}——计算配合比每立方米混凝土中外加剂用量,kg/m^3；

m_{b0}——计算配合比每立方米混凝土中胶凝材料用量,kg/m^3；

β_a——外加剂掺量,%,应经混凝土试验确定。

4.胶凝材料、矿物掺和料和水泥用量

（1）计算胶凝材料用量

根据上述水胶比和单位用水量数据,根据式(4-14)计算胶凝材料用量如下：

$$m_{b0} = \frac{m_{w0}}{W/B} \tag{4-15}$$

式中：m_{b0}——计算配合比每立方米混凝土中胶凝材料用量,kg/m^3；

m_{w0}——计算配合比每立方米混凝土的用水量,kg/m^3；

W/B——混凝土水胶比。

（2）计算矿物掺和料用量

根据上述确定的粉煤灰和矿粉掺量,按式(4-15)分别计算粉煤灰和矿粉用量如下：

$$m_{f0} = m_{b0}\beta_f \tag{4-16}$$

式中：m_{f0}——计算配合比每立方米混凝土中矿物掺和料用量,kg/m^3；

β_f——矿物掺和料掺量,%。

矿物掺和料在混凝土中的掺量应通过试验确定。采用硅酸盐水泥或普通硅酸盐水泥时,钢筋混凝土和预应力混凝土中矿物掺和料最大掺量宜分别符合表4-26和表4-27的规定。对基础大体积混凝土,粉煤灰、粒化高炉矿渣粉和复合掺和料的最大掺量可增加5%。采用掺量大于30%的C类粉煤灰的混凝土应以实际使用的水泥和粉煤灰掺量进行安定性检验。

表 4-26　钢筋混凝土中矿物掺和料最大掺量

矿物掺和料种类	水胶比	最大掺量/%	
		采用硅酸盐水泥时	采用普通硅酸盐水泥时
粉煤灰	≤0.40	45	35
	>0.40	40	30
粒化高炉矿渣粉	≤0.40	65	55
	>0.40	55	45
钢渣粉	—	30	20
磷渣粉	—	30	20
硅灰	—	10	10
复合掺和料	≤0.40	65	55
	>0.40	55	45

注:1. 采用其他通用硅酸盐水泥时,宜将水泥混合材掺量 20% 以上的混合材量计入矿物掺和料;

2. 复合掺和料各组分的掺量不宜超过单掺时的最大掺量;

3. 在混合使用两种或两种以上矿物掺和料时,矿物掺和料总掺量应符合表中复合掺和料的规定。

表 4-27　预应力混凝土中矿物掺和料最大掺量

矿物掺和料种类	水胶比	最大掺量/%	
		采用硅酸盐水泥时	采用普通硅酸盐水泥时
粉煤灰	≤0.40	35	30
	>0.40	25	20
粒化高炉矿渣粉	≤0.40	55	45
	>0.40	45	35
钢渣粉	—	20	10
磷渣粉	—	20	10
硅灰	—	10	10
复合掺和料	≤0.40	55	45
	>0.40	45	35

注:1. 采用其他通用硅酸盐水泥时,宜将水泥混合材掺量 20% 以上的混合材量计入矿物掺和料;

2. 复合掺和料各组分的掺量不宜超过单掺时的最大掺量;

3. 在混合使用两种或两种以上矿物掺和料时,矿物掺和料总掺量应符合表中复合掺和料的规定。

(3)计算水泥用量

根据胶凝材料用量、粉煤灰用量,按式(4-16)计算每立方米混凝土水泥用量如下:

$$m_{c0} = m_{b0} - m_{f0} \tag{4-17}$$

式中:m_{c0}——计算配合比每立方米混凝土中水泥用量,kg/m^3。

m_{f0}——计算配合比每立方米混凝土中矿物掺合料用量,kg/m^3。

为保证混凝土的耐久性,由以上计算得出的胶凝材料用量还要满足有关规定的最小胶凝材料用量的要求,如算得的胶凝材料用量少于规定的最小胶凝材料用量,则应取规定的最小胶凝材料用量值。

5. 砂率的确定

应当根据混凝土拌和物的和易性及充分满足砂填充粗骨料空隙的原则,通过试验求出合理砂率。当无历史资料可参考时,混凝土砂率的确定应符合下列规定。

1)坍落度小于 10 mm 的混凝土,其砂率应经试验确定。

2)坍落度为 10~60 mm 的混凝土砂率,可根据粗骨料品种、最大公称粒径及水胶比按表 4-28 选取。

3)坍落度大于 60 mm 的混凝土砂率,可经试验确定,也可在表 4-28 的基础上,按坍落度每增大 20 mm、砂率增大 1% 的幅度予以调整。

表 4-28 混凝土的砂率(%)

水胶比	卵石最大公称粒径/mm			碎石最大粒径/mm		
	10.0	20.0	40.0	16.0	20.0	40.0
0.40	26~32	25~31	24~30	30~35	29~34	27~32
0.50	30~35	29~34	28~33	33~38	32~37	30~35
0.60	33~38	32~37	31~36	36~41	35~40	33~38
0.70	36~41	35~40	34~39	39~44	38~43	36~41

注:1. 本表数值系中砂的选用砂率,对细砂或粗砂,可相应地减少或增大砂率;

2. 采用机制砂配制混凝土时,砂率可适当增大;

3. 只用一个单粒级粗骨料配制混凝土时,砂率应适当增大。

6. 计算粗细骨料用量

粗、细骨料的用量可用质量法或体积法求得。

(1)质量法

如果原材料情况比较稳定及相关技术指标符合标准要求,所配制的混凝土拌和物的表观密度将接近一个固定值,这样可以先假设 1 m³ 混凝土拌和物的质量值。按下式计算:

$$\begin{cases} m_{c0} + m_{f0} + m_{g0} + m_{s0} + m_{w0} = m_{cp} \\ \beta_s = \dfrac{m_{s0}}{m_{s0} + m_{g0}} \times 100\% \end{cases} \tag{4-18}$$

式中:m_{c0}——每立方米混凝土的水泥用量,kg/m³;

m_{f0}——每立方米混凝土的矿物掺和料用量,kg/m³;

m_{g0}——每立方米混凝土的粗骨料用量,kg/m³;

m_{s0}——每立方米混凝土的细骨料用量,kg/m³;

m_{w0}——每立方米混凝土的用水量,kg/m³;

m_{cp}——每立方米混凝土拌和物的假定质量(其值可取 2 350~2 450),kg/m³;

β_s——砂率,%。

（2）当采用体积法时,应按下式计算:

$$\begin{cases} \dfrac{m_{c0}}{\rho_c} + \dfrac{m_{f0}}{\rho_f} + \dfrac{m_{g0}}{\rho_g} + \dfrac{m_{s0}}{\rho_s} + \dfrac{m_{w0}}{\rho_w} + 0.01\alpha = 1 \\[2mm] \beta_s = \dfrac{m_{s0}}{m_{s0} + m_{g0}} \times 100\% \end{cases}$$

$$(4-19)$$

式中:ρ_c——水泥密度(可取 2 900 ~ 3 100),kg/m³;

$\quad\rho_f$——矿物掺和料密度,kg/m³;

$\quad\rho'_g$——粗骨料的表观密度,kg/m³;

$\quad\rho'_s$——细骨料的表观密度,kg/m³;

$\quad\rho_w$——水的密度(可取 1 000),kg/m³;

$\quad\alpha$——混凝土的含气量百分数(在不使用引气型外加剂时,α 可取 1 ~ 2)。

粗骨料和细骨料的表观密度 ρ_g 与 ρ_s 应按现行行业标准《普通混凝土用砂、石质量及检验方法标准》(JGJ 52—2006)规定的方法测定。

通过以上步骤,便可将水、水泥、砂和石子的用量全部求出,得出初步计算配合比,供试配用。

以上混凝土配合比计算公式和表格,均以干燥状态骨料(系指含水率小于0.5%的细骨料和含水率小于0.2%的粗骨料)为基准。当以饱和面干骨料为基准进行计算时,则应作相应的修正。

4.6.3.2　试配,提出基准配合比

以上求出的各材料用量不一定能够完全符合具体的工程实际情况,必须通过试拌调整,直到混凝土拌和物的和易性符合要求为止,然后提出供检验强度用的基准配合比。

1)按初步计算配合比,称取实际工程中使用的材料进行试拌,混凝土搅拌方法应与生产时用的方法相同。

2)混凝土配合比试配时,每盘混凝土的最小搅拌量应符合表 4-29 的规定;当采用机械搅拌时,其搅拌量不应小于搅拌机额定搅拌量的1/4。

表 4-29　混凝土试配的最小搅拌量

骨料最大粒径/mm	拌和物数量/L
31.5 及以下	20
40	25

3)试配时材料称量的精确度为:骨料 ±1% ;水泥及外加剂均为 ±0.5% 。

4)混凝土搅拌均匀后,检查拌和物的性能。当试拌出的拌和物坍落度或维勃稠度不能满足要求,或黏聚性和保水性不良时,应在保持水胶比不变的条件下,相应调整用水量或砂率,一般调整幅度为1% ~2% ,直到符合要求为止。然后提出供强度试验用的基准混凝土配合比。具体调整方法见表4-30。经调整后得基准混凝土配合比。

表 4-30　混凝土拌和物和易性的调整方法

不能满足要求情况	调整方法
坍落度小于要求，黏聚性和保水性合适	保持水胶比不变，增加水泥和水用量。相应减少砂、石用量（砂率不变）
坍落度大于要求，黏聚性和保水性合适	保持水胶比不变，减少水泥和水用量。相应增加砂、石用量（砂率不变）
坍落度合适，黏聚性和保水性不好	增加砂率（保持砂、石总量不变，提高砂用量，减少石子用量）
砂浆过多，引起坍落度过大	减少砂率（保持砂、石总量不变，减少砂用量，增加石子用量）

4.6.3.3　检验强度，确定试验室配合比

（1）检验强度

经过和易性调整后得到的基准配合比，其水胶比选择不一定恰当，即混凝土的强度有可能不符合要求，所以应检验混凝土的强度。强度检验时应至少采用三个不同的配合比，其一为基准配合比，另外两个配合比的水胶比，宜较基准配合比分别增加或减少 0.05，而其用水量与基准配合比相同，砂率可分别增加或减少 1%。每种配合比制作一组（三块）试件，并经标准养护到 28 d 时试压（在制作混凝土试件时，尚需检验混凝土的和易性及测定表观密度，并以此结果作为代表这一配合比的混凝土拌和物的性能值）。

制作的混凝土立方体试件的边长，应根据石子最大粒径按表 4-17 中的规定选定。

（2）确定试验室配合比

由试验得出的各胶水比值时的混凝土强度，用作图法或计算求出与 $f_{cu,0}$ 相对应的胶水比值，并按下列原则确定每立方米混凝土的材料用量。

①用水量（m_w）和外加剂用量（m_a）。在试拌配合比的基础上，用水量（m_w）和外加剂用量（m_a）应根据确定的水胶比作调整。

②胶凝材料用量（m_b）。胶凝材料用量（m_b）应以用水量乘以确定的胶水比计算得出。

③粗、细骨料用量（m_g 及 m_s）。粗、细骨料用量（m_g 及 m_s）应根据用水量和胶凝材料用量进行调整。

然后进行混凝土表观密度的校正。其步骤如下。

①计算出混凝土的计算表观密度值（$\rho_{c,c}$）：

$$\rho_{c,c} = m_c + m_f + m_g + m_s + m_w \tag{4-20}$$

②将混凝土的实测表观密度值（$\rho_{c,t}$）除以 $\rho_{c,c}$ 得出校正系数 δ，即

$$\delta = \frac{\rho_{c,t}}{\rho_{c,c}} \tag{4-21}$$

③当 $\rho_{c,t}$ 与 $\rho_{c,c}$ 之差的绝对值不超过 $\rho_{c,c}$ 的 2% 时，由以上定出的配合比，即为确定的设计配合比；若二者之差超过 2% 时，则要将已定出的混凝土配合比中每项材料用量均乘以校正系数 δ，即为最终定出的设计配合比。

4.6.3.4　施工配合比

设计配合比，是以干燥材料为基准的，而工地存放的砂、石材料都含有一定的水分。所以现场材料的实际称量应按工地砂、石的含水情况进行修正，修正后的配合比，叫做施工配

合比。

现假定工地测出的砂的含水率为 $a\%$、石子的含水率为 $b\%$，则将上述设计配合比换算为施工配合比，其材料的称量应为：

水泥： $\qquad m'_c = m_c (\text{kg})$

砂： $\qquad m'_s = m_s (1 + a\%) (\text{kg})$

石子： $\qquad m'_g = m_g (1 + b\%) (\text{kg})$

水： $\qquad m'_w = m_w - m_s \times a\% - m_g \times b\% (\text{kg})$

矿物掺和料：$m'_f = m_f (\text{kg})$

4.6.4 混凝土配合比计算案例

某高层办公楼的基础底板混凝土，设计强度等级 C30，坍落度要求 180 mm，采用泵送施工工艺。根据《普通混凝土配合比设计规程》(JGJ 55) 的规定（以下简称《规程》），其配合比计算步骤如下。

4.6.4.1 原材料选择

结合设计和施工要求，选择原材料并检测其主要性能指标如下。

(1) 水泥

选用 P·O 42.5 级水泥，28 d 胶砂抗压强度 48.6 MPa，安定性合格。单价：380 元/t。

(2) 矿物掺和料

选用 F 类 Ⅱ 级粉煤灰，细度 18.2%，需水量比 101%，烧失量 7.2%。单价：80 元/t。

选用 S95 级矿粉，比表面积 428 m²/kg，流动度比 98%，28 d 活性指数 99%。单价：180 元/t。

(3) 粗骨料

选用最大公称粒径为 25 mm 的粗骨料，连续级配，含泥量 1.2%，泥块含量 0.5%，针片状颗粒含量 8.9%。单价：35 元/t。

(4) 细骨料

采用当地产天然河砂，细度模数 2.7，级配 Ⅱ 区，含泥量 2.0%，泥块含量 0.6%。单价：35 元/t。

(5) 外加剂

选用北京某公司生产 A 型聚羧酸减水剂，减水率为 25%，含固量为 20%。单价：3 000 元/t。

(6) 水

选用自来水。

4.6.4.2 计算配制强度

由于缺乏强度标准差统计资料，从表 4-20 强度标准差 σ 取值为 5.0 MPa。

计算混凝土配制强度如下：

$$f_{cu,0} \geqslant f_{cu,k} + 1.645\sigma$$

式中：$f_{cu,0}$——混凝土配制强度，MPa；

$f_{cu,k}$——混凝土立方体抗压强度标准值,这里取混凝土的设计强度等级值,MPa;

σ——混凝土强度标准差,MPa。

计算结果:C30 混凝土配制强度不小于 38.3MPa。

4.6.4.3　确定水胶比

(1)矿物掺和料掺量选择(可确定 3 种情况,比较技术经济)

考虑混凝土原材料、应用部位和施工工艺等因素来确定粉煤灰掺量,从表 4-26 查得。

方案 1 为 C30 混凝土的粉煤灰掺量 30%。

方案 2 为 C30 混凝土的粉煤灰掺量 30%,矿粉掺量 10%。

方案 3 为 C30 混凝土的粉煤灰掺量 25%,矿粉掺量 20%。

(2)胶凝材料胶砂强度

从表 4-22 查得上述三个方案粉煤灰、矿粉的影响系数,分别计算 f_b。

方案 1 掺加 30% 粉煤灰的胶凝材料 28 d 胶砂强度 $f_b = 0.70 \times 48.6 = 34.0$ MPa。

方案 2 粉煤灰掺量 30%,矿粉掺量 10% 时,胶砂强度 $f_b = 0.70 \times 1.0 \times 48.6 = 34.0$ MPa

方案 3 粉煤灰掺量 25%,矿粉掺量 20% 时,胶凝材料 28 d 胶砂强度 $f_b = 0.75 \times 0.98 \times 48.6 = 35.7$ MPa。

(3)水胶比计算

利用式(4-10)计算实际水胶比如下。

方案 1 掺加 30% 粉煤灰时混凝土的水胶比为 0.442;

方案 2 掺加 30% 粉煤灰和 10% 矿粉时混凝土的水胶比为 0.430;

方案 3 掺加 25% 粉煤灰和 20% 矿粉时混凝土的水胶比为 0.450。

4.6.4.4　计算用水量

(1)推定未掺外加剂时混凝土单方用水量

从表 4-25 查得,坍落度设计值为 180 mm 时用水量,以坍落度 90 mm 的塑性混凝土单位用水量为基础,按每增大 20 mm 坍落度相应增加 5 kg/m³ 用水量来计算坍落度 180 mm 时单位用水量 $m'_{w0} = (180 - 90)/20 \times 5 + 210 = 232.5$ kg/m³。

(2)掺外加剂时的混凝土用水量

按式(4-13)计算,掺外加剂时的混凝土用水量如下:

$$m_{w0} = m'_{w0}(1 - \beta)$$

混凝土单位用水量为 174 kg/m³。

4.6.4.5　计算胶凝材料用量

根据上述水胶比和单位用水量数据,按式(4-15)计算胶凝材料用量如下:

方案 1 混凝土的胶凝材料用量为 394 kg/m³;

方案 2 混凝土的胶凝材料用量为 405 kg/m³;

方案 3 混凝土的胶凝材料用量为 387 kg/m³。

4.6.4.6　计算外加剂用量

选定 C30 混凝土的 A 型减水剂掺量为 1.0%,按式(4-14)计算外加剂用量如下:

方案 1 混凝土的外加剂单位用量为 3.94 kg/m³;

方案 2 混凝土的外加剂单位用量为 4.05 kg/m³;

方案 3 混凝土的外加剂单位用量为 3.87 kg/m³。

4.6.4.7 计算矿物掺和料用量

根据上述确定的粉煤灰和矿粉掺量,式(4-16)分别计算粉煤灰和矿粉用量如下:

方案 1 混凝土的粉煤灰用量为 118 kg/m³;

方案 2 混凝土的粉煤灰和矿粉用量分别为 122 kg/m³ 和 41 kg/m³;

方案 3 混凝土的粉煤灰和矿粉用量分别为 97 kg/m³ 和 77 kg/m³。

4.6.4.8 计算水泥用量

根据胶凝材料用量、粉煤灰用量,根据式(4-17)计算水泥用量如下:

方案 1 混凝土的水泥用量为 276 kg/m³;

方案 2 混凝土的水泥用量为 243 kg/m³;

方案 3 混凝土的水泥用量为 213 kg/m³。

4.6.4.9 计算砂率

初步选取坍落度 60 mm 时砂率值为 31%(插值)。随后按坍落度每增大 20 mm、砂率增大 1% 的幅度予以调整,得到坍落度 180 mm 混凝土的砂率 $\beta_s = (180 - 60)/20 + 31\% = 37\%$。

计算结果:坍落度 180 mm 的 C30 混凝土砂率为 37%。

4.6.4.10 计算粗细骨料用量

假定 C30 混凝土容重为 2 400 kg/m³。则粗、细骨料用量如下:

方案 1 混凝土的砂和石子用量分别为 678 kg/m³ 和 1 154 kg/m³;

方案 2 混凝土的砂和石子用量分别为 673 kg/m³ 和 1 147 kg/m³;

方案 3 混凝土的砂和石子用量分别为 680 kg/m³ 和 1 158 kg/m³。

4.6.4.11 调整用水量

扣除液体外加剂的水分,C30 混凝土实际单位用水量如下:

方案 1 混凝土的调整用水量为 171 kg/m³;

方案 2 混凝土的调整用水量为 171 kg/m³;

方案 3 混凝土的调整用水量为 171 kg/m³。

4.6.4.12 计算配合比(共计 3 个方案的配合比)

综上所述,计算得到 C30 混凝土的计算配合比如表 4-31 所示。

表 4-31　混凝土的计算配合比　　　　　　　　　　　kg/m³

序号	强度等级	胶凝材料	水泥	粉煤灰	矿粉	石子	砂子	减水剂	水	元/吨
1	C30	394	276	118	0	1 154	678	3.94	171	190
2	C30	405	243	122	41	1 147	673	4.05	171	185
3	C30	399	213	97	77	1 158	680	3.87	171	179

4.6.4.13 试配

通过试配、调整和经济成本分析等确定最终配合比,此处不再赘述。

4.7 混凝土质量控制与强度评定

加强混凝土质量控制,是为了保证生产的混凝土其技术性能满足设计要求。质量控制应贯穿于设计、生产、施工及成品检验的全过程,包括:

1)控制与检验混凝土组成材料的质量、配合比的设计与调整情况,混凝土拌和物的水胶比、稠度、均匀性等;

2)生产全过程各工序,如计量、搅拌、浇筑、养护及生产人员、机器设备、用具等的检验与控制;

3)混凝土成品质量的控制与评定等。

4.7.1 混凝土质量波动与控制

4.7.1.1 混凝土质量波动

混凝土的质量,要通过其性能检验的结果来评定。在施工中,力求做到既保证混凝土所要求的性能,又要保证其质量的稳定性。但实际上,由于原材料、施工条件及试验条件等许多复杂因素的影响,必然造成混凝土质量的波动,引起质量波动的因素很多,归纳起来,可分为两种因素。

(1)正常因素

正常因素是指施工中不可避免的正常变化因素,如砂、石质量的波动,称量时的微小误差,操作人员技术上的微小差异等,这些因素是不可避免的、无法或难以控制的因素,如果把注意力集中在解决这些问题上,收效较小。在施工过程中,只是由于受正常因素的影响而引起的质量波动,是正常波动,生产中是允许的。

(2)异常因素

异常因素是指施工中出现的不正常情况,如搅拌混凝土时不控制水胶比而随意加水,混凝土组成材料称量错误等。这些因素对混凝土质量影响很大。它们是可以避免和控制的因素。受异常因素影响引起的质量波动,是异常波动,生产中是不允许的。

质量控制的目的在于及时发现和排除异常因素的影响,以便及时采取纠正和预防措施,使工程质量处于控制状态,严格执行《混凝土质量控制标准》(GB 50164—2011)。

4.7.1.2 混凝土质量控制

(1)混凝土的质量检验

混凝土的质量检验包括对组成材料的质量和用量进行检验、混凝土拌和物质量检验和硬化后混凝土的质量检验。

对混凝土拌和物的质量检验主要项目是:和易性和水胶比。按规定在搅拌机出口检查和易性是混凝土质量控制的一个重要环节。检查混凝土拌和物的水胶比,可以掌握水胶比的波动情况,以便找出原因及时解决。

对硬化后混凝土的质量检验,主要是检验混凝土的抗压强度。因为混凝土质量波动直接反映在强度上,通过对混凝土强度的管理就能控制住整个混凝土工程质量。对混凝土的强度检验是按规定的时间与数量在搅拌地点或浇筑地点抽取有代表性试样,按标准方法制作试件,养护规定龄期后,进行强度试验(必要时也需进行其他力学性能及抗渗、抗冻试验),以评定混凝土质量。对已建成的混凝土结构,也可采用破损试验方法进行检验。

(2)混凝土的质量控制

为了便于及时掌握并分析混凝土质量的波动情况,常用质量检验得到的各项指标,如水泥强度等级、混凝土的坍落度、水胶比和强度等,绘成质量控制图。通过质量控制图可以及时发现问题,采取措施,以保证质量的稳定性。

4.7.2 混凝土强度的评定

由于混凝土质量的波动将直接反映到其最终的强度上,而混凝土的抗压强度与其他性能有较好的相关性,因此在混凝土生产质量管理中,常以混凝土的抗压强度作为评定和控制其质量的主要指标。如必要时,也需进行其他力学性能及抗冻、抗渗等试验检定。根据《混凝土强度检验评定标准》(GB/T 50107—2010),混凝土强度评定可分为统计方法及非统计方法。

4.7.2.1 统计方法评定

采用统计方法评定时,应按下列规定进行。

当连续生产的混凝土,生产条件在较长时间内保持一致,且同一品种、同一强度等级混凝土的强度变异性保持稳定时,应按下条1)的规定进行评定。其他情况应按下条2)的规定进行评定。

1)一个检验批的样本容量应为连续的 3 组试件,其强度应同时符合下列规定:

$$m_{f_{cu}} \geqslant f_{cu,k} + 0.7\sigma_0 \tag{4-22}$$

$$f_{cu,min} \geqslant f_{cu,k} - 0.7\sigma_0 \tag{4-23}$$

检验批混凝土立方体抗压强度的标准差应按下式计算:

$$\sigma_0 = \sqrt{\frac{\sum_{i=1}^{n} f_{cu,i}^2 - nm_{f_{cu}}^2}{n-1}} \tag{4-24}$$

当混凝土强度等级不高于 C20 时,其强度的最小值尚应满足下式要求:

$$f_{cu,min} \geqslant 0.85 f_{cu,k} \tag{4-25}$$

当混凝土强度等级高于 C20 时,其强度的最小值尚应满足下式要求:

$$f_{cu,min} \geqslant 0.90 f_{cu,k} \tag{4-26}$$

式中:$m_{f_{cu}}$——同一检验批混凝土立方体抗压强度的平均值,MPa,精确到 0.1 MPa;

$f_{cu,k}$——混凝土立方体抗压强度标准值,MPa,精确到 0.1 MPa;

σ_0——检验批混凝土立方体抗压强度的标准差,MPa,精确到 0.01 MPa;当检验批混凝土强度标准差 σ_0 计算值小于 2.0 MPa 时,应取 2.5 MPa;

$f_{cu,i}$——前一个检验期内同一品种、同一强度等级的第 i 组混凝土试件的立方体抗压强度代表值,MPa,精确到 0.1 MPa;该检验期不应少于 60 d,也不得大于 90 d;

n——前一检验期内的样本容量,在该期间内样本容量不应少于 45;

$f_{cu,min}$——同一检验批混凝土立方体抗压强度的最小值,MPa,精确到 0.1 MPa。

(2)当样本容量不少于 10 组时,其强度应同时满足下列要求:

$$m_{f_{cu}} \geq f_{cu,k} + \lambda_1 \cdot S_{f_{cu}} \tag{4-27}$$

$$f_{cu,min} \geq \lambda_2 \cdot f_{cu,k} \tag{4-28}$$

同一检验批混凝土立方体抗压强度的标准差应按下式计算：

$$S_{f_{cu}} = \sqrt{\frac{\sum_{i=1}^{n} f_{cu,i}^2 - n \cdot m_{f_{cu}}^2}{n-1}} \tag{4-29}$$

式中：$S_{f_{cu}}$——同一检验批混凝土立方体抗压强度的标准差，MPa，精确到 0.01 MPa；当检验批混凝土强度标准差 $S_{f_{cu}}$ 计算值小于 2.5 MPa 时，应取 2.5 MPa；

λ_1、λ_2——合格评定系数，按表 4-32 取用；

n——本检验期内的样本容量。

表 4-32   混凝土强度的合格评定系数

试件组数	10 ~ 14	15 ~ 19	≥20
λ_1	1.15	1.05	0.95
λ_2	0.90	0.85	

4.7.2.2   非统计方法评定

当用于评定的样本容量小于 10 组时，应采用非统计方法评定混凝土强度。按非统计方法评定混凝土强度时，其强度应同时符合下列规定：

$$m_{f_{cu}} \geq \lambda_3 \cdot f_{cu,k} \tag{4-30}$$

$$f_{cu,min} \geq \lambda_4 \cdot f_{cu,k} \tag{4-31}$$

式中：λ_3、λ_4——合格评定系数，应按表 4-33 取用。

表 4-33   混凝土强度的非统计法合格评定系数

混凝土强度等级	< C60	≥ C60
λ_3	1.15	1.10
λ_4	0.95	

4.7.2.3   混凝土强度的合格性评定

当检验结果满足 4.7.2.1 条或 4.7.2.2 的规定时，则该批混凝土强度应评定为合格；当不能满足上述规定时，该批混凝土强度应评定为不合格。

对评定为不合格批的混凝土，可按国家现行的有关标准进行处理。

4.8　其他混凝土

4.8.1　高强混凝土

高强混凝土(HSC)并没有确切而固定的含义，不同国家、不同地区因混凝土技术发展水平不同而有差异,一般是指强度等级不低于 C60 的混凝土。目前使用标准为《高强混凝土应用技术规程》(JGJ/T 281—2012),高强混凝土的强度等级应按立方体抗压强度标准值划分为 C60、C65、C70、C75、C80、C85、C90、C95 和 C100。

高强混凝土的特点是强度高、耐久性好、变形小,能适应现代工程结构向大跨度、大荷载、大高度发展和承受恶劣环境条件的需要。使用高强混凝土可获得显著的工程效益和经济效益。高效减水剂及超细掺和料的使用,使在普通施工条件下制得高强混凝土成为可能。但高强混凝土的脆性比普通混凝土大,强度的拉压比降低。

配制高强混凝土时,应选用质量稳定、强度等级不低于 42.5 级的硅酸盐水泥或普通硅酸盐水泥,配制 C80 及以上强度等级的混凝土时,水泥 28 d 胶砂强度不宜低于 50 MPa。用于高强混凝土的矿物掺和料应掺用活性较好的矿物掺和料,且宜复合使用矿物掺和料,可包括粉煤灰、粒化高炉矿渣粉、硅灰、钢渣粉和磷渣粉,应符合现行国家标准,并经过试验验证。为避免胶凝材料用量过大带来负面影响,高强混凝土的水泥用量不应大于 550 kg/m³;胶凝材料的用量不应大于 600 kg/m³。配制混凝土时,应掺用高效减水剂或缓凝高效减水剂。

高强混凝土粗骨料的最大公称粒径为 25 mm 比较合理,既有利于强度、控制收缩,也有利于施工性能,经济上也比较合理。其中,针、片状颗粒含量、含泥量、泥块含量等其他质量指标应符合现行标准的规定。

采用细度模数为 2.6～3.0 的 Ⅱ 区中砂配制高强混凝土有利于混凝土性能和经济性的优化。砂的含泥量和泥块含量会影响混凝土强度和耐久性,高强混凝土的强度对此尤为敏感。其他质量指标也应符合现行标准的规定。

高强混凝土配合比的计算方法和步骤可按《普通混凝土配合比设计规程》(JGJ 55—2011)的有关规定进行。

4.8.2　高性能混凝土

各国学派对高性能混凝土(HPC)的定义是有差异的,但共同点是都注重混凝土的体积稳定性和耐久性,具有高的耐久性是混凝土高性能的技术关键。《高性能混凝土应用技术规程》(CECS 207:2006)指出高性能混凝土是采用常规材料和工艺生产,具有混凝土结构所要求的各项力学性能,且具有高耐久性、高工作性和高体积稳定性的混凝土。

高性能混凝土的组成材料中,既有常用的水泥、水、砂、石,又必须有高效减水剂和矿物质超细粉。由于硅酸钙水化物对水泥的凝结硬化性能和强度起很大作用,所以高性能混凝土主要选择硅酸盐水泥和普通硅酸盐水泥。一般情况下,普通混凝土受压破坏时,裂缝沿着界面产生,骨料不会受到破坏,而高性能混凝土破坏时,裂缝会穿过骨料。所以,粗骨料的质量对混凝土抗压强度的影响非常明显,高性能混凝土应选择表观密度大、吸水率低、表面粗糙、强度高、弹性模量大、质地坚硬的骨料。高效减水剂和矿物质超细粉对改善混凝土界面过渡层及降低骨料下面的空隙起到了非常重要的作用,是实现降低水胶比、提高水泥浆黏度等目的的重要技术措施。

高性能混凝土的重要特征是具有高耐久性,而耐久性则取决于抗渗性。水泥颗粒全部水化,既无毛细水又无未水化颗粒,说明混凝土具有良好的抗渗性。通过超细粉在混凝土中的应用,改善骨料与水泥石的结构,是提高混凝土的抗渗性、耐久性和强度的有效途径。通过使用新型高效减水剂,降低混凝土的水胶比,并使混凝土具有比较大的流动性和保塑功能,可以保证施工和浇筑中混凝土的密实性。新型高效减水剂和矿物质超细粉是高性能混凝土及使混凝土高性能的物质基础。

总之,高性能水泥、高性能掺和料、高效外加剂、优质的砂石骨料,是高性能混凝土的基本要素。高性能混凝土与生态、环境、可持续发展的观念结合起来,加入绿色理念,即可成绿色高性能混凝土。

4.8.3　泵送混凝土

根据《混凝土泵送施工技术规程》(JGJ/T 10—2011),泵送混凝土是可通过泵压作用沿输送管道强制流动到目的地并进行浇筑的混凝土。

为了使混凝土施工适应于狭窄的施工场地以及大体积混凝土结构物和高层建筑,在这些工程的施工中多采用泵送混凝土。泵送混凝土系指拌和物的坍落度不小于 80 mm,并用混凝土输送泵输送的混凝土。它能一次连续完成水平运输和垂直运输,效率高、节约劳动力,因而近年来在国内外引起重视,逐步得到推广。

泵送混凝土拌和物必须具有较好的可泵性。所谓混凝土可泵性,表示混凝土在泵压下沿输送管道流动的难易程度以及稳定程度的特性,即拌和物具有顺利通过管道、摩擦阻力小、不离析、不阻塞和黏聚性良好的性能。

为了保证混凝土有良好的可泵性,泵送混凝土应选用硅酸盐水泥、普通硅酸盐水泥、矿渣硅酸盐水泥、粉煤灰硅酸盐水泥,不宜采用火山灰质硅酸盐水泥。

泵送混凝土所用粗骨料宜采用连续级配,其片状颗粒含量不宜大于 10%,粗骨料最大公称粒径与输送管径之比宜符合表 4-34 规定。

表 4-34　最大公称粒径与输送管径之比

石子品种	泵送高度/m	粗骨料最大粒径与输送管径之比	石子品种	泵送高度/m	粗骨料最大粒径与输送管径之比
碎石	<50	≤1:3.0	卵石	<50	≤1:2.5
	50~100	≤1:4.0		50~100	≤1:3.0
	>100	≤1:5.0		>100	≤1:4.0

泵送混凝土用细骨料中,对 0.135 mm 筛孔的通过量,不应少于 15%;对 0.16 mm 筛孔的通过量,不应少于 5%。

泵送混凝土应掺用泵送剂或减水剂,并宜掺用粉煤灰或其他活性掺和料以改善混凝土的可泵性。

在进行泵送混凝土配合比设计时胶凝材料用量不宜小于 300 kg/m³。砂率宜为 35%~45%。

泵送混凝土入泵时的坍落度可按表 4-35 泵送混凝土试配时应考虑坍落度经时损失,通常坍落度经时损失控制在 30 mm/h 以内比较好。

表4-35 混凝土入泵坍落度与泵送高度关系

最大泵送高度/m	50	100	200	400	400 以上
入泵坍落度/mm	100 ~ 140	150 ~ 180	190 ~ 220	230 ~ 260	—
入泵扩展度/mm	—	—	—	400 ~ 590	600 ~ 740

4.8.4 抗渗混凝土

采用水泥、砂、石或掺加少量外加剂、高分子聚合物等材料,通过调整配合比而配制成抗渗压力大于 0.6 MPa,并具有一定抗渗能力的刚性防水材料称为抗渗混凝土(或叫防水混凝土)。

普通混凝土之所以不能很好地防水,主要是由于混凝土内部存在着渗水的毛细管通道。如能使毛细管减少或将其堵塞,混凝土的渗水现象就会大为减小。

抗渗混凝土的原材料应符合下列规定:①水泥宜采用普通硅酸盐水泥;②粗骨料宜采用连续级配,其最大公称粒径不宜大 40.0 mm ,含泥量不得大于 1.0% ,泥块含量不得大于 0.5%;③细骨料宜采用中砂,含泥量不得大于 3.0% ,泥块含量不得大于 1.0%;④抗渗混凝土宜掺用外加剂和矿物掺和料,粉煤灰等级应为 I 级或 II 级。

抗掺混凝土配合比应符合下列规定:①最大水胶比应符合表 4-36 的规定;②每立方米混凝土中的胶凝材料用量不宜小于 320 kg;③砂率宜为 35% ~ 45%。

表4-36 抗渗混凝土最大水胶比

设计抗渗等级	最大水胶比	
	C20 ~ C30	C30 以上
P6	0.60	0.55
P8 ~ P12	0.55	0.50
< P12	0.50	0.45

配合比设计中混凝土抗掺技术要求应符合下列规定:①配制抗渗混凝土要求的抗渗水压值应比设计值提高 0.2 MPa,抗渗试验结果应满足相关要求;②掺用引气剂或引气型外加剂的抗渗混凝土,应进行含气量试验,含气量宜控制在 3.0% ~ 5.0%。

防水混凝土按配制方法分普通防水混凝土、外加剂防水混凝土和膨胀水泥防水混凝土三种。

(1)普通防水混凝土

普通防水混凝土是以调整配合比的方法来提高自身密实度和抗渗性的一种混凝土。通常普通混凝土主要是根据强度配制,石子起骨架作用,砂填充石子的空隙,水泥浆填充骨料空隙并将骨料结合在一起,普通防水混凝土是根据抗渗要求配制的。在普通防水混凝土内,应保证有一定数量及质量的水泥砂浆,在粗骨料周围形成一定厚度的砂浆包裹层,把粗骨料彼此隔开,从而减少粗骨料之间的渗水通道,使混凝土具有较高的抗渗能力。与普通混凝土相比,表现为水胶比不能超限、水泥用量较多、砂率增大和灰砂比提高,旨在提高砂浆的品质和数量。

（2）外加剂防水混凝土

外加剂防水混凝土是在混凝土中掺入适当品种和数量的外加剂,隔断或堵塞混凝土中的各种孔隙、裂缝及渗水通路,以达到改善抗渗性能的一种混凝土。常用的外加剂有引气剂、减水剂、三乙醇胺和氯化铁防水剂。

（3）膨胀水泥防水混凝土

用膨胀水泥配制的防水混凝土称为膨胀水泥混凝土。由于膨胀水泥在水化的过程中形成大量体积增大的水化硫铝酸钙,产生一定的体积膨胀,在有约束的条件下,能改善混凝土的孔结构,使总孔隙率减少,毛细孔径减小,从而提高混凝土的抗渗性。在选用该种混凝土时要特别注重两点,一是所用水泥的膨胀能级必须与混凝土的要求匹配;二是必须通过设计采取结构与构造措施,以产生对膨胀的恰当约束。这是保障补偿收缩混凝土取得抗裂、防渗效能的关键所在。

4.8.5　大体积混凝土

大体积混凝土是指混凝土结构物实体的最小尺寸等于或大于 1 m,或预计会因水泥水化热引起混凝土的内外温差过大而导致裂缝的混凝土。目前使用标准是《大体积混凝土施工规范》(GB 50496—2009)。

大型水坝、桥墩、高层建筑的基础等工程所用混凝土,应按大体积混凝土设计和施工,为了减少由于水化热引起的温度应力,在混凝土配合比设计时,应选用中、低热硅酸盐水泥或低热矿渣硅酸盐水泥,当采用硅酸盐水泥或普通硅酸盐水泥时,应掺加矿物掺和料。为延缓水化热的释放,可掺用缓凝剂、减水剂和能减少水泥水化热的掺和料。

大体积混凝土在保证混凝土强度及坍落度要求的前提下,应提高掺和料及骨料的含量,以降低每立方米混凝土的水泥用量。粗骨料宜采用连续级配,细骨料宜采用中砂。

大体积混凝土配合比应符合下列规定:①水胶比不宜大于 0.55,用水量不宜大于 175 kg/m^3,在保证混凝土性能要求的前提下,宜提高每立方米混凝土中的粗骨料用量;②砂率宜为 38% ~42%;③在保证混凝土性能要求的前提下,在减少胶凝材料中水泥用量,提高矿物掺和料掺量,矿物掺和料掺量应符合相关规定;④在配合比试配和调整时,控制混凝土绝热温升不宜大于 50℃;⑤大体积混凝土配合比应满足施工对混凝土凝结时间的要求。

大体积混凝土配合比的计算和试配步骤应按《普通混凝土配合比设计规程》(JGJ 55—2011)的规定进行,并宜在配合比确定后进行水化热的验算或测定。

4.8.6　纤维混凝土

纤维混凝土是以普通混凝土为基体,外掺各种不连续短纤维或连续长纤维材料而组成的复合材料。纤维材料按材质分有钢纤维、碳纤维、玻璃纤维、石棉及合成纤维等。在纤维混凝土中,纤维的含量、纤维的几何形状及其在混凝土中的分布状况,对纤维混凝土的性能有重要影响。通常,纤维的长径比(纤维花纹与直径的比值)为 70 ~120,掺加的体积率为 0.3% ~8% ,详见《纤维混凝土应用技术规程》(JGJ/T 221—2010)。

　　纤维在混凝土中起增强作用,可提高混凝土的抗压强度、抗拉强度、抗弯强度和冲击韧度,并能有效地改善混凝土的脆性。目前钢纤维混凝土在工程中应用最广、最成功,当钢纤维量为混凝土体积的2%时,钢纤维混凝土的冲击韧度可提高10倍以上,初裂抗弯强度提高2.5倍,抗拉强度提高1.2~2.0倍。混凝土掺入钢纤维后,抗压强度提高不大,但从受压破坏形式来看,破坏时无碎块、不崩裂,基本保持原来的外形,有较大的吸收变形的能力,也改善了韧性,是一种良好的抗冲击材料。

　　目前,纤维混凝土主要用于飞机跑道、高速公路、桥面、水坝覆面、桩头、屋面板、墙板、军事工程等要求高耐磨性、高抗冲击性和抗裂的部位及构件。

　　除以上混凝土外,还有防冻混凝土、轻骨料混凝土、自密实混凝土、聚合物混凝土、防辐射混凝土、耐热混凝土、耐酸混凝土、喷射混凝土、高抛免振捣混凝土等,均可参照相关标准。

4.9　原材料及混凝土性能试验

　　通过实训操作,掌握混凝土用砂、石试验的基本方法和技能、混凝土拌和物和易性的评定及混凝土力学性能、耐久性的测定方法。学会正确使用所用的仪器设备。

4.9.1　混凝土用砂、石性能的检验

4.9.1.1　试验依据

　　《普通混凝土用砂、石质量及检验方法标准》(JGJ 52—2006)。

4.9.1.2　取样方法及数量

　　砂、石的验收要按同产地、同规格、同类别分批进行,每批总量不大于400 m³或600 t。在均匀分布的砂料堆上的8个不同部位,抽取大致相等的砂共8份,倒在平整、洁净的拌板上,拌和均匀。用四分法缩取各试验用试样数量。四分法的基本步骤是:将拌匀试样摊成20 mm厚的圆饼,在饼上划十字线,将其分成大致相等的四份,除去其中对角线的两份,将其余两份再按上述四分法缩取,直到缩分后的试样质量略大于该项试验所需数量为止。

　　每组样品的取样数量,对每一单项试验,要不小于表4-37、表4-38规定的最少取样量。做几项试验时,如确能保证试样经一项试验后不致影响另一项试验的结果,可用同一试样进行几项不同的试验。

表 4-37　单项试验砂的最少取样量

检验项目	最少取样质量/g
筛分析	4 400
表观密度	2 600
吸水率	4 000
紧密密度和堆积密度	5 000
含水率	1 000
含泥量	4 400

续表

检验项目	最少取样质量/g
泥块含量	20 000
石粉含量	1 600
机制砂压碎值指标	分成公称粒级 5.00～2.50 mm;2.50～1.25 mm; 1.25 mm～630 μm;630～315 μm; 315～160 μm 每个粒级各需 1 000 g
有机物含量	2 000
云母含量	600
轻物质含量	3 200
坚固性	分成公称粒级 5.00～2.50 mm;2.50～1.25 mm; 1.25 mm～630 μm;630～315 μm; 315～160 μm,每个粒级各需 100 g
硫化物及硫酸盐含量	50
氯离子含量	2 000
贝壳含量	10 000
碱活性	20 000

表 4-38　每单项检验项目所需碎石或卵石的最小取样质量　　　　　　　　　kg

试验项目 \ 最大公称粒径/mm	10.0	16.0	20.0	25.0	31.5	40.0	63.0	80.0
筛分析	8	15	16	20	25	32	50	64
表观密度	8	8	8	8	12	16	24	24
含水率	2	2	2	2	3	3	4	6
吸水率	8	8	16	16	16	24	24	32
堆积密度、紧密密度	40	40	40	40	80	80	120	120
含泥量	8	8	24	24	40	40	80	80
泥块含量	8	8	24	24	40	40	80	80
针、片状含量	1.2	4	8	12	20	40		
硫化物及硫酸盐				1.0				

从料堆上取样时,取样部位应均匀分布。取样前应先将取样部位表层铲除,然后由各部位抽取大致相等的砂 8 份,石子为 16 份,组成各自一组样品。

4.9.1.3　砂的筛分析试验

本方法适用于测定普通混凝土用砂的颗粒级配及细度模数。

（1）主要仪器设备

1）试验筛:公称直径分别为 10.0 mm、5.00 mm、2.50 mm、1.25 mm、630 μm、315 μm、160 μm 的方孔筛各一只,筛的底盘和盖各一只;筛框直径为 300 mm 或 200 mm。

2）天平:称量 1 000 g,感量 1 g。

3）电动摇筛机。

4）烘箱：温度可控制在（105±5）℃。

5）浅盘、硬、软毛刷等。

（2）试样制备

用于筛分析的试样，其颗粒的公称粒径不应大于10.0 mm。试验前应先将来样通过公称直径10.0 mm的方孔筛，并计算筛余。称取经缩分后样品不少于550 g两份，分别装入两个浅盘，在（105±5）℃的温度下烘干到恒重。冷却至室温备用。

注：恒重是指在相邻两次称量间隔时间不小于3 h的情况下，前后两次称量之差小于该项试验所要求的称量精度（下同）。

（3）筛分析试验步骤

1）准确称取烘干试样500 g（特细砂可称250 g），置于按筛孔大小顺序排列（大孔在上、小孔在下）的套筛的最上一只筛（公称直径为5.00 mm的方孔筛）上；将套筛装入摇筛机内固紧，筛分10 min；然后取出套筛，再按筛孔由大到小的顺序，在清洁的浅盘上逐一进行手筛，直至每分钟的筛出量不超过试样总量的0.1%时为止；通过的颗粒并入下一只筛子，并和下一只筛子中的试样一起进行手筛。按这样顺序依次进行，直至所有的筛子全部筛完为止。

注：a. 当试样含泥量超过5%时，应先将试样水洗，然后烘干至恒重，再进行筛分；

b. 无摇筛机时，可改用手筛。

2）试样在各只筛子上的筛余量均不得超过按式（4-30）计算得出的剩留量，否则应将该筛的筛余试样分成两份或数份，再次进行筛分，并以其筛余量之和作为该筛的筛余量。

$$m_r = \frac{A\sqrt{d}}{300} \tag{4-32}$$

式中：m_r——某一筛上的剩留量，g；

d——筛孔边长，mm；

A——筛的面积，mm^2。

3）称取各筛筛余试样的质量（精确至1 g），所有各筛的分计筛余量和底盘中的剩余量之和与筛分前的试样总量相比，相差不得起过1%。

（4）筛分析试验结果计算

1）计算分计筛余（各筛上的筛余量除以试样总量的百分率），精确至0.1%。

2）计算累计筛余（该筛的分计筛余与筛孔大于该筛的各筛的分计筛余之和），精确至0.1%。

3）根据各筛两次试验累计筛余的平均值，评定该试样的颗粒级配分布情况，精确至1%。

4）砂的细度模数应按下式计算，精确至0.01：

$$\mu_f = \frac{(\beta_2 + \beta_3 + \beta_4 + \beta_5 + \beta_6) - 5\beta_1}{100 - \beta_1} \tag{4-33}$$

式中：μ_f——砂的细度模数；

β_1、β_2、β_3、β_4、β_5、β_6——分别为公称直径5.00 mm、2.50 mm、1.25 mm、630 μm、315 μm、

160 μm 方孔筛上的累计筛余。

5）以两次试验结果的算术平均值作为测定值,精确至 0.1。当两次试验所得的细度模数之差大于 0.20 时,应重新取试样进行试验。

4.9.1.4 砂的表观密度试验(标准法)

本方法适用于测定砂的表观密度。

（1）主要仪器设备

1）天平:称量 1 000 g,感量 1 g。

2）容量瓶:容量 500 mL。

3）烘箱温度控制范围为(105 ± 5)℃。

4）干燥器、浅盘、铝制料勺、温度计等。

（2）试样制备

经缩分后不少于 650 g 的样品装入浅盘,在温度为(105 ± 5)℃的烘箱中烘干至恒重,并在干燥器内冷却至室温。

（3）筛分析试验步骤

1）称取烘干的试样 300 g(m_0),装入盛有半瓶冷开水的容量瓶中。

2）摇转容量瓶,使试样在水中充分搅动以排除气泡,塞紧瓶塞,静置 24 h；然后用滴管加水至瓶颈刻度线平齐,再塞紧瓶塞,擦干容量瓶外壁的水分,称其质量(m_1)。

3）倒出容量瓶中的水和试样,将瓶的内外壁洗净,再向瓶内加入与步骤 2)水温相差不超过 2℃的冷开水至瓶颈刻度线。塞紧瓶塞,擦干容量瓶外壁水分,称质量(m_2)。

注:在砂的表观密度试验过程中应测量并控制水的温度,试验的各项称量可在 15 ~ 25℃的温度范围内进行。从试样加水静置的最后起直至试验结束,其温度相差不应超过 2℃。

（4）试验结果计算

表观密度(标准法)应按下式计算,精确至 10 kg/m³:

$$\rho = \left(\frac{m_0}{m_0 + m_2 - m_1} - \alpha_t \right) \times 1\ 000 \tag{4-34}$$

式中:ρ——表观密度,kg/m³;

m_0——试样的烘干质量,g;

m_1——试样、水及容量瓶总质量,g;

m_2——水及容量瓶总质量,g;

α_t——水温对砂的表观密度影响的修正系数,见表 4-39。

表 4-38 不同水温对砂的表观密度影响的修正系数

水温/℃	15	16	17	18	19	20
α_t	0.002	0.003	0.003	0.004	0.004	0.005
水温/℃	21	22	23	24	25	—
α_t	0.005	0.006	0.006	0.007	0.008	—

以两次试验结果的算术平均值作为测定值。当两次结果之差大于 20 kg/m³时,应重新取样进行试验。

4.9.1.5　砂的含水率试验(标准法)

本方法适用于测定砂的含水率。

(1)主要仪器设备

1)烘箱:温度控制范围为(105 ± 5)℃;

2)天平:称量 1 000 g,感量 1 g;

3)容器:如浅盘等。

(2)试验步骤

由密封的样品中取各重 500 g 的试样两份,分别放入已知质量的干燥容器(m_1)中称重,记下每盘试样与容器的总重(m_2)。将容器连同试样放入温度为(105 ± 5)℃ 的烘箱中烘干至恒重,称量烘干后的试样与容器的总质量(m_3)。

(3)试验结果计算

砂的含水率(标准法)按下式计算,精确至 0.1%。

$$w_{WC} = \frac{m_2 - m_3}{m_3 - m_1} \times 100\% \tag{4-35}$$

式中:w_{WC}——砂的含水率,%;

$\quad m_1$——容器质量,g;

$\quad m_2$——未烘干的试样与容器的总质量,g;

$\quad m_3$——烘干后的试样与容器的总质量,g。

以两次试验结果的算术平均值作为测定值。

4.9.1.6　碎石或卵石的筛分析试验

本方法适用于测定碎石或卵石的颗粒级配。

(1)主要仪器设备

1)试验筛:筛孔公称直径为 100.0 mm、80.0 mm、63.0 mm 、50.0 mm 、40.0 mm 、31.5 mm 、25.0 mm 、20.0 mm 、16.0 mm 、10.0 mm 、5.00 mm 和 2.50 mm 的方孔筛以及筛的底盘和盖各一只,其规格和质量要求应符合现行国家标准《金属穿孔板试验筛》GB/T 6003.2—1997 的要求,筛框直径为 300 mm。

2)天平和秤:天平的称量 5 kg,感量 5 g;秤的称量 20 kg,感量 20 g。

3)烘箱温度控制范围为(105 ± 5)℃。

4)浅盘。

(2)试样制备

试验前,应将样品缩分至表 4-40 所规定的试样最少质量,并烘干或风干后备用。

表 4-40　筛分析所需试样的最少质量

公称粒径/mm	10.0	16.0	20.0	25.0	31.5	40.0	63.0	80.0
试样最少质量/kg	2.0	3.2	4.0	5.0	6.3	8.0	12.6	16.0

（3）筛分析试验步骤

1）按表4-39的规定称取试样。

2）将试样按筛孔大小顺序过筛，当每只筛上的筛余层厚度大于试样的最大粒径值时，应将该筛上的筛余试样分成两份，再次进行筛分，直至各筛每分钟的通过量不超过试样总量的0.1%；当筛余试样的颗粒粒径比公称粒径大20 mm以上时，在筛分过程中，允许用手拨动颗粒。

3）称取各筛筛余的质量，精确至试样总质量的0.1%。各筛的分计筛余量和筛底剩余量的总和与筛分前测定的试样总量相比，其相差不得超过1%。

（4）筛分析试验结果计算

1）计算分计筛余（各筛上筛余量除以试样的百分率），精确至0.1%。

2）计算累计筛余（该筛的分计筛余与筛孔大于该筛的各筛的分计筛余百分率之总和），精确至1%。

3）根据各筛的累计筛余，评定该试样的颗粒级配。

4.9.1.7 碎石或卵石的含水率试验

方法适用于测定碎石或卵石的含水率。

（1）主要仪器设备

1）温度控制范围为(105 ± 5)℃。

2）天平：称量20 kg，感量20 g。

3）容器：如浅盘等。

（2）试验步骤

按表4-37的要求称取试样，分成两份备用；将试样置于干净的容器中，称取试样和容器的总质量(m_1)，并在(105 ± 5)℃的烘箱中烘干至恒重；取出试样，冷却后称取试样与容器的总质量(m_2)，并称取容器的质量(m_3)。

（3）试验结果计算

含水率w_{WC}应按下式计算，精确至0.1%：

$$w_{WC} = \frac{m_1 - m_2}{m_2 - m_3} \times 100\% \qquad (4-36)$$

式中：w_{WC}——含水率，%；

m_1——烘干前试样与容器总质量，g；

m_2——烘干后试样与容器总质量，g；

m_3——容器质量，g。

以两次试验结果的算术平均值作为测定值。

4.9.1.8 碎石或卵石的表观密度试验（标准法）

本方法适用于测定碎石或卵石的表观密度。

（1）主要仪器设备

1）液体天平：称量5 kg，感量5 g，其型号及尺寸应能允许在臂上悬挂盛试样的吊篮，并在水中称重，见图4-6。

2）吊篮：直径和高度均为150 mm，由孔径为1~2 mm的筛网或钻有孔径为2~3 mm孔

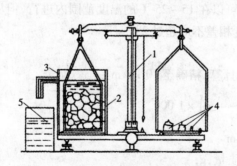

图 4-6 液体天平

1—5 kg 天平;2—吊篮;3—带有溢流孔的金属容器;

4—砝码;5—容器

洞的耐锈蚀金属板制成。

3)盛水容器:有溢流孔。

4)烘箱:温度控制范围为(105±5)℃。

5)试验筛:筛孔公称直径为 5.00 mm 的方孔筛一只。

6)温度计:0～100℃。

7)带盖容器、浅盘、刷子和毛巾等。

（2）试样制备

试验前,将样品筛除公称粒径 5.00 mm 以下的颗粒,并缩分至略大于两倍于表 4-41 所规定的最少质量,冲洗干净后分成两份备用。

表 4-41 表观密度试验所需的试样最少质量

最大公称粒径/mm	10.0	16.0	20.0	25.0	31.5	40.0	63.0	80.0
试样最少质量/kg	2.0	2.0	2.0	2.0	3.0	4.0	6.0	6.0

（3）试验步骤

1)按表 4-40 的规定称取试样。

2)取试样一份装入吊篮,并浸入盛水的容器中,水面至少高出试样 50 mm。

3)浸水 24 h 后,移放到称量用的盛水容器中,并用上下升降吊篮的方法排除汽泡(试样不得露出水面)。吊篮每升降一次约为 1 s,升降高度为 30～50 mm。

4)测定水温(此时吊篮应全浸在水中),用天平称取吊篮及试样在水中的质量(m_2)。称量时盛水容器中水面的高度由容器的溢流孔控制。

5)提起吊篮,将试样置于浅盘中,放入(105±5)℃的烘箱中烘干至恒重;取出来放在带盖的容器中冷却至室温后,称重(m_0)。

注:恒重是指相邻两次称量间隔时间不小于 3 h 的情况下,其前后两次称量之差小于该项试验所要求的称量精度。下同。

6)称取吊篮在同样温度的水中质量(m_1),称量时盛水容器的水面高度仍应由溢流口控制。

注：试验的各项称重可以在 15～25 ℃的温度范围内进行，但从试样加水静置的最后 2 h 起直至试验结束，其温度相差不应超过 2℃。

（3）试验结果计算

表现密度 ρ 应按下式计算，精确至 10 kg/m³：

$$\rho = \left(\frac{m_0}{m_0 + m_1 - m_2} - \alpha_t \right) \times 1\ 000 \tag{4-37}$$

式中：ρ——表观密度，kg/m³；

$\quad m_0$——试样的烘干质量，g；

$\quad m_1$——吊篮在水中的质量，g；

$\quad m_2$——吊篮及试样在水中的质量，g；

$\quad \alpha_t$——水温对表现密度影响的修正系数，见表4-38。

以两次试验结果的算术平均值作为测定值。当两次结果之差大于 20 kg/m³时，应重新取样进行试验。对颗粒材质不均匀的试样，两次试验结果之差大于 20 kg/m³时，可取四次测定结果的算术平均值作为测定值。

4.9.2　混凝土拌和物性能的检验

4.9.2.1　试验依据

《普通混凝土拌和物性能试验方法标准》（GB/T 50080—2002）。

4.9.2.2　取样及试样的制备

（1）取样

1）同一组混凝土拌和物的取样应从同一盘混凝土或同一车混凝土中取样。取样量应多于试验所需量的 1.5 倍，且宜不小于 20 L。

2）混凝土拌和物的取样应具有代表性，宜采用多次采样的方法。一般在同一盘混凝土或同一车混凝土中的约 1/4 处、1/2 处和 3/4 处之间分别取样，从第一次取样到最后一次取样不宜超过 15 min，然后人工搅拌均匀。

3）从取样完毕到开始做各项性能试验不宜超过 5 min 。

（2）试样的制备

1）在试验室制备混凝土拌和物时，拌和时试验室的温度应保持在（20±5）℃，所用材料的温度应与试验室温度保持一致。

注：需要模拟施工条件下所用的混凝土时，所用原材料的温度宜与施工现场保持一致。

2）试验室拌和混凝土时，材料用量应以质量计。称量精度：骨料为 ±1%；水、水泥、掺和料、外加剂均为 ±0.5% 。

3）混凝土拌和物的制备应符合《普通混凝土配合比设计规程》（JGJ 55—2011）中的有关规定。

4）从试样制备完毕到开始做各项性能试验不宜超过 5 min。

4.9.2.3　稠度试验

（1）坍落度与坍落扩展度法

1）本方法适用于骨料最大粒径不大于 40 mm 、坍落度不小于 10 mm 的混凝土拌和物稠度测定。

2）坍落度与坍落扩展度试验所用的混凝土坍落度仪应符合《混凝土坍落度仪》（JG 3021—1994）中有关技术要求的规定。

3）坍落度与坍落扩展度试验应按下列步骤进行。

①湿润坍落度筒及底板，在坍落度筒内壁和底板上应无明水。底板应放置在坚实水平面上，并把筒放在底板中心，然后用脚踩住两边的脚踏板，坍落度筒在装料时应保持固定的位置。

②把按要求取得的混凝土试样用小铲分三层均匀地装入筒内，使捣实后每层高度为筒高的三分之一左右。每层用捣棒插捣 25 次。插捣应沿螺旋方向由外向中心进行，各次插捣应在截面上均匀分布。插捣筒边混凝土时，捣棒可以稍稍倾斜。插捣底层时，捣棒应贯穿整个深度，插捣第二层和顶层时，捣棒应插透本层至下一层的表面；浇灌顶层时，混凝土应灌到高出筒口。插捣过程中，如混凝土沉落到低于筒口，则应随时添加。顶层插捣完后，刮去多余的混凝土，并用抹刀抹平。

③清除筒边底板上的混凝土后，垂直平稳地提起坍落度筒。坍落度筒的提离过程应在 5～10 s 内完成；从开始装料到提坍落度筒的整个过程应不间断地进行，并应在 150 s 内完成。

④提起坍落度筒后，测量筒高与坍落后混凝土试体最高点之间的高度差，即为该混凝土拌和物的坍落度值；坍落度筒提离后，如混凝土发生崩坍或一边剪坏现象，则应重新取样另行测定；如第二次试验仍出现上述现象，则表示该混凝土和易性不好，应予记录备查。

⑤观察坍落后的混凝土试体的黏聚性及保水性。黏聚性的检查方法是用捣棒在已坍落的混凝土锥体侧面轻轻敲打，此时如果锥体逐渐下沉，则表示黏聚性良好，如果锥体倒塌、部分崩裂或出现离析现象，则表示黏聚性不好。保水性以混凝土拌和物稀浆析出的程度来评定，坍落度筒提起后如有较多的稀浆从底部析出，锥体部分的混凝土也因失浆而骨料外露，则表明此混凝土拌和物的保水性能不好；如坍落度筒提起后无稀浆或仅有少量稀浆自底部析出，则表示此混凝土拌和物保水性良好。

⑥当混凝土拌和物的坍落度大于 220 mm 时，用钢尺测量混凝土扩展后最终的最大直径和最小直径，在这两个直径之差小于 50 mm 的条件下，用其算术平均值作为坍落扩展度值；否则，此次试验无效。

如果发现粗骨料在中央集堆或边缘有水泥浆析出，表示此混凝土拌和物抗离析性不好，应予记录。

4）混凝土拌和物坍落度和坍落扩展度值以 mm 为单位，测量精确至 1 mm，结果表达修约至 5 mm。

（2）维勃稠度法

1）本方法适用于骨料最大粒径不大于 40 mm，维勃稠度在 5～30 s 之间的混凝土拌和物稠度测定。坍落度不大于 50 mm 或干硬性混凝土和维勃稠度大于 30 s 的特干硬性混凝土拌和物的稠度。

2）维勃稠度试验所用维勃稠度仪应符合《维勃稠度仪》（JG 3043—1997）中技术要求的

规定,见图4-9。

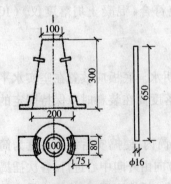

图 4-7   标准坍落度筒(单位:mm)

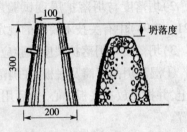

图 4-8   坍落度试验(单位:mm)

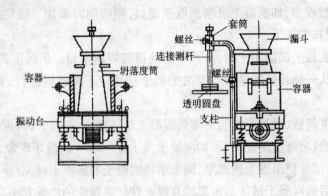

图 4-9   维勃稠度仪

3)维勃稠度试验应按下列步骤进行:

①维勃稠度仪应放置在坚实水平面上,用湿布把容器、坍落度筒、喂料斗内壁及其他用具润湿;

②将喂料斗提到坍落度筒上方扣紧,校正容器位置,使其中心与喂料中心重合,然后拧紧固定螺丝;

③把按要求取样或制作的混凝土拌和物试样用小铲分三层经喂料斗均匀地装入筒内,装料及插捣的方法应符合4.9.2.3(1)中3)的规定;

④把喂料斗转离,垂直地提起坍落度筒,此时应注意不使混凝土试体产生横向的扭动;

⑤把透明圆盘转到混凝土圆台体顶面,放松测杆螺钉,降下圆盘,使其轻轻接触到混凝土顶面;

⑥拧紧定位螺钉,并检查测杆螺钉是否已经完全放松;

⑦在开启振动台的同时用秒表计时,当振动到透明圆盘的底面被水泥浆布满的瞬间停止计时,并关闭振动台。

4)由秒表读出时间即为该混凝土拌和物的维勃稠度值,精确至1 s。

4.9.3　混凝土力学性能的检验

4.9.3.1　试验依据

《普通混凝土力学性能试验方法标准》(GB/T 50081—2002)。

4.9.3.2　试件的制作和养护

(1)试件的制作

1)混凝土试件的制作应符合下列规定。

成型前,应检查试模尺寸符合有关规定;试模内表面应涂一薄层矿物油或其他不与混凝土发生反应的脱模剂。在试验室拌制混凝土时,其材料用量应以质量计,称量的精度:水泥、掺和料、水和外加剂为 ±0.5%;骨料为 ±1%。取样或试验室拌制的混凝土应在拌制后尽短的时间内成型,一般不宜超过 15 min。根据混凝土拌和物的稠度确定混凝土成型方法,坍落度不大于 70 mm 的混凝土宜用振动振实;大于 70 mm 的宜用捣棒人工捣实;检验现浇混凝土或预制构件的混凝土,试件成型方法宜与实际采用的方法相同。

2)混凝土试件制作应按下列步骤进行。

取样或拌制好的混凝土拌和物应至少用铁锹再来回拌和三次并按标准选择成型方法成型。

①用振动台振实制作试件应按下述方法进行。

将混凝土拌和物一次装入试模,装料时应用抹刀沿各试模壁插捣,并使混凝土拌和物高出试模口;试模应附着或固定在符合要求的振动台上,振动时试模不得有任何跳动,振动应持续到表面出浆为止;不得过振。

②用人工插捣制作试件应按下述方法进行。

混凝土拌和物应分两层装入模内,每层的装料厚度大致相等;插捣应按螺旋方向从边缘向中心均匀进行。在插捣底层混凝土时,捣棒应达到试模底部;插捣上层时,捣棒应贯穿上层后插入下层 20~30 mm;插捣时捣棒应保持垂直,不得倾斜。然后应用抹刀沿试模内壁插拔数次;每层插捣次数按在 10 000 mm² 截面积内不得少于 12 次;插捣后应用橡皮锤轻轻敲击试模四周,直至插捣棒留下的空洞消失为止。

③用插入式振捣棒振实制作试件应按下述方法进行。

将混凝土拌和物一次装入试模,装料时应用抹刀沿各试模壁插捣,并使混凝土拌和物高出试模口;宜用直径为 φ25 mm 的插入式振捣棒,插入试模振捣时,振捣棒距试模底板 10~20 mm 且不得触及试模底板,振动应持续到表面出浆为止,且应避免过振,以防止混凝土离析;一般振捣时间为 20 s。振捣棒拔出时要缓慢,拔出后不得留有孔洞。刮除试模上口多余的混凝土,待混凝土临近初凝时,用抹刀抹平。

(2)试件的养护

1)试件成型后应立即用不透水的薄膜覆盖表面。

2)采用标准养护的试件,应在温度为(20±5)℃的环境中静置一昼夜至二昼夜,然后编号、拆模。拆模后应立即放入温度为(20±2)℃,相对湿度为95%以上的标准养护室中养护,或在温度为(20±2)℃的不流动的 Ca(OH)₂ 饱和溶液中养护。标准养护室内的试件应放在支架上,彼此间隔(10~20)mm,试件表面应保持潮湿,并不得被水直接冲淋。

　　3)同条件养护试件的拆模时间可与实际构件的拆模时间相同,拆模后,试件仍需保持同条件养护。

　　4)标准养护龄期为 28 d(从搅拌加水开始计时)。

4.9.3.3　抗压强度试验

　　1)本方法适用于测定混凝土立方体试件的抗压强度。

　　2)混凝土试件的尺寸应符合本标准的有关规定。

　　3)试验采用的试验设备应符合下列规定。

　　混凝土立方体抗压强度试验所采用压力试验机应符合相关标准的规定。混凝土强度等级≥C60 时,试件周围应设防崩裂网罩。

　　4)立方体抗压强度试验步骤应按下列方法进行。

　　①试件从养护地点取出后应及时进行试验,将试件表面与上下承压板面擦干净。

　　②将试件安放在试验机的下压板或垫板上,试件的承压面应与成型时的顶面垂直。试件的中心应与试验机下压板中心对准,开动试验机,当上压板与试件或钢垫板接近时,调整球座,使接触均衡。

　　③在试验过程中应连续均匀地加荷,混凝土强度等级 < C30 时,加荷速度取每秒钟 0.3~0.5 MPa;混凝土强度等级≥C30 且 < C60 时,取每秒钟 0.5~0.8 MPa;混凝土强度等级≥C60 时,取每秒钟 0.8~1.0 MPa。

　　④当试件接近破坏开始急剧变形时,应停止调整试验机油门,直至破坏。然后记录破坏荷载。

　　5)立方体抗压强度试验结果计算及确定按下列方法进行。

　　①混凝土立方体抗压强度应按下式计算:

$$f_{cc} = \frac{F}{A} \tag{4-38}$$

式中:f_{cc}——混凝土立方体试件抗压强度,MPa;

　　　F——试件破坏荷载,N;

　　　A——试件承压面积,mm^2。

　　混凝土立方体抗压强度计算应精确至 0.1 MPa。

　　②强度值的确定应符合下列规定。

　　三个试件测值的算术平均值作为该组试件的强度值(精确至 0.1 MPa);三个测值中的最大值或最小值中如有一个与中间值的差值超过中间值的 15% 时,则把最大及最小值一并舍除,取中间值作为该组试件的抗压强度值;如最大值和最小值与中间值的差均超过中间值的 15%,则该组试件的试验结果无效。

　　③混凝土强度等级 < C60 时,用非标准试件测得的强度值均应乘以尺寸换算系数,其值为对 200 mm × 200 mm × 200 mm 试件为 1.05;对 100 mm × 100 mm × 100 mm 试件为 0.95。当混凝土强度等级≥C60 时,宜采用标准试件;使用非标准试件时,尺寸换算系数应由试验确定。

应用案例与发展动态

案例1:某建筑工程为剪力墙结构,采用商品混凝土,设计强度等级为C30,坍落度要求180 mm,正常情况下,该施工季节混凝土浇筑10 h后拆模。在浇筑七层梁板墙混凝土10 h后拆模时发现,局部混凝土呈塑性从拆模处流出,施工人员停止拆模并将此情况上报给工程项目部,项目部负责人通知混凝土搅拌站技术人员现场查看并分析原因及提出处理方案。此时,上层钢筋已绑扎并开始支模,按监理要求全部拆除以免留下质量隐患。

原因分析:

1)一般情况下混凝土的终凝时间为10~12 h,而拆模时混凝土呈塑性,说明混凝土出现缓凝,这种现象可能是混凝土缓凝的原因。

2)混凝土搅拌站技术人员现场查看,发现浇筑部位底部有较多的棕色水泥浆,说明混凝土外加剂出现了超掺的可能性较大,是造成缓凝的原因。

3)技术人员据此查看了当时的混凝土搅拌记录,未发现配合比异常且问题混凝土出现在局部,其后的混凝土正常,怀疑外加剂加注到其料称的电磁阀瞬时未关闭的可能性较大。

4)之后经观察,该部位混凝土在72 h左右开始终凝,在查阅大量文献的基础上,认为混凝土的强度不受影响,28 d之后取样检测符合设计要求,以此为训,应加强设备管理,避免再次发生。

案例2:某紧邻海边的海景房,建筑层数为34层,当浇筑完十层梁板混凝土终凝后,发现楼板混凝土出现不规则的裂纹,长短不等、深浅不一,个别地方出现上下贯通的透缝,此时正值炎热的暑期,混凝土强度等级为C40,坍落度200 mm,试分析产生的原因并提出解决办法。

原因分析:

1)混凝土浇筑后出现裂缝的原因较多,如:砂子含泥量高;混凝土用水量过高出现混凝土离析;浇筑混凝土时温度过高,造成混凝土上部与内部失水不同,致混凝土收缩不同的开裂;混凝土加荷过早;模板下沉等均可出现裂纹。

2)在分析出现裂纹的原因后,对原材料、配合比、生产过程进行追溯,未发现异常,而施工现场模板未下沉也未过早加荷。

3)由于该工程位于海边高层,当时气温较高且风大,表面无塑料薄膜覆盖,导致混凝土失水较快,内外不同时收缩导致开裂。因此,建议施工单位加强薄膜覆盖后的混凝土未出现上述现象,保证了混凝土的质量。

思 考 题

1.什么是混凝土?混凝土为什么能在工程中得到广泛应用?

2.混凝土的各组成材料在混凝土硬化前后都起什么作用?

3.配制混凝土时应如何选择水泥的品种及强度等级?

4.砂、石骨料的粗细程度与颗粒级配如何评定?有何实际意义?

5. 混凝土拌和物的和易性的含义是什么？受哪些因素影响？在施工中可采用哪些措施来改善和易性？

6. 与配制混凝土时,采用合理砂率有何技术经济意义？

7. 区别立方体抗压强度、立方体抗压强度标准值、强度等级和轴心抗压强度的含义。

8. 影响混凝土强度的因素有哪些？采用哪些措施可提高混凝土的强度？

9. 引起混凝土产生变形的因素有哪些？采用什么措施可减小混凝土的变形？

10. 简述混凝土耐久性的概念？它包括哪些内容？工程中如何保证混凝土的耐久性？

11. 混凝土配合比设计时,应使混凝土满足哪些基本要求？

12. 混凝土配合比设计时的三个基本参数是什么？怎样确定？

13. 当按初步配合比配制的混凝土流动性及强度不能满足要求时,应如何调整？

14. 什么叫减水剂？减水机理是什么？在混凝土中掺入减水剂有何技术经济效果？

15. 常用的早强剂、引气剂有哪些？简述它们的作用机理。

16. 高性能混凝土的物理力学性能与普通混凝土相比,有何特点？

5　建筑砂浆

学习目标

- 掌握砂浆和易性的概念、技术要求;水泥混合砂浆的配合比设计方法等。
- 熟悉预拌砂浆的分类;聚合物砂浆、砌筑砂浆的组成材料要求。
- 了解抹面砂浆、防水砂浆的组成、技术性能及应用。

建筑砂浆是由胶凝材料、细集料、掺和料、水以及根据性能确定的各种组分按适当比例配合、拌制并经硬化而成的工程材料。分为施工现场拌制的砂浆或由专业生产厂生产的预拌砂浆。建筑砂浆实为无粗骨料的混凝土。在建筑施工过程中,主要用作砌筑、抹灰、灌缝和粘贴饰面的材料。按用途不同,建筑砂浆分为砌筑砂浆、抹面砂浆(如装饰砂浆、普通抹面砂浆、防水砂浆等)及特种砂浆(如绝热砂浆、耐酸砂浆等)。按胶凝材料不同,建筑砂浆可分为水泥砂浆(由水泥、细骨料和水配制而成的砂浆)、水泥混合砂浆(由水泥、细骨料、掺加料和水配制的砂浆)、石灰砂浆、聚合物砂浆等。

随着我国建筑业技术进步和文明施工要求的提高,取消现场拌制砂浆,采用工业化生产的预拌砂浆势在必行。2007 年 6 月 6 日,商务部、建设部等 6 部委联合发布了《关于在部分城市限期禁止现场搅拌砂浆工作的通知》,要求自 2007 年 9 月 1 日至 2009 年 7 月 1 日期间,全国 127 个城市分 3 批实现禁止施工现场使用水泥搅拌砂浆。《预拌砂浆》(GB/T 25181—2010)于 2011 年 8 月 1 日起实施。

5.1　预拌砂浆

5.1.1　预拌砂浆的分类

预拌砂浆根据砂浆的生产方式可分为湿拌砂浆和干混砂浆两大类。湿拌砂浆是由水泥、细集料、矿物掺和料、外加剂、添加剂和水,按一定比例,在搅拌站经计量、拌制后,采用搅拌运输车运送至使用地点,并在规定时间内使用完毕的拌和物。干混砂浆是由水泥、干燥骨料、添加剂以及根据性能确定的各种组分,按一定比例,在专业生产厂经计量、混合而成的混合物,在使用地点按规定比例加水或配套液体拌和使用的干混拌和物。

湿拌砂浆包括湿拌砌筑砂浆、湿拌抹灰砂浆、湿拌地面砂浆和湿拌防水砂浆四种。干混砂浆又分为干混砌筑砂浆、干混抹灰砂浆、干混地面砂浆和干混普通防水砂浆;干混陶瓷砖黏结砂浆、干混界面处理砂浆、干混保温板黏结砂浆、干混聚合物水泥防水砂浆、干混自流平砂浆、干混耐磨地坪砂浆、干混饰面砂浆。

5.1.2　强度等级

普通预拌砂浆根据抗压强度划分强度等级,见表5-1。

表 5-1　普通预拌砂浆的强度等级

项目	湿拌砌筑砂浆	湿拌抹灰砂浆	湿拌地面砂浆	湿拌防水砂浆
强度等级	M5、M7.5、M10、M15、M20、M25、M30	M5、M10、M15、M20、	M15、M20、M25	M10、M15、M20、

5.1.3　黏结强度

抹灰砂浆、普通防水砂浆的拉伸黏结强度 $i > 0.20$ MPa,但对于 M5 抹灰砂浆,由于砂浆抗压强度较低,并且大部分用于室内,故规定其拉伸黏结强度 $i \geqslant 0.15$ MPa。

5.1.4　凝结时间

普通干混砂浆是在现场加水拌和的,可随用随拌,不需要储存太长时间,因而规定其凝结时间为 3 ~ 9 h。

5.2　砌筑砂浆

砌筑砂浆在建筑工程用量很大。砌筑砂浆的主要作用,是将分散着的块状材料黏结为一个整体,将作用于上层块状材料的荷载均匀的向下传递,提高砌体的强度及稳定性。砂浆可填充墙板、楼板、块体材料之间的缝隙,提高建筑物的保温、隔音、防潮等性能。

5.2.1　砌筑砂浆的组成材料

(1)水泥

常用水泥品种有通用硅酸盐水泥或砌筑水泥。水泥强度等级应根据使用砂浆品种及强度等级要求来选择。

不同品种的水泥不得混用。水泥的强度等级要求:用于 M15 及以下强度等级的砌筑砂浆宜选用 32.5 级的通用硅酸盐水泥或砌筑水泥;用于 M15 以上强度等级的砌筑砂浆宜选用 42.5 级的通用硅酸盐水泥。1 m³ 水泥砂浆中水泥的用量不低于 200 kg,1 m³ 水泥混合砂浆中水泥与掺和料的总量为 350 kg。1 m³ 预拌砌筑砂浆中胶凝材料的总量不低于 200 kg。

(2)掺加料

常用掺加料有石灰膏、磨细的生石灰粉、黏土膏、粉煤灰、电石膏、沸石粉等无机材料,以改善砂浆的和易性,节约水泥,利用工业废渣,有利于环境保护。

用于砂浆中的生石灰粉要配成石灰膏,而且至少陈伏 2 d。石灰膏和黏土膏必须配制成稠度为(120 ± 5)mm 的膏状体,并用 3 mm × 3 mm 的丝网过滤。严禁使用已经干燥、冻结、污染及脱水硬化的石灰膏。消石灰粉因未充分熟化,颗粒太粗,起不到改善和易性的效果,因此不得直接用于砌筑砂浆中。

粉煤灰的技术指标必须符合国标《用于水泥和混凝土中的粉煤灰》(GB/T 1596—2005)的规定和要求,粒化高炉矿渣粉的技术指标必须符合国标《用于水泥和混凝土中的粒化高炉矿渣粉》(GB/T 18046—2008)的规定和要求。

(3)砂

选用洁净的河砂或符合要求的山砂、细砂、人工砂,并且应过筛。砂中不得含有草根、树叶、泥土和泥块等杂质。砂子的技术要求如杂质含量、粗细程度、级配状态、体积稳定性等,应符合《建设用砂》(GB/T 14684—2011)中的规定。黏结烧结普通砖的砂浆宜采用中砂,最大粒径不大于砂浆层厚度的1/4(2.5 mm);毛石砌体宜用粗砂,最大粒径应小于砂浆厚度的1/5~1/4。砂的含泥量一般不得超过5%,因为砂中含泥量过大,不但会增加砂浆的水泥用量,还可能使砂浆的收缩值增大、耐水性降低,影响砌筑质量。

(4)外加剂

外加剂是指在拌制砂浆的过程中掺入,用以改善砂浆性能的物质。如松香皂、微沫剂等有机塑化剂。外加剂应具有法定检测机构出具的砌体强度型式检验报告,并经砂浆性能试验合格后方可使用。

(5)水

水的质量指标应符合《混凝土拌和用水标准》(JGJ 63—2006)中规定:选用不含有害杂质的洁净水。

5.2.2 砌筑砂浆的技术性质

砌筑砂浆的技术性质,包括新拌砂浆的和易性、硬化后砂浆的强度和黏结力,以及抗冻性、收缩值等指标。

5.2.2.1 新拌砂浆的和易性

和易性是指新拌制的砂浆拌和物的工作性,即在施工中易于操作而且能保证工程质量的性质,包括流动性和保水性两方面。和易性好的砂浆,在运输和操作时,不会出现分层、泌水等现象,而且容易在粗糙的砖、石、砌块表面上铺成均匀、薄薄的一层,保证灰缝既饱满又密实,能够将砖、砌块、石块很好地黏结成整体。而且可操作的时间较长,有利于施工操作。

(1)流动性

流动性又称为稠度,是指新拌制的砂浆在自重或外力作用下,产生流动的性能,用"沉入度"表示。沉入度指以标准试锥在砂浆内自由沉入10 s时沉入的深度,按《建筑砂浆基本性能试验方法标准》(JGJ/T 70—2009)规定,用砂浆稠度测定仪测定其稠度值(即沉入度,mm),见图5-1。

砂浆的流动性适宜时,可提高施工效率,有利于保证施工质量。砂浆流动性的选择与砌体种类、环境温度及湿度、施工方法等因素有关。若砂浆流动性过大(过稀)时,会增加铺砌难度,且强度下降;砂浆流动性过小(过稠)时,施工困难,不易铺平。砌筑砂浆的稠度应按表5-2的规定选用。

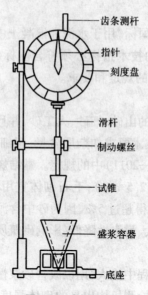

图 5-1 砂浆稠度仪

表 5-2 砌筑砂浆的稠度选择

砌 体 种 类	砂浆稠度/mm
烧结普通砖砌体、粉煤灰砖砌体	70 ~ 90
混凝土砖砌体	
普通混凝土小型空心砌块砌体	60 ~ 90
灰砂砖砌体	
烧结多孔砖砌体	
烧结空心砖砌体	
轻骨料混凝土小型空心砌块砌体	60 ~ 80
蒸压加气混凝土砌块砌体	
石砌体	30 ~ 50

（2）保水性

砂浆的保水性是指砂浆能够保持水分不容易析出的能力，用"保水率"表示。砂浆的保水率越小，则砂浆的保水性越差，可操作性变差。即运输、存放时，砂浆混合物容易分层而不均匀，上层变稀，下层变得干稠。为了提高砂浆的保水性，可以加入掺和料（石灰膏等），配成混合砂浆，或加入塑化剂。保水性良好的砂浆才能形成均匀密实的砂浆胶结层，从而保证砌体具有良好的质量。

《砌筑砂浆配合比设计规程》（JGJ/T 98—2010）中规定砌筑砂浆的保水率应符合表 5-3 的规定。

表 5-3　砌筑砂浆的保水率

砂浆种类	保水率/%
水泥砂浆	≥80
水泥混合砂浆	≥84
预拌砌筑砂浆	≥88

5.2.2.2　硬化砂浆的技术性质

（1）砂浆的强度

砂浆的强度等级是以 70.7 mm×70.7 mm×70.7 mm 的立方体标准试件,在标准条件（温度为(20±2)℃,水泥砂浆的相对湿度≥90%）下养护至 28 d,测得的抗压强度平均值,并考虑具有 95% 的强度保证率而确定的。

砌筑砂浆按抗压强度划分为不同的等级强度,水泥砂浆及预拌砌筑砂浆的强度等级可分为 M5、M7.5、M10、M15、M20、M25、M30;水泥混合砂浆的强度等级可分为 M5、M7.5、M10、M15。

影响砂浆的抗压强度的因素很多,其中主要的影响因素是原材料的性能和用量,以及砌筑层(砖、石、砌块)吸水性,最主要的材料是水泥。砂的质量、掺和材料的品种及用量、养护条件(温度和湿度)都会影响砂浆的强度和强度增长。

1)用于黏结吸水性较小、密实的底面材料(如石材)的砂浆,其强度取决于水泥强度和水灰比,与混凝土类似,计算公式如下:

$$f_{m,0} = 0.29 f_{ce}\left(\frac{C}{W} - 0.4\right) \tag{5-1}$$

式中:$f_{m,0}$——砂浆 28 d 的抗压强度,MPa;

　　　f_{ce}——水泥的实测强度,MPa;

　　　C/W——灰水比。

2)用于黏结吸水性较大的底面材料(如砖、砌块)的砂浆,砂浆中一部分水分会被底面吸收,由于砂浆必须具有良好的和易性,因此,不论拌和时用多少水,经底层吸水后,留在砂浆中的水分大致相同,可视为常量。在这种情况下,砂浆的强度取决于水泥强度和水泥用量,可不必考虑水灰比;可用下面经验公式:

$$f_{m,0} = \frac{\alpha f_{ce} Q_C}{1\,000} + \beta \tag{5-2}$$

式中:$f_{m,0}$——砂浆的试配强度,MPa;

　　　f_{ce}——水泥的实测强度,MPa;

　　　Q_C——每立方米砂浆中的水泥用量,kg;

　　　α、β——砂浆的特征系数,$\alpha = 3.03$,$\beta = -15.09$,也可由当地的统计资料计算($n \geq 30$)获得。

（2）黏结力

砖石砌体是靠砂浆把块状的砖、石材料黏结成为坚固的整体。因此,为保证砌体的强度、耐久性及抗震性等,要求砂浆与基层材料之间要有足够的黏结力。一般来说,砂浆的抗压强度越高,它与基层的黏结力也越大,另外粗糙的、洁净的、湿润的表面,黏结力较好,养护良好的砂浆,其黏结力更好。

(3)抗冻性

有抗冻性要求的砌体工程,砌筑砂浆应进行冻融试验,其结果必须满足:设计试件的质量损失率不大于5%,抗压强度的损失率不大于25%。

5.2.3 砌筑砂浆的配合比设计

砂浆配合比用每立方米砂浆中各种材料的用量来表示。可以从砂浆配合比速查手册查得,也可以按行标《砌筑砂浆配合比设计规程》(JGJ/T 98—2010)中的设计方法进行计算。但都必须用试验验证其技术性能,应达到设计要求。

5.2.3.1 初步配合比的确定

水泥砂浆和水泥混合砂浆的初步配合比,按不同方法确定。

1. 现场配制水泥混合砂浆的初步配合比设计

(1)确定试配强度 $f_{m,0}$

$$f_{m,0} = kf_2 \tag{5-3}$$

式中:$f_{m,0}$——砂浆的试配强度,MPa(应精确至0.1 MPa);

f_2——砂浆强度等级值,MPa(应精确至0.1 MPa);

k——系数,按表5-4取值

表5-4 砂浆强度标准差 σ 及 k

砂浆强度等级 施工水平	强度标准差 σ /MPa							k
	M5	M7.5	M10	M15	M20	M25	M30	
优良	1.00	1.50	2.00	3.00	4.00	5.00	6.00	1.15
一般	1.25	1.88	2.50	3.75	5.00	6.25	7.50	1.20
较差	1.50	2.25	3.00	4.50	6.00	7.50	9.00	1.25

当有统计资料时,砂浆现场强度标准差 σ 按下式计算:

$$\sigma = \sqrt{\frac{\sum\limits_{i=1}^{n} f_{m,i}^2 - n\mu_{f_m}^2}{n-1}} \tag{5-4}$$

式中:$f_{m,i}$——统计周期内同一品种砂浆第 i 组试块的强度,MPa;

μ_{f_m}——统计周期内同一品种砂浆 n 组试块强度的平均值,MPa;

n——统计周期内同一品种砂浆试块的总组数,$n \geq 25$。

当不具有近期统计资料时,现场强度标准差可从表5-4中选用。

(2)水泥用量的计算 Q_C

1)每立方米砂浆中水泥的用量按下式计算:

$$Q_C = \frac{1\,000(f_{m,0} - \beta)}{\alpha f_{ce}} \tag{5-5}$$

式中：Q_C——每立方米砂浆中水泥的用量，kg（应精确至 1 kg）；

　f_{ce}——水泥的实测强度，MPa，应精确至 0.1 MPa；

　α、β——砂浆的特征系数，其中 α 取 3.03，β 取 −15.09。

注：各地区也可采用本地区试验资料确定 α、β 值，统计用的试验组数不得少于 30 组。

2）在无法取得水泥的实测强度时，按下式计算：

$$f_{ce} = \gamma_c \cdot f_{ce,k} \tag{5-6}$$

式中：$f_{ce,k}$——水泥强度等级值，MPa；

　γ_c——水泥强度等级值的富余系数，应按实际统计资料确定，无统计资料时取 1.0。

（3）计算 1 m^3 砂浆中石灰膏的用量 Q_D

$$Q_D = Q_A - Q_C \tag{5-7}$$

式中：Q_D——每立方米砂浆中石灰膏的用量，kg（应精确至 1 kg）；

　Q_C——每立方米砂浆中水泥的用量，kg（应精确至 1 kg）；

　Q_A——每立方米砂浆中水泥与石灰膏的总量，应精确至 1 kg，可为 350 kg。

（4）确定 1 m^3 砂浆中砂用量 Q_s。

每立方米砂浆中砂用量，应按干燥状态（含水量小于 0.5%）时的堆积密度值作为计算值。

（5）选定 1 m^3 砂浆中用水量 Q_w

根据砂浆的稠度及施工现场的气候条件，用水量在 210～310 kg 间选用。

2. 现场配制水泥砂浆初步配合比的设计

对于水泥砂浆，如果按强度要求计算，得到的水泥的用量，往往不能满足和易性要求，因此 JGJ/T 98—2010 规定：各种材料的用量从表 5-5 中参考选用，试配强度按式 5-3 计算。

表 5-5　每立方米水泥砂浆材料用量　　　　　　　　　　　　　　　kg/m^3

强度等级	水泥用量	砂子用量	用水量
M5	200～230		
M7.5	230～260		
M10	260～390		
M15	290～330	砂的堆积密度值	270～330
M20	340～400		
M25	360～410		
M30	430～480		

注：1. M15 及以下强度等级水泥砂浆，水泥强度等级为 32.5；M15 以上强度等级泥砂浆，水泥强度等级为 42.5 级；

2. 当采用细砂或粗砂时，用水量分别取上限或下限，施工现场气候较干燥时，可适当增加用水量。

5.2.3.2　配合比试配、调整和确定

1）采用与工程实际相同的材料和搅拌方法试拌砂浆，按计算或查表所得配合比进行试拌时，应按现行行业标准《建筑砂浆基本性能试验方法标准》（JGJ/T 70—2009）测定砌筑砂浆拌和物的稠度和保水率。当稠度和保水率不能满足要求时，应调整材料用量，直到符合要

求为止,然后确定为试配时的砂浆基准配合比。

2)试配时至少应采用三个不同的配合比,其中一个配合比应为按本规程得出的基准配合比,其余两个配合比的水泥用量应按基准配合比分别增加及减少 10%。

3)砂浆试配时稠度应满足施工要求,并应按现行行业标准《建筑砂浆基本性能试验方法标准》(JGJ/T 70—2009)分别测定不同配合比砂浆的表观密度及强度;并应选定符合试配强度及和易性要求、水泥用量最低的配合比作为砂浆的试配配合比。

5.2.3.3 配合比设计实例

某砌筑工程用水泥石灰混合砂浆,要求砂浆的强度等级为 M5.0,稠度为 70 ~ 90 mm。所用材料:32.5 级的矿渣水泥;28 d 实测强度为 34.0 MPa,中砂,含水率 3%,堆积密度为 1 360 kg/m^3,施工水平一般,试计算砂浆的配合比。

解:(1)计算砂浆试配强度 $f_{m,0}$

根据施工水平一般,查表 5-4 得 $k = 1.2$ 代入式(5-3)得

$$f_{m,0} = kf_2 = 1.2 \times 5 = 6 \text{ MPa}$$

(2)水泥用量的计算 Q_C

把 $\alpha = 3.03, \beta = -15.09, f_{ce} = 34 \text{ MPa}$ 代入式(5-5)

$$Q_C = \frac{1\ 000(f_{m,0} - \beta)}{\alpha f_{ce}} = \frac{1\ 000 \times (6 + 15.09)}{3.03 \times 34} = 205 \text{ kg}$$

(3)计算石灰膏的用量 Q_D

$$Q_D = Q_A - Q_C = 350 - 205 = 145 \text{ kg}$$

(4)计算用砂量 Q_s

每立方米砂浆中砂用量,应按干燥状态时的堆积密度值作为计算值。考虑砂的含水率,实际用砂量。

$$Q_s = 1\ 360 \times (1 + 3\%) = 1\ 401 \text{ kg}$$

(5)得到初步配合比

水泥:石灰膏:砂 = 205:145:1 401 = 1:0.71:6.83

(6)试验

此配合比符合设计要求时不需调整。根据稠度选取合适用水量。

5.3　抹面砂浆

抹面砂浆是涂抹在建筑物或构筑物的表面,既能保护墙体,又具有一定装饰性的建筑材料。根据砂浆的使用功能可将抹面砂浆分为普通抹面砂浆、装饰砂浆、防水砂浆和特种砂浆(如绝热砂浆、防辐射砂浆、吸声砂浆、耐酸砂浆)等。对抹面砂浆要求具有良好的工作性既易于抹成很薄的一层,便于施工,还要有较好的黏结力,保证基层和砂浆层良好黏结,并且不能出现开裂,因此有时加入一些纤维材料(如麻刀、纸筋、有机纤维);有时加入特殊的骨料如陶砂、膨胀珍珠岩等以强化其功能。

5.3.1　普通抹面砂浆

普通抹面砂浆具有保护墙体,延长墙体的使用寿命,兼有一定的装饰效果的作用,其组

成与砌筑砂浆基本相同,但胶凝材料用量比砌筑砂浆多,而且抹面砂浆的和易性要比砌筑砂浆好,黏结力更高。砂浆配合比可以从砂浆配合比速查手册中查得。

为使砂浆层表面平整,不易脱落,抹面砂浆通常分两层或三层进行施工,各层抹灰要求不同,所以各层选用的砂浆也有区别。底层抹灰的作用,是使砂浆与底面能牢固地黏结,因此要求砂浆具有良好的和易性和黏结力,基层面也要求粗糙,以提高与砂浆的黏结力。中层抹灰主要是为了抹平,有时可省去。面层抹灰要求平整光洁,达到规定的饰面要求。抹面砂浆层的总厚度不宜太厚,否则,容易产生两张皮而出现空鼓、脱落的现象。

底层及中层多用水泥混合砂浆。面层多用水泥混合砂浆或掺麻刀、纸筋的石灰砂浆。在潮湿房间、地下建筑及容易碰撞的部位,应采用水泥砂浆。普通抹面砂浆的流动性及骨料最大粒径参见表5-6,其配合比及应用范围可参见表5-7。

表 5-6　砂浆的骨料最大粒径及稠度选择

抹面层	沉入度/mm	砂子的最大粒径/mm
底层	100 ~ 120	2.5
中层	70 ~ 90	2.5
面层	70 ~ 80	1.2

表 5-7　常用抹面砂浆配合比及应用范围

抹面砂浆组成材料	配合比(体积比)	应用范围
石灰:砂	1:3	砖石墙面打底找平(干燥环境)
石灰:砂	1:1	墙面石灰砂浆面层
水泥:石灰:砂	1:1:6	内外墙面混合砂浆打底找平
水泥:石灰:砂	1:0.3:3	墙面混合砂浆面层
水泥:砂	1:2	地面顶棚或墙面水泥砂浆面层
水泥:石膏:砂:锯末	1:1:3:5	吸声粉刷
石灰:麻刀	100:2.5(质量比)	木板条顶棚底层
石灰:麻刀	100:1.3(质量比)	木板条顶棚面层
石灰:纸筋	1 m³ 石灰膏掺 3.6 kg 纸筋	较高级墙面及顶棚

5.3.2　防水砂浆

防水砂浆是具有显著的防水、防潮性能的砂浆,是一种刚性防水材料和堵漏密封材料。一般依靠特定的施工工艺或在普通水泥砂浆中加入防水剂、膨胀剂、聚合物等配制而成。在水泥砂浆中掺入防水剂,可促使砂浆结构密实,堵塞毛细孔,提高砂浆的抗渗能力。适用于不受振动或埋置深度不大、具有一定刚度的防水工程;不适用于易受振动或发生不均匀沉降的部位。防水砂浆通常是在普通水泥砂浆中掺入外加剂,用人工压抹而成。多采用多层施工。而且涂抹前应在湿润的基层表面刮树脂水泥浆;同时加强养护防止干裂,以保证防水层的完整,达到良好的防水效果。防水砂浆的组成材料要求为:

1)水泥选用32.5级以上的微膨胀水泥或普通水泥,适当增加水泥的用量;

2)采用级配良好、较纯净的中砂,灰砂比为1:(1.5～3.0),水灰比为0.5～0.55;

3)选用适用的防水剂。防水剂有无机铝盐类、氯化物金属盐类、金属皂化物类及聚合物。

5.3.3 聚合物水泥砂浆

聚合物水泥砂浆是由水泥、骨料和可以分散在水中的有机聚合物搅拌而成的。聚合物可以是有一种单体聚合而成的均聚物,也可以由两种或更多的单聚体聚合而成的共聚物。最常用的聚合物,有丁苯乳液(SBR)、聚丙烯酸酯(PAE)、聚乙烯醋酸酯(EVA)、丙苯乳液(SAE)等。聚合物必须在环境条件下成膜覆盖在水泥颗粒上,并使水泥机体与骨料形成强有力的黏结。聚合物水泥砂浆具有防水抗渗效果好;黏结强度高,能与结构形成一体;抗腐蚀能力强;耐高湿、耐老化、抗冻性好的特点。

聚合物水泥砂浆,多用于提高装饰砂浆的黏结力、填补混凝土构件的裂缝、抹制耐磨耐蚀的面层。

5.3.4 装饰砂浆

装饰砂浆是一种具有特殊美观装饰效果的抹面砂浆。底层和中层的做法与普通抹面基本相同。面层通常采用不同的施工工艺,选用特殊的材料,得到符合要求的具有不同质感和颜色、花纹、图案效果的面层。常用胶凝材料有石膏、彩色水泥、白水泥或普通水泥,骨料有大理石、花岗岩等带颜色的碎石渣或玻璃、陶瓷碎粒等,常见的装饰砂浆有拉毛、弹涂、水刷石、干粘石、斩假石、喷涂等。

5.3.5 其他特种砂浆

(1)绝热砂浆

采用石灰、水泥、石膏等胶凝材料与膨胀珍珠岩、膨胀蛭石、人造陶粒、陶砂等轻质多孔材料,或采用聚苯乙烯泡沫颗粒,按一定比例配置的砂浆,称为绝热砂浆。绝热砂浆具有质轻、热保温性能好的特点。其导热系数约为0.07～0.10 W/(m·K),可用于屋面绝热层、冷库绝热墙壁及工业窑炉管道的绝热层等处。

(2)膨胀砂浆

在砂浆中加入膨胀剂或使用膨胀水泥配置的膨胀砂浆,具有较好的膨胀性或无收缩性,减少收缩,用于嵌逢、修补、堵漏等工程。

(3)防辐射砂浆

在水泥砂浆中加入重晶石粉、重晶石砂,可配置防射线穿透的防辐射砂浆。其质量比约为水泥:重晶石粉:重晶石砂 =1:0.25:(4～5)。多用于医院的放射室、化疗室等。

(4)吸声砂浆

一般绝热砂浆由轻质多孔骨料制成,除具有良好的保温性能外,还具有良好的吸声性能,所以绝热砂浆也可作为吸声砂浆使用。另外,还可以用水泥、石膏、砂、锯末(体积比为1:1:3:5)配制吸声砂浆,或在石灰、石膏砂浆中掺入玻璃纤维、矿物棉等松软纤维材料来配制吸声砂浆。吸声砂浆用于室内墙壁和吊顶的吸声处理。

5.4　建筑砂浆实验项目

通过实训操作,掌握建筑砂浆稠度、保水性及抗压强度试验方法和操作技能,学会正确使用有关的仪器设备。

5.4.1　试样的制备

5.4.1.1　主要仪器设备

砂浆搅拌机、拌和铁板(约 1.5 m×2 m,厚约 3 mm)、磅秤(称量 50 kg,感量 50 g)、台秤(称量 10 kg,感量 5 g)、拌铲、抹刀、量筒、盛器等。

5.4.1.2　拌和方法

(1)一般规定

1)在试验室制备砂浆拌和物时,所用材料应提前 24 h 运入室内。拌和时试验室的温度应保持在(20±5)℃。

注:需要模拟施工条件下所用的砂浆时,所用原材料的温度宜与施工现场保持一致。

2)试验所用原材料应与现场使用材料一致。砂应通过公称粒径 4.75 mm 筛。

3)试验室拌制砂浆时,材料用量应以质量计。称量精度:水泥、外加剂、掺和料等为±0.5%;砂为±1%。

4)拌制前应将搅拌机、拌和铁板、拌铲、抹刀等工具表面用水润湿,注意拌和铁板上不得有积水。

5)在试验室搅拌砂浆时应采用机械搅拌,搅拌机应符合《试验用砂浆搅拌机》(JG/T 3033)的规定,搅拌的用料量宜为搅拌机容量的 30%～70%,搅拌时间不应少于 120 s。掺有掺和料和外加剂的砂浆,其搅拌时间不应少于 180 s。

(2)机械拌和

1)先拌适量砂浆(应与正式拌和的砂浆配合比相同),使搅拌机内壁黏附一薄层砂浆,使正式拌和时的砂浆配合比成分准确。

2)先称出各材料用量,再将砂、水泥装入搅拌机内。

3)开动搅拌机,将水徐徐加入(混合砂浆须将石灰膏或黏土膏用水稀释至浆状),搅拌时间从加水完毕算起约 3 min。

4)将砂浆拌和物倒在拌和铁板上,用拌铲翻拌两次,使之均匀。拌好的砂浆,应立即进行有关的试验。

5.4.2　砂浆的稠度实验

本方法适用于确定配合比或施工过程中控制砂浆的稠度,以达到控制用水量的目的。

5.4.2.1 主要仪器设备

砂浆稠度仪(如图 5-1 所示),由试锥、容器和支座三部分组成;钢制捣棒(直径 10 mm、长 350 mm,端部磨圆);台秤、拌锅、拌板、量筒、秒表等。

5.4.2.2 实验步骤

1)用少量润滑油轻擦滑杆,再将滑杆上多余的油用吸油纸擦净,使滑杆能自由滑动;

2)用湿布擦净盛浆容器和试锥表面,将砂浆拌和物一次装入容器,使砂浆表面低于容器口约 10 mm 左右。用捣棒自容器中心向边缘均匀地插捣 25 次,然后轻轻地将容器摇动或敲击 5~6 下,使砂浆表面平整,然后将容器置于稠度测定仪的底座上。

3)拧松制动螺丝,向下移动滑杆,当试锥尖端与砂浆表面刚接触时,拧紧制动螺丝,使齿条侧杆下端刚接触滑杆上端,读出刻度盘上的读数(精确至 1 mm)。

4)拧松制动螺丝,同时计时间,10 s 时立即拧紧螺丝,将齿条测杆下端接触滑杆上端,从刻度盘上读出下沉深度(精确至 1 mm),二次读数的差值即为砂浆的稠度值。

5)盛装容器内的砂浆,只允许测定一次稠度,重复测定时,应重新取样测定。

5.4.2.3 结果评定

1)取两次试验结果的算术平均值,精确至 1 mm。

2)如两次试验值之差大于 10 mm,应重新取样测定。

5.4.3 保水性实验

本方法适用于测定砂浆保水性,以判定砂浆拌和物在运输及停放时内部组分的稳定性。

5.4.3.1 主要仪器设备

金属或硬塑料圆环试模;可密封的取样容器;2 kg 的重物;金属滤网;超白滤纸,符合《化学分析滤纸》(GB/T 1914—2007)中速定性滤纸,直径 110 mm,200 .g/m^2;2 片不透水金属片或塑料片;天平;烘箱等。

5.4.3.2 实验步骤

1)称量底部不透水片与干燥试模质量 m_1 和 15 片中速定性滤纸质量 m_2。

2)将砂浆拌和物一次性填入试模,并用抹刀插捣数次,当填充砂浆略高于试模边缘时,用抹刀以 45°角一次性将试模表面多余的砂浆刮去,然后再用抹刀以较平的角度在试模表面反方向将砂浆刮平。

3)抹掉试模边的砂浆,称量试模、底部不透水片与砂浆总质量 m_3。

4)用金属滤网覆盖在砂浆表面,再在滤网表面放上 15 片滤纸,用上部不透水片盖在滤纸表面,以 2 kg 的重物把不透水片压住。

5)静止 2 min 后移走重物及不透水片,取出滤纸(不包括滤网),迅速称量滤纸质量 m_4。

6)按照砂浆的配比及加水量计算砂浆的含水率,若无法计算,可按 5.4.3.4 的规定测定砂浆的含水率。

5.4.3.3 砂浆保水率结果计算

砂浆保水率应按下式计算:

$$W = \left[1 - \frac{m_4 - m_2}{\alpha \times (m_3 - m_1)} \right] \times 100 \tag{5-8}$$

式中：W——保水率，%；

　　m_1——底部不透水片与干燥试模质量，g(精确至 1 g)；

　　m_2——15 片滤纸吸水前的质量，g(精确至 0.1 g)；

　　m_3——试模、底部不透水片与砂浆总质量，g(精确至 1 g)；

　　m_4——15 片滤纸吸水后的质量，g(精确至 0.1 g)；

　　α——砂浆含水率，%。

取两次试验结果的算术平均值作为砂浆的保水率，精确至 0.1%，且第二次试验应重新取样测定。当两个测定值之差超过 2% 时，此组试验结果应为无效。

5.4.3.4　砂浆含水率测试方法

称取 (100 ± 10) g 砂浆拌和物试样，置于一干燥并已称重的盘中，在 (105 ± 5)℃ 的烘箱中烘干至恒重，砂浆含水率应按下式计算：

$$\alpha = \frac{m_6 - m_5}{m_6} \times 100 \tag{5-9}$$

式中：α——砂浆含水率，%。

　　m_6——烘干后砂浆样本损失的质量，g；

　　m_5——砂浆样本的总质量，g。

取两次试验结果的算术平均值作为砂浆的含水率，精确至 0.1%，当两个测定值之差超过 2% 时，此组试验结果应为无效。

5.4.4　砂浆立方体抗压强度实验

本方法适用于测定砂浆立方体的抗压强度。

5.4.4.1　主要仪器设备

压力试验机；试模(尺寸为 70.7 mm × 70.7 mm × 70.7 mm 的带底试模)；钢制捣棒(直径为 10 mm，长为 350 mm，端部应磨圆)；垫板；振动台等。

5.4.4.2　立方体抗压强度试件的制作及养护

1)采用立方体试件，每组试件 3 个。

2)应用黄油等密封材料涂抹试模的外接缝，试模内涂刷薄层机油或隔离剂，将拌制好的砂浆一次性装满砂浆试模，成型方法根据稠度而定。当稠度大于 50 mm 时，采用人工振捣成型，当稠度不大于 50 mm 时采用振动台振实成型。

①人工振捣：用捣棒均匀地由边缘向中心按螺旋方式插捣 25 次，插捣过程中如砂浆沉落低于试模口，应随时添加砂浆，可用油灰刀插捣数次，并用手将试模一边抬高 5~10 mm 各振动 5 次，使砂浆高出试模顶面 6~8 mm。

②机械振动：将砂浆一次装满试模，放置到振动台上，振动时试模不得跳动，振动 5~10 s 或持续到表面泛浆为止，不得过振。

3)待表面水分稍干后，将高出试模部分的砂浆沿试模顶面刮去并抹平。

4)试件制作后应在室温为 (20 ± 5)℃ 的环境下静置 (24 ± 2) h，对试件进行编号、拆模。当气温较低时，或者凝结时间大于 24 h 的砂浆，可适当延长时间，但不应超过 2 d。试件拆模后应立即放入温度为 (20 ± 2)℃，相对湿度为 90% 以上的标准养护室中养护。养护期间，试件彼此间隔不小于 10 mm,混合砂浆试件上面应覆盖以防有水滴在试件上。

5)从搅拌加水开始计时,标准养护龄期应为 28 d,也可根据相关标准要求增加 7 d 或 14 d。

5.4.4.3 砂浆立方体试件抗压强度实验

1)试件从养护地点取出后应及时进行试验。试验前将试件表面擦拭干净,测量尺寸,并检查其外观,并应计算试件的承压面积。当实测尺寸与公称尺寸之差不超过 1 mm,可按照公称尺寸进行计算。

2)将试件安放在试验机的下压板或下垫板上,试件的承压面应与成型时的顶面垂直,试件中心应与试验机下压板或下垫板中心对准。开动试验机,当上压板与试件或上垫板接近时,调整球座,使接触面均衡受压。承压试验应连续而均匀地加荷,加荷速度应为每秒钟 0.25～1.5 kN;砂浆强度不大于 25 MPa 时。当试件接近破坏而开始迅速变形时,停止调整试验机油门,直至试件破坏,然后记录破坏荷载。

5.4.4.4 结果计算

砂浆立方体抗压强度应按下式计算:

$$f_{m,cu} = K \frac{N_u}{A} \tag{5-10}$$

式中:$f_{m,cu}$——砂浆立方体试件抗压强度,MPa(应精确至 0.1MPa)。

N_u——试件破坏荷载,N;

A——试件承压面积,mm^2。

K——换算系数,取 1.35。

应以三个试件测值的算术平均值作为该组试件的砂浆立方体试件抗压强度平均值(f_2),精确至 0.1 MPa;

当三个测值的最大值或最小值中有一个与中间值的差值超过中间值的 15%时,则把最大值及最小值一并舍去,取中间值作为该组试件的抗压强度值;

当有两个测值与中间值的差值均超过中间值的 15%时,则该组试验结果无效。

思 考 题

1.什么是砂浆?砂浆的用途有哪些?

2.什么是砌筑砂浆?砌筑砂浆有哪些技术要求?

3.砌筑砂浆的组成材料有哪些?在组成上与普通混凝土有何异同点?

4.砌筑砂浆的主要技术性质各用什么方法测定?

5.新拌砂浆的和易性与混凝土拌和物的和易性有何异同点?

6.砌筑砂浆配合比设计步骤有哪些?

7.砂浆的保水性主要取决于什么?采取什么措施能提高砂浆的保水性?

8.何谓抹面砂浆?抹面砂浆有什么用途?其施工有何特点?

9.防水砂浆中常用的防水剂有哪些?

10.简述防水砂浆的技术要求和用途。

11. 测定砌筑砂浆强度的标准试件尺寸是多少? 如何确定砂浆的强度等级?

12. 要求设计用于砌筑毛石砌体的水泥混合砂浆的配合比。设计强度等级为 M10,稠度为 60～70 mm。原材料为:水泥,32.5 级矿渣水泥(实测强度为 34.0 MPa);干砂,堆积密度为 1 400 kg/m³;石灰膏,稠度为 120 mm;施工水平优良。

6 建筑钢材

学习目标

● 熟悉建筑钢材的力学性能、工艺性能、冷加工性能。

● 掌握钢结构用钢和混凝土结构用钢筋的各项技术性能指标，并能合理选材。

● 了解其他建筑钢材的性质和使用特点。

6.1 钢材的基本知识

建筑钢材具有较高的强度,有良好的塑性和韧性,能承受冲击和振动荷载;可焊接或铆接,易于加工和装配,是建筑工程的主要原材料之一。但钢材也存在易锈蚀及耐火性差等缺点。

现代建筑工程中大量使用的钢材主要有两类,一类是钢筋混凝土用钢材,与混凝土共同构成受力构件;另一类则为钢结构用钢材,充分利用其轻质高强的优点,用于建造大跨度、大空间或超高层建筑。

6.1.1 钢的分类

6.1.1.1 按化学成分分类

钢是以铁为主要元素,含碳量为 0.02% ~2.06%,并含有其他元素的铁碳合金。钢按化学成分可分为碳素钢和合金钢两大类。

(1)碳素钢

碳素钢指含碳量为 0.02% ~2.06% 的 Fe-C 合金。碳素钢根据含碳量可分为:含碳量 <0.25% 的低碳钢;含碳量为 0.25% ~0.6% 的中碳钢;含碳量 >0.6% 的高碳钢。

(2)合金钢

合金钢是在碳素钢中加入某些合金元素(锰、硅、钒、钛等),以改善钢的性能或使其获得某些特殊性能。合金钢按掺入合金元素的总量可分为:合金元素总含量 <5% 的低合金钢;合金元素总含量为 5% ~10% 的中合金钢;合金元素总含量 >10% 的高合金钢。

6.1.1.2 按质量分类

按质量分为含硫量≤0.050%,含磷量≤0.045% 的普通钢;含硫量≤0.035%,含磷量≤0.035% 的优质钢;含硫量≤0.025%,含磷量≤0.025% 的高质钢。

6.1.1.3 按用途分类

按用途分为结构钢,包括钢结构用钢和混凝土结构用钢;工具钢,用于制作刀具、量具和模具等用钢;特殊钢,如不锈钢、耐酸钢、耐热钢和磁钢等。

6.1.1.4 按炼钢过程中脱氧程度不同分类

按炼钢过程中脱氧程度不同分为沸腾钢,代号为F;镇静钢,代号为Z;半镇静钢,代号为b;特殊镇静钢,代号为TZ。

目前,在建筑工程中常用的钢种是普通碳素结构钢和普通低合金结构钢。

6.1.2 钢的化学成分对钢材的影响

用生铁冶炼钢材时,会从原料、燃料中引入一些其他元素,这些元素存在于钢材的组织结构中,对钢材的结构和性能有重要的影响,可分为两类:一类能改善钢材的性能称为合金元素,主要有硅、锰、钛、钒和铌等;另一类能劣化钢材的性能,属钢材的杂质元素,主要有氧、硫、氮和磷等。

6.1.2.1 碳

碳是决定钢材性质的主要元素。钢材随含碳量的增加,强度和硬度相应提高,而塑性和韧性相应降低。当含碳量超过1%时,因钢材变脆,强度反而下降。同时,钢材的含碳量增加,还将使钢材冷弯性、焊接性及耐锈蚀性质下降,并增加钢材的冷脆性和时效敏感性,降低抗腐蚀性和可焊性。建筑工程用钢材含碳量不大于0.8%,含碳量对热轧碳素钢性能的影响如图6-1所示。

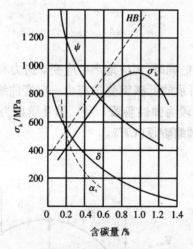

图6-1 含碳量对热轧碳素钢性能的影响

6.1.2.2 硅

硅和锰是在炼钢时为了脱氧去硫而加入的元素。硅是钢的主要合金元素,含量小于1%时,能提高钢材的强度,而对塑性和韧性没有明显影响,工艺性能也不显著变化。但硅含量超过1%时,冷脆性增加,可焊性变差。

6.1.2.3 锰

锰是低合金结构钢的主要合金元素,含量一般在1%~2%,能消除钢热脆性,改善热加工性质。含锰量在0.8%~1.0%时,可保持钢材原有塑性和冲击韧性的条件下,较显著提高屈服点和抗拉强度,消除热脆性,降低冷脆性。锰的不利作用是使伸长率略低,在含量过高时,焊接性变差。

6.1.2.4　硫、磷

硫、磷都是钢材的有害元素。硫和铁化合成硫化铁,散布在纯铁体层中,当温度在 800 ~1 000 ℃时熔化而使钢材出现裂纹,称为"热脆"现象,使钢的焊接性变坏,硫还能降低钢的塑性和冲击韧性;磷使钢材在低温时韧性降低并容易产生脆性破坏,称为"冷脆"现象。

6.1.2.5　氧、氮

氧、氮是在炼钢过程中进入钢液的,也是有害元素,可显著降低钢材的塑性、韧性、冷弯性及可焊性等。

6.1.2.6　钛、钒、铌

钛、钒、铌均是钢的脱氧剂,也是合金钢常用的合金元素。可改善钢的组织、细化晶粒、改善韧性和显著提高钢材的强度。

6.2　建筑钢材性能

钢材的主要性能包括力学性能、工艺性能和化学性能等。力学性能是钢材最重要的使用性能,包括拉伸性能、塑性、韧性及硬度等。工艺性能表示钢材在各种加工过程中表现出的性能,包括冷弯性能和可焊性。

6.2.1　力学性能

6.2.1.1　拉伸性能

钢材受拉时,在产生应力的同时,相应地产生应变。应力和应变关系曲线反映出钢材的主要力学特征。以如图 6-2 所示的低碳钢受拉应力—应变曲线为例,低碳钢从开始受力至拉断可分为四个阶段:第 Ⅰ 阶段为弹性阶段(OA)、第 Ⅱ 阶段为屈服阶段(AB)、第 Ⅲ 阶段为强化阶段(BC)、第 Ⅳ 阶段为颈缩阶段(CD)。

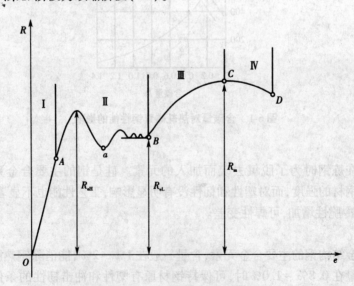

图 6-2　低碳钢受拉应力—应变曲线

e—延伸率;R—应力;R_m—屈服强度;R_{eH}—上屈服强度;R_{eL}—下屈服强度;a—初始瞬时效应

（1）弹性阶段

图 6-2 中 *OA* 段为应力—延伸率曲线上的弹性部分,应力与应变成正比,此时若卸去外力,试件能恢复原来的形状。应力与应变的比值为常数,称为弹性模量,用 *E* 表示,$E = R/e$,单位 MPa。弹性模量反映钢材的抵抗弹性变形的能力,是钢材在受力条件下计算结构变形的重要指标,建筑工程中常用钢材的弹性模量为 $(2.0 \sim 2.1) \times 10^5$ MPa。

（2）屈服阶段

当应力超过 *A* 点后,应力和应变失去线性关系,此时应变迅速增长,而应力增长滞后于应变增长,出现塑性变形,这种现象称为屈服。屈服强度为当金属材料呈现屈服现象时,在试验期间达到塑性变形发生而力不增加的应力点,应分为上屈服强度和下屈服强度,上屈服强度为试样发生屈服而力首次下降前的最大应力,用 R_{eH} 表示;下屈服强度为在屈服期间,不计初始瞬时效应时的最小应力,用 R_{eL} 表示。

对于屈服现象不明显的钢材,如高碳钢,规范规定屈服强度特征值 R_{eL} 应采用规定非比例延伸强度 $R_{p0.2}$,$R_{p0.2}$ 表示规定塑性延伸率为 0.2% 时的应力值,塑性延伸率等于规定的引伸计标距 L_e 百分率时对应的应力。如图 6-3 所示。

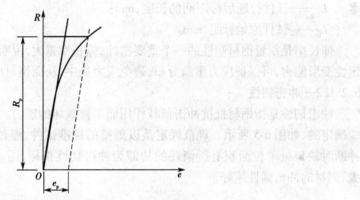

图 6-3　中碳钢、高碳钢应力、应变曲线

e—延伸率;e_p—规定的塑性延伸率;

R—应力;R_p—规定塑性延伸强度

钢材受力大于屈服点后,会出现较大的塑性变形,已不能满足使用要求,因此屈服强度 R_{eL} 是建筑设计中钢材强度取值的依据,是工程结构计算中非常重要的一个参数。

（3）强化阶段

当应力超过 *B* 点后,由于钢材内部晶格扭曲、晶粒破碎等原因,阻止了塑性变形的进一步发展,钢材抵抗外力的能力重新提高,如图 6-2 所示中的 *BC* 段,称为强化阶段。对应于最高点 *C* 点的应力称为极限抗拉强度,简称抗拉强度,用 R_m 表示,是钢材受拉时所能承受的最大应力值。

屈服强度与抗拉强度的比值称为屈强比 R_{eL}/R_m,反映钢材的利用率和结构安全可靠程度。屈强比越小,其结构的安全可靠程度越高,但屈强比过小,又说明钢材强度的利用率偏低,造成钢材浪费,建筑结构合理的屈强比为 0.60 ~ 0.75。

（4）颈缩阶段

钢材受力达到 *C* 点后,其抵抗变形的能力明显降低,试件薄弱处的断面将显著减小,塑性变形急剧增加,产生颈缩现象而断裂。试件拉伸前和断裂后标距的长度如图6-4所示。

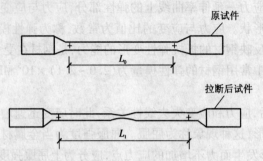

图6-4 试件拉伸前和断裂后标距的长度

塑性是钢材的一个重要性能指标,通常用伸长率 A 来表示。计算如下:

$$A = \frac{L_1 - L_0}{L_0} \times 100\% \tag{6-1}$$

式中:A——伸长率,%;

L_1——试件拉断后标距间的长度,mm;

L_0——试件原始标距,mm。

伸长率是衡量钢材塑性的一个重要指标,伸长率越大,说明钢材的塑性越好。而一定的塑性变形能力,可保证应力重新分布,避免应力集中,从而钢材用于结构的安全性越大。

6.2.1.2 冲击韧性

冲击韧性是指钢材抵抗冲击荷载作用而不被破坏的能力。冲击韧性指标是通过冲击试验确定的,如图6-5所示。规范规定是以刻槽的标准试件,经过冲击试验的摆锤冲击,试件冲断时缺口处单位面积上所消耗的功即为冲击韧性指标,用 a_k 表示,单位 J/cm^2。a_k 值越大,钢材的冲击韧性越好。

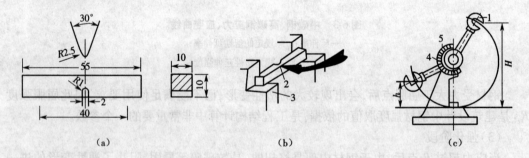

图6-5 冲击韧性试验

1—摆锤;2—试件;3—试验台;4—刻度盘;5—指针;H—摆锤扬起高度;h—摆锤向后摆动高度

(a)试件尺寸;(b)试验装置;(c)试验机

钢材的化学成分、内部缺陷、加工工艺及环境温度都会影响钢材的冲击韧性,钢材的冲击韧性受下列因素影响。

(1)钢材的化学组成与组织状态

钢材中硫、磷的含量高时,冲击韧性显著降低。细晶粒结构比粗晶粒结构的冲击韧性要高。

（2）钢材的轧制、焊接质量

沿轧制方向取样的冲击韧性高；焊接钢件处形成的热裂纹及晶体组织的不均匀，会使a_k显著降低。

（3）环境温度

当温度较高时，冲击韧性较大。试验表明，冲击韧性随温度的降低而下降，其规律是开始时下降较平缓，当降到一定温度范围时，a_k会突然下降很多，冲击韧性下降导致钢材呈现脆性断裂，这种现象称为钢材的冷脆性。发生冷脆性的温度范围，称为脆性转变温度范围。钢材冲击韧性随温度变化如图6-6所示。脆性转变温度愈低，说明钢材的低温冲击性能愈好。所以在负温下使用的结构应当选用脆性转变温度较工作温度低的钢材。对于直接承受动荷载而且可能在负温下工作的重要结构必须进行钢材的冲击韧性检验。

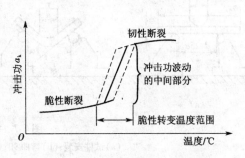

图 6-6　钢材冲击韧性随温度变化

6.2.1.3　疲劳强度

钢材在承受交变荷载反复作用时，可能在远低于屈服强度时突然发生破坏，这种破坏称为疲劳破坏。钢材疲劳破坏的指标即疲劳强度。疲劳强度是试件在交变应力作用下，不发生疲劳破坏的最大应力值，一般把钢材承受交变荷载 $10^6 \sim 10^7$ 次时不发生破坏的最大应力作为疲劳强度。在设计承受反复荷载且须进行疲劳验算的结构时，应当了解所用钢材的疲劳强度。

钢材的疲劳破坏往往是由拉应力引起的，首先在局部开始形成微细裂纹，其后由于裂纹尖端处产生应力集中而使裂纹迅速扩张，直到钢材断裂。因此，钢材内部成分缺陷和夹杂物的多少以及最大应力处的表面粗糙程度、加工损伤等，都是影响钢材疲劳强度的因素。疲劳破坏经常是突然发生的，因而具有很大的危险性，往往造成严重事故。

6.2.1.4　硬度

金属材料抵抗硬物压入表面的能力称为硬度，通常与材料的抗拉强度有一定关系。目前测定钢材硬度的方法很多，常用的有洛氏硬度法（HRC）和布氏硬度法（HB）。

一般来说，材料的强度越高，抵抗塑性变形能力越强，硬度值也就越大。有试验证明，当低碳钢的布氏硬度值小于175时，其抗拉强度与布氏硬度的经验关系如下：

$$R_{eL} = 0.36HB \tag{6-2}$$

根据这一关系，可以直接在钢结构上测出钢材的 HB 值，并估算该钢材的抗拉强度值。建筑钢材通常以屈服强度、抗拉强度、伸长率、冲击韧性等性质作为评定牌号的依据。

6.2.2　工艺性能

良好的工艺性能，可以保证钢材顺利通过各种加工，而使钢材制品的质量不受影响。建筑钢材主要的工艺性能有冷弯、冷拉、冷拔和焊接性能等。

6.2.2.1　冷弯性能

冷弯性能是指钢材在常温下抵抗弯曲变形的能力。按规定的弯曲角度和弯芯直径弯曲钢材后,通过检查弯曲处的外面和侧面有无裂纹、起层或断裂等现象进行评定。如图6-7所示为钢筋冷弯实验。

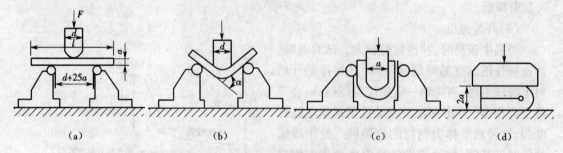

图 6-7　钢筋冷弯实验

(a)试件安装;(b)弯曲90;(c)弯曲180;(d)弯曲至两面重合

若弯曲角度越大,弯芯直径与试件厚度(或直径)的比值越小,则表明冷弯性能越好。

冷弯性和伸长率都是评定钢材塑性的指标,而冷弯试验对钢材的塑性评定比拉伸试验更严格,更有助于揭示钢材是否存在内部组织不均匀、内应力和夹杂物等缺陷,并且能揭示焊件在受弯表面存在未熔合、微裂纹及夹杂物等缺陷。

6.2.2.2　焊接性能

焊接是各种型钢、钢板、钢筋的重要连接方式。建筑工程的钢结构有90%以上是焊接结构。焊接质量取决于焊接工艺、焊接材料及钢材本身的焊接性能。焊接性能好的钢材,焊接后的焊头牢固,硬脆倾向小,强度不低于原钢材。

钢材焊接性能主要受钢的化学成分及其含量的影响。碳含量高将增加焊接接头的硬脆性,碳含量小于0.25%的碳素钢具有良好的可焊性;硫含量高会使焊接处产生热裂纹,出现热脆性;杂质含量增加,也会使可焊性降低;其他元素(如硅、锰、钒)也将增大焊接的脆性倾向,降低可焊性。

钢筋焊接应注意的问题包括:冷拉钢筋的焊接应在冷拉之前进行;焊接部位应清除铁锈、熔渣和油污等;应尽量避免不同国家的进口钢筋之间或进口钢筋与国产钢筋之间的焊接。

6.2.2.3　钢材的冷加工及时效

将钢材在常温下进行冷拉、冷拔或冷轧使其产生塑性变形,从而提高屈服强度,降低塑性和韧性的过程称为冷加工。

(1)冷拉

冷拉是将钢筋拉至超过屈服点任一点处,然后缓慢卸去荷载,则当再度加载时,其屈服强度将有所提高,而其塑性变形能力将有所降低。钢筋经冷拉后,一般屈服强度可提高20%~25%。为了保证冷拉钢材质量,而不使冷拉钢筋脆性过大,冷拉操作应采用双控法,即控制冷拉率和冷拉应力,如冷拉至控制应力而未超过控制冷拉率,则属合格,若达到控制冷拉率,未达到控制应力,则钢筋应降级使用。

受低温、冲击荷载作用下冷拉钢筋会发生脆断,所以不宜使用。实践中,可将冷拉、除锈、调直、切断合并为一道工序,这样既简化了工艺流程,提高了效率,又可节约钢材,是钢筋冷加工的常用方法之一。

（2）冷拔

冷拔是在常温下,使钢筋通过截面小于直径的拔丝模,同时受拉伸和挤压作用,以提高屈服强度。冷拔比冷拉作用强烈,在冷拔过程中,钢筋不仅受拉,同时还受到挤压作用,经过一次或数次的冷拔后得到的冷拔低碳钢丝,其屈服强度可提高 40% ~60%,但同时失去软钢的塑性和韧性,具有硬钢的特点。对于直接承受动荷载作用的构件,如吊车梁、受振动荷载的楼板等,在无可靠试验或实践经验时,不宜采用冷拔钢丝预应力混凝土构件;处于侵蚀环境或高温下的结构,不得采用冷拔钢丝预应力混凝土构件。

（3）冷轧

将圆钢在轧钢机上轧成刻痕,可增大钢筋与混凝土间的黏结力。钢筋在冷轧时,纵向与横向同时产生变形,因而能较好地保持其塑性和内部结构均匀性。

钢筋采用冷加工强化具有明显的经济效益。经过冷加工的钢材,可适当减小钢筋混凝土结构设计截面,或减小混凝土中配筋数量,从而达到节约钢材的目的。钢筋冷拉还有利于简化施工工序。冷拉盘条钢筋可省去开盘和调直工序;冷拉直条钢筋则可与矫直、除锈等工序一并完成。但冷拔钢丝的屈强比较大,相应的安全储备较小。

（4）时效

钢材经冷加工后,在常温下存放 15 ~20 d,或加热到 100 ~200℃并保持 2 h 左右;其屈服强度抗拉强度及硬度进一步提高,而塑性和韧性逐渐降低,这个过程称为时效。前者称为自然时效,后者为人工时效。一般强度较低的钢材采用自然时效,而强度较高的钢材则采用人工时效。

因时效而导致钢材性能改变的程度称为时效敏感性。时效敏感性大的钢材,经时效后,其韧性、塑性改变较大。因此,对受动荷载作用的钢结构,如锅炉、桥梁、钢轨和吊车梁等,为了避免其突然脆性断裂,应选用时效敏感性小的钢材。

6.3 建筑工程中常用钢材的品种及应用

建筑钢材可分为混凝土结构用钢筋和钢结构用型钢两大类。各种钢筋和型钢的性能主要取决于所用的钢种及其加工方式。

6.3.1 混凝土结构用钢筋

6.3.1.1 热轧钢筋

热轧钢筋主要用于钢筋混凝土结构和预应力钢筋混凝土结构的配筋,是建筑工程中用量最大的钢材品种之一。热轧钢筋根据表面形状分为带肋钢筋和光圆钢筋。热轧光圆钢筋由碳素结构钢轧制而成,表面光圆;热轧带肋钢筋由低合金钢轧制而成,外表带肋。带肋钢筋通常带有纵肋,也可不带纵肋。带肋钢筋与混凝土的黏结力大,共同工作性更好。《钢筋混凝土用钢 第 1 部分:热轧光圆钢筋》（GB 1499.1—2008）和《钢筋混凝土用钢 第 2 部分:热轧带肋钢筋》（GB 1499.2—2007）对以下主要方面作了规定。

（1）钢筋公称横截面面积与理论重量

钢筋公称横截面面积与理论重量列于表 6-1。

表 6-1　钢筋公称横截面面积与理论重量

公称直径/mm	公称横截面面积/mm²	理论重量/(kg/m)
6(6.5)	28.27(33.18)	0.222(0.260)
8	50.27	0.395
10	78.54	0.617
12	113.1	0.888
14	153.9	1.21
16	201.1	1.58
18	254.5	2.00
20	314.2	2.47
22	380.1	2.98
25	490.9	3.85
28	615.8	4.83
32	804.2	6.31
36	1 018	7.99
40	1 257	9.87
50	1 964	15.42

（2）钢筋牌号构成及含义

钢筋牌号构成及含义列于表 6-2。

表 6-2　钢筋牌号构成及含义

产品名称	牌号	牌号构成	英文字母含义
热轧光圆钢筋	HPB235	由 HPB + 屈服强度特征值构成	HPB—热轧光圆钢筋的英文（Hot rolled Plain Bars）缩写
	HPB300		
普通热轧带肋钢筋	HRB335	由 HRB + 屈服强度特征值构成	HRB—热轧带肋钢筋的英文（Hot rolled Ribbed Bars）缩写
	HRB400		
	HRB500		
细晶粒热轧带肋钢筋	HRBF335	由 HRBF + 屈服强度特征值构成	HRBF—在热轧带肋钢筋的英文缩写后加"细"的英文（Fine）首位字母
	HRBF400		
	HRBF500		

（3）技术要求

热轧光圆钢筋牌号化学成分（熔炼分析）及屈服强度 R_{eL}、抗拉强度 R_m、断后伸长率 A、最大力总伸长率 A_{gt} 等力学性能特征值应符合表 6-3 的规定。按表 6-3 规定的弯芯直径弯曲 180°后，钢筋受弯部位表面不得产生裂纹。

表 6-3   热轧光圆钢筋化学成分及力学性能（GB 1499.1—2008）

| 牌号 | 化学成分（质量分数）/% ，不大于 | | | | | R_{eL} /MPa | R_m /MPa | A/% | A_{gt} /% | 冷弯试验180° |
	C	Si	Mn	P	S	不小于				
HPB235	0.22	0.30	0.65	0.045	0.050	235	370	25.0	10.0	$d=a$
HPB300	0.25	0.55	1.50			300	420			

注：d—弯芯直径；a—钢筋公称直径；

热轧带肋钢筋牌号及化学成分及力学性能特征值应符合表 6-4 的规定。

表 6-4   热轧带肋钢筋化学成分（GB 1499.2—2007）   %

| 牌号 | 化学成分（质量分数），不大于 | | | | | |
	C	Si	Mn	P	S	Ceq
HRB335 HRBF335	0.25	0.80	1.60	0.045	0.045	0.52
HRB400 HRBF400						0.54
HRB500 HRBF500						0.53

热轧带肋钢筋牌号化学成分（熔炼分析）及屈服强度 R_{eL}、抗拉强度 R_m、断后伸长率 A、最大力总伸长率 A_{gt} 等力学性能特征值应符合表 6-5 的规定。按表 6-5 规定的弯芯直径弯曲 180°后，钢筋受弯曲部位表面不得产生裂纹。

表 6-5   热轧带肋钢筋力学性能（GB 1499.2—2007）

| 牌号 | 公称直径 d | R_{eL} /MPa | R_m /MPa | A /% | A_{gt} /% | 弯芯直径 |
		不小于				
HRB335 HRBF335	6~25	335	455	17		3 d
	28~40					4 d
	>40~50					5 d
HRB400 HRBF400	6~25	400	540	16	7.5	4 d
	28~40					5 d
	>40~50					6 d
HRB500 HRBF500	6~25	500	630	15		6 d
	28~40					7 d
	>40~50					8 d

注：1. 直径 28~40 mm 各牌号钢筋的断后伸长率 A 可降低1%；直径大于 40 mm 各牌号钢筋的断后伸长率 A 可降低2%。

2. 有较高要求的抗震结构适用牌号为：在表 6-5 中已有牌号后加 E（例如：HRB400E，HRBF400E）的钢筋，该类钢筋除应满足以下 a)、b)、c)的要求外，其他要求与相对应的已有牌号钢筋相同。

a) 钢筋实测抗拉强度与实测屈服强度之比不小于 1.25。

b) 钢筋实测屈服强度与表 6-5 规定的屈服强度特征值之比不大于 1.30。

c) 钢筋的最大力总伸长率不小于 9%。

（4）应用

热轧光圆钢筋的强度较低，但塑性及焊接性好，便于冷加工，广泛用作普通钢筋混凝土结构。HRB335 和 HRB400 带肋钢筋的强度较高，塑性及焊接性也较好，广泛用作大、中型钢筋混凝土结构的受力钢筋。HRB500 带肋钢筋强度高，但塑性和焊接性较差，适宜用作预应力钢筋。

6.3.1.2 冷加工钢筋

（1）冷轧带肋钢筋

冷轧带肋钢筋是用低碳钢热轧圆盘条经冷轧后，在其表面冷轧成沿长度方向均匀分布三面或两面横肋的钢筋。根据国家标准《冷轧带肋钢筋》（GB 13788—2008）的规定，冷轧带肋钢筋的牌号由 CRB 和钢筋的抗拉强度最小值构成。分为 CRB550、CRB650、CRB800、CRB970、CRB1170 五个牌号，C、R、B 分别为冷轧（Cold rolled）、带肋（Ribbed）、钢筋（Bar）三个词的英文首位字母。

钢筋的力学性能和工艺性能应符合表 6-6 规定。当进行弯曲试验时，受弯曲部位表面不得产生裂纹。反复弯曲试验的弯曲半径应符合表 6-7 的规定。

表 6-6 力学性能和工艺性能（GB 13788—2008）

牌号	$R_{p0.2}$（不小于）/MPa	R_m（不小于）/MPa	伸长率（不小于）/%		弯曲试验	1 000 h 松弛率（不大于）/%	应力松弛初始应力应相当于公称抗拉强度的 70%
			A11.3	A100			
CRB550	500	550	8.0	—	180°，$D=3d$	—	—
CRB650	585	650	—	4.0	—	3	8
CRB800	720	800	—	4.0	—	3	8
CRB970	875	970	—	4.0	—	3	8

注：表中 D 为弯芯直径，d 为钢筋公称直径。

表 6-7 反复弯曲试验的弯曲半径（GB13788—2008） mm

钢筋公称直径	4	5	6
弯曲半径	10	15	15

冷轧带肋钢筋与冷拔低碳钢丝相比，具有强度高、塑性好，与混凝土黏结牢固，节约钢材，质量稳定等优点。CRB550 广泛用于普通混凝土结构中，其他牌号主要用于中、小型预应力构件。

（2）冷轧扭钢筋

冷轧扭钢筋是采用低碳钢热轧盘条经冷轧扁和冷扭转而成的具有连续螺旋状的钢筋。该钢筋刚度大，不易变形，与混凝土的握裹力大，可直接用于混凝土工程。使用冷轧扭钢筋可按工程需要定尺供料,生产与加工合二为一,可免除现场加工钢筋,使用中不需再做弯钩,产品商品化、系列化,改变了传统加工钢筋占用场地、不利于机械化生产的弊端。

冷轧扭钢筋是适应我国国情的新品种钢筋,应用在工程中对节约钢材、降低工程成本效果明显。与Ⅰ级钢筋相比可节约钢材30%~40%,节省工程资金15%~20%。另外,冷轧扭钢筋有独特的螺旋形截面,绑扎后不易变形和移位,可使钢筋骨架刚度增大,与混凝土的握裹力好,改善了构件受力性能,可防止钢筋的收缩裂缝,保证混凝土构件质量。

6.3.1.3 预应力混凝土用钢丝、钢绞线

预应力钢筋应优先采用钢绞线和钢丝,也可采用热处理钢筋。钢绞线是由多根高强钢丝绞织在一起而形成的,有三股和七股两种,多用于后张法大型构件。预应力钢丝主要是消除应力钢丝,其外形有光面、螺旋肋、刻痕三种。

（1）钢丝

预应力混凝土用钢丝是由优质碳素结构钢盘条为原料,经淬火、酸洗、冷拉制成。根据国家标准《预应力混凝土用钢丝》(GB/T 5223—2002)规定,钢丝按加工状态分为冷拉钢丝和消除应力钢丝两类。消除应力钢丝按松弛性能又分为低松弛级钢丝和普通松弛钢丝。冷拉钢丝代号为WCD,低松弛钢丝代号为WLR,普通松弛钢丝代号为WNR。钢丝按外形分光圆钢丝、刻痕钢丝和螺旋肋钢丝三种。光圆钢丝代号为P,螺旋肋钢丝代号为H,刻痕钢丝代号为I。预应力钢丝的抗拉强度比钢筋混凝土用热轧光圆钢筋、热轧带肋钢筋高许多,在构件中采用预应力钢丝可节省钢材、减少构件截面和节省混凝土。主要用于桥梁、吊车梁、大跨度屋架和管桩等预应力钢筋混凝土构件中。

（2）钢绞线

预应力混凝土用钢绞线是以数根优质碳素结构钢钢丝经绞捻和消除内应力的热处理后制成。钢绞线按结构分为5类,其代号为:

用两根钢丝捻制的钢绞线	1×2
用三根钢丝捻制的钢绞线	1×3
用三根刻痕钢丝捻制的钢绞线	1×3I
用七根钢丝捻制的标准型钢绞线	1×7
用七根钢丝捻制又经模拔的钢绞线	(1×7)C

钢绞线的捻距为钢绞线公称直径的12~16倍。模拔钢绞线的捻距应为钢绞线公称直径的14~18倍。钢绞线内不应有折断、横裂和相互交叉的钢丝。钢绞线的捻向一般分为左捻,若需右捻应在合同中注明。捻制后,钢绞线应进行连续的稳定化处理。成品钢绞线应该用砂轮锯切割,切断后应不松散,如离开原来位置,可以用手复原到原位。成品钢绞线只允许保留拉拔前的焊接点。钢绞线的技术性能指标应符合国家标准《预应力混凝土用钢绞线》(GB/T 5224—2003)。钢绞线无接头、柔性好、强度高,经久耐用,用途广泛。主要用于大跨度、大负荷的桥梁、屋架和吊车梁等的曲线配筋及预应力钢筋。

6.3.2 钢结构用钢筋

6.3.2.1 普通碳素结构钢

普通碳素结构钢简称碳素结构钢。它包括一般结构钢和工程用热轧钢板、钢带、型钢和钢棒等。

（1）牌号表示方法

根据国家标准《碳素结构钢》（GB/T 700—2006）的规定，碳素结构钢的牌号，由代表屈服强度的字母、屈服强度数值、质量等级符号、脱氧方法符号四个部分按顺序组成。详见表6-8。如，Q235AF，表示屈服强度为 235 MPa 的 A 级沸腾钢；Q275BZ 表示屈服强度为 275 MPa 的 B 级镇静钢。在牌号组成表示方法中"Z"与"TZ"符号可以省略。

表6-8　碳素结构钢的牌号含义

代表屈服强度的字母	屈服强度数值	质量等级符号	脱氧方法符号
Q—屈服强度的"屈"字汉语拼音首位字母	195MPa，215MPa，235MPa，275MPa，	A B C D	F—沸腾钢 Z—镇静钢 TZ—特殊镇静钢

（2）技术性能

碳素结构钢的化学成分（熔炼分析）、力学性能、冷弯性能，应符合表6-9、表6-10、表6-11 的规定。

表6-9　碳素结构钢的化学成分（熔炼分析）（GB/T 700—2006）

牌号	统一数字代号[a]	等级	厚度或直径/mm	脱氧方法	化学成分（质量分数）/%，不大于				
					C	Si	Mn	P	S
Q195	U11952	—	—	F、Z	0.12	0.30	0.50	0.035	0.040
Q215	U12152	A	—	F、Z	0.15	0.35	1.20	0.045	0.050
	U12155	B							0.045
Q235	U12352	A	—	F、Z	0.22	0.35	1.40	0.045	0.050
	U12355	B			0.20[b]				0.045
	U12358	C		Z	0.17			0.040	0.040
	U12359	D		TZ				0.035	0.035
Q275	U12752	A	—	F、Z	0.24	0.35	1.50	0.045	0.050
	U12755	B	≤40	Z	0.21			0.045	0.045
			>40		0.22				
	U12758	C		Z	0.20			0.040	0.040
	U12759	D		TZ				0.035	0.035

a. 表中为镇静钢、特殊镇静钢牌号的统一数字；

b. 经需方同意，Q235B 的碳含量可不大于 0.22%。

表 6-10 碳素结构钢的力学性能 (GB/T 700—2006)

牌号	等级	屈服强度ᵃR_{eH}/MPa,不小于						抗拉强度 R_m /MPa	断后伸长率 A/%,不小于					温度 /℃	冲击吸收功(纵向) /J,不小于
		≤16	>16 ~40	>40 ~60	>60 ~100	>100 ~150	>150 ~200		≤40	>40 ~60	>60 ~100	>100 ~150	>150 ~200		
Q195	—	195	185	—	—	—	—	315~430	33	—	—	—	—	—	—
Q215	A	215	205	195	185	175	165	375~410	31	29	28	27	26	–	
	B													+20	27
Q235	A	235	225	215	205	195	185	375~460	26	24	23	22	21	–	27ᶜ
	B													+20	
	C													0	
	D													-20	
Q275	A	275	265	255	245	225	215	410~540	22	21	20	18	17	–	27
	B													+20	
	C													0	
	D													-20	

a. Q195 的屈服强度仅供参考,不作交货条件。

b. 厚度大于 100 mm 的钢材,抗拉强度下限允许降低 20 MPa。宽带钢(包括剪切钢板)抗拉强度上限不作交货条件。

c. 厚度小于 25 mm 的 Q235 级钢材,如供方能保证冲击吸收功值合格,经需方同意,可不作检验。

表 6-11 碳素结构钢的冷弯性能 (GB/T 700—2006)

牌号	试样方向	冷弯试验180° $B = 2a$ᵃ	
		钢材厚度(或直径)ᵇ/mm	
		≤60	>60 ~100
		弯芯直径 d	
Q195	纵	0	—
	横	0.5a	
Q215	纵	0.5a	1.5a
	横	a	2a
235	纵	a	2a
	横	1.5a	2.5a
Q275	横	1.5a	2.5a
	纵	2a	3a

a. B 为试样宽度,a 为试样厚度(或直径)

b. 钢材厚度(或直径)大于 100 mm 时,弯曲试验由双方协商确定。

（3）应用

钢材随着牌号的增大,含碳量增加,强度提高,塑性和韧性降低,冷弯性能逐渐变差。同一钢号内质量等级越高,钢材的质量越好。

Q195 钢强度不高,塑性、韧性、加工性能与焊接性能较好,主要用于轧制薄板、铁丝网和盘条等。

Q215 钢与 Q195 钢基本相同,其强度稍高,大量用作管坯、螺栓等。

Q235 钢强度适中,有良好的承载性,又具有较好的塑性、韧性、可焊性和可加工性,且成本较低,是钢结构常用的牌号。大量制作成钢筋、型钢(如角钢、槽钢、工字钢等)和钢板用于建造房屋和桥梁等,

Q275 钢强度高,塑性和韧性稍差,不易冷弯加工,可焊性较差,可用于轧制钢筋、做螺栓配件等,但更多用于机械零件和工具等。

6.3.2.2 优质碳素结构钢

优质碳素结构钢与碳素结构钢相比,大部分为镇静钢,对有害杂质含量尤其是 S、P 含量限制更为严格,其含量均不得超过 0.035%。质量稳定,综合性能好,但成本较高。优质碳素结构钢分为普通含锰量钢(锰含量 0.25% ~0.8%)和较高含锰量钢(锰含量为 0.70% ~1.20%)两大组。后者具有较好的力学性能。

(1)牌号

《优质碳素结构钢》(GB/T 699—2008)中优质碳素结构钢共有 31 个牌号,表示方法以平均含碳量(以 0.01% 为单位)、锰含量标注、脱氧程度符号组合而成。如牌号为 10F 的优质碳素结构钢表示平均含碳为 0.10% 的沸腾钢;牌号为 45Mn 的表示平均含碳量为 0.45%、较高含锰量的镇静钢;牌号为 30Mn 的表示平均含碳量为 0.30%、普通含锰量的镇静钢。

(2)技术性能

优质碳素结构钢的性能主要取决于含碳量。含碳量高,则强度高,但塑性和韧性降低。

(3)选用

在建筑工程中,30 ~45 钢主要用于重要结构的钢铸件和高强度螺栓等;45 钢用作预应力混凝土锚具;65 ~80 钢用于生产预应力混凝土用钢丝和钢绞线。

6.3.2.3 低合金高强度结构钢

低合金高强度结构钢是在碳素钢的基础上添加总量小于 5% 的一种或多种合金元素的钢材。合金元素有硅(Si)、锰(Mn)、钒(V)、铌(Nb)、铬(Cr)、镍(Ni)及稀土元素等。

(1)牌号

根据国家标准《低合金高强度结构钢》(GB 1591—2008)的规定,低合金钢均为镇静钢,牌号由代表屈服强度的字母(Q)、屈服点的数值(MPa)和质量等级(A、B、C、D、E)符号 3 部分组成。分为 Q345、Q390,Q420、Q460、Q500、Q550 、Q620、Q690 共 8 个牌号。Q345 ~Q420 每个牌号根据硫、磷等有害杂质的含量,分为 A、B、C、D 和 E5 个等级。Q460 ~Q690 每个牌号根据硫、磷等有害杂质的含量,分为 C、D 和 E3 个等级。如:Q345A 表示屈服强度为 295MPa,质量等级为 A 级的低合金高强度结构钢。

(2)技术性能

根据国家标准《低合金高强度结构钢》(GB1591—2008)的规定,其化学成分、力学性质应符合该标准的规定。

（3）选用

低合金高强度结构钢具有轻质高强,耐蚀性、耐低温性好,抗冲击性强,使用寿命长等良好的综合性能,具有良好的可焊性及冷加工性,易于加工与施工。因此,低合金高强度结构钢可以用作高层及大跨度建筑(如大跨度桥梁、大型厅馆和电视塔等)的主体结构材料,与普通碳素钢比可节约钢材,具有显著的经济效益。

6.3.2.4　钢结构用型钢、钢板

钢结构构件一般应直接选用各种型钢。构件之间可直接或附连接钢板进行连接。连接方式有铆接、螺栓连接或焊接。型钢有热轧和冷轧成型两种。钢板也有热轧(厚度为0.35~200 mm)和冷轧(厚度为0.2~5 mm)两种。

（1）热轧型钢

热轧型钢有H型钢、部分T型钢、工字钢、槽钢、角钢、Z字钢、U型钢等。

我国建筑用热轧型钢主要采用碳素结构钢Q235A(含碳量约为0.14%~0.22%)。在钢结构设计规范中,推荐使用低合金钢,主要有两种:Q345(16Mn)及Q390(16MnV),用于大跨度、承受动荷载的钢结构中。热轧型钢的标记方式为一组符号,包括型钢名称、横断面尺寸、型钢标准号及钢号与钢种标准等。例如,用碳素结构钢Q235A轧制的,尺寸为160 mm×16 mm的等边角钢,其标识为:

热轧等边角钢

$$\frac{160 \times 160 \times 16 — GB/T706 - 2008}{Q235A\ GB/T700—2006}$$

（2）冷弯薄壁型钢

冷弯薄壁型钢通常是用2~6 mm薄钢板冷弯或模压而成,有角钢和槽钢等开口薄壁型钢及方形、矩形等空心薄壁型钢,主要用于轻型钢结构。其标识方法与热轧型钢相同。

（3）钢板、压型钢板

钢板、压型钢板是用光面轧辊机轧制成的扁平钢材,以平板状态供货的称钢板,以卷状供货的称钢带。按轧制温度不同,分为热轧和冷轧两种;按厚度热轧钢板分为厚板(厚度大于4 mm)和薄板(厚度为0.35~4 mm)两种;冷轧钢板只有薄板(厚度为0.2~4 mm)一种。

建筑用钢板及钢带主要是碳素结构钢,一些重型结构、大跨度桥梁、高压容器等也采用低合金钢板。

薄钢板经冷压或冷轧成波形、双曲形、V形等形状,称为压型钢板。彩色钢板、镀锌薄钢板、防腐薄钢板等都采用制作压型钢板。其特点是质量轻、强度高、抗震性能好、施工快、外形美观等。主要用于围护结构、楼板、屋面等。

6.4　钢材的锈蚀与防护

6.4.1　钢材的锈蚀

钢材的锈蚀是指其表面与周围介质发生化学反应而引起的破坏。钢材锈蚀可发生在许多引起锈蚀的介质中,如湿润空气、土壤和工业废气等。锈蚀会显著降低钢的强度、塑性和韧性等力学性能。根据钢材表面与周围介质的不同作用,锈蚀分为化学锈蚀和电化学锈蚀。

6.4.1.1　化学锈蚀

化学锈蚀指钢材与周围的介质(如氧气、二氧化碳、二氧化硫和水等)直接发生化学反应,生成疏松的氧化物而引起的锈蚀。在干燥环境中化学锈蚀的速度缓慢,但在温度高和湿度较大时,锈蚀速度大大加快,如钢材在高温中氧化形成 Fe_3O_4 的现象。

在常温下,钢材表面被氧化,会形成一层薄薄的、钝化能力很弱的 FeO 氧化保护膜,使化学腐蚀很缓慢,对保护钢筋是有利的。

6.4.1.2　电化学锈蚀

建筑钢材在存放和使用过程中主要发生的是电化学锈蚀。例如,存放在湿润空气中的钢材,表面为一层电解质水膜所覆盖。钢材由不同的晶体组织构成,由于表面成分、晶体组织不同、受力变形和平整度差等的不均匀性,使邻近的局部产生电极电位的差别,因而构成许多"微电池"。整个电化学锈蚀过程如下所述。

阳极区:$Fe = Fe^{2+} + 2e$

阴极区:$H_2O + 2e + \frac{1}{2}O_2 = 2OH^-$

溶液区:$Fe^{2+} + 2OH^- = Fe(OH)_2$

$$4Fe(OH)_2 + O_2 + 2H_2O = 4Fe(OH)_3$$

水是弱电解质溶液,而溶有 CO_2 的水则成为有效的电解质溶液,从而加速电化学锈蚀的过程。钢材在大气中的腐蚀,实际上是化学锈蚀和电化学锈蚀共同作用所致,但以电化学锈蚀为主。

6.4.2　钢材的防护

钢材的锈蚀既有内因(材质),又有外因(环境介质的作用),因此要防止或减少钢材的锈蚀可以从改变钢材本身的易腐蚀性、隔离环境中的侵蚀性介质或改变钢材表面的电化学过程三方面入手,具体措施如下所述。

(1)表面覆盖法

可采用耐锈蚀性的金属或非金属材料覆盖在钢材表面,提高钢材的耐锈蚀能力。金属覆盖中常用的方法有:镀锌(如白铁皮)、镀锡(如马口铁)、镀铜和镀铬等;非金属覆盖中有喷涂涂料、搪瓷和塑料等。

(2)添加合金元素

在碳素钢和低合金钢中加入少量铜、铬、镍、钼等合金元素,能制成耐候钢,大大提高钢材的耐锈蚀性。这种钢在大气作用下,表面能形成一种致密的防窗保护层,起到耐锈蚀作用。耐候钢的强度级别与常用碳素钢和低合金钢一致,技术指标也相近,但其耐锈蚀能力却高出数倍。

(3)混凝土用钢筋的防锈

在正常的混凝土中 pH 值约为 12,这时在钢材表面能形成碱性氧化膜(钝化膜),对钢筋起保护作用。若混凝土碳化后,由于碱度降低(中性化)会失去对钢筋的保护作用。此外,混凝土中氯离子达到一定浓度,也会严重破坏钢筋表面的钝化膜。

为防止钢筋锈蚀,应保证混凝土的密实度以及钢筋外侧混凝土保护层的厚度,在二氧化碳浓度高的工业区采用硅酸盐水泥或普通硅酸盐水泥,限制含氯盐外加剂掺量并使用混凝土用钢筋防锈剂。预应力混凝土应禁止使用含氯盐的集料和外加剂。钢筋涂覆环氧树脂或镀锌也是一种有效的防锈措施。

6.5 建筑钢材的防火

6.5.1 建筑钢材的耐火性

建筑钢材是建筑材料的三大主要材料之一。它是在严格的技术控制下生产的材料,具有强度大、塑性和韧性好、品质均匀、可焊可铆,制成的钢结构重量轻等优点。但就防火而言,钢材虽然属于不燃性材料,耐火性能却很差,耐火极限只有0.15 h。建筑钢材遇火后,力学性能的变化体现在以下几方面。

(1)强度的降低

在建筑结构中广泛使用的普通低碳钢,抗拉强度在 $250 \sim 300℃$ 时达到最大值(由于蓝脆现象引起);温度超过350℃,强度开始大幅度下降,在500℃时约为常温时的1/2,600℃时约为常温的1/3。由此可见,钢材在高温下强度降低很快。此外,钢材的应力—应变曲线形状随温度升高发生很大变化,温度升高,屈服平台降低,且原来呈现的锯齿形状逐渐消失。当温度超过400℃后,低碳钢特有的屈服点消失。

普通低合金钢是在普通碳素钢中加入一定量的合金元素冶炼成的。这种钢材在高温下的强度变化与普通碳素钢基本相同,在 $200 \sim 300℃$ 的温度范围内极限强度增加,当温度超过300℃后,强度逐渐降低。

冷加工钢筋时普通钢筋经过冷拉、冷拔、冷轧等加工强化过程得到的钢材,其内部晶格构架发生畸变,强度增加而塑性降低。这种钢材在高温下,内部晶格的畸变随着温度升高而逐渐恢复正常,冷加工所提高的强度也逐渐减少和消失,塑性得到一定的恢复,因此,在相同的温度下,冷加工钢筋强度降低值比未加工钢筋大很多。当温度达到300℃时,冷加工钢筋强度接近甚至小于未冷加工钢筋的相应温度下的强度。

高强钢丝用于预应力钢筋混凝土结构。它属于硬钢,没有明显的屈服极限。在高温下,高强钢丝的抗拉强度的降低比其他钢筋更快。当温度在150℃以内时,强度不降低;温度达到350℃时,强度降低约为常温时的1/2;400℃时强度约为常温时的1/3;500℃时强度不足常温时的1/5。

预应力混凝土构件,由于所用的冷加工钢筋和高强钢丝在火灾高温下强度下降,明显大于普通低碳钢筋和低合金钢筋,因此耐火性能远低于非预应力混凝土构件。

(2)变形的加大

钢材在一定温度和应力作用下,随时间的推移,会发生缓慢塑性变形,即蠕变。蠕变在较低温度时就会产生,在温度高于一定比值时比较明显,对于普通低碳钢这一温度为 $300 \sim 350℃$,对于合金钢为 $400 \sim 450℃$,温度愈高,蠕变现象愈明显。蠕变不仅受温度的影响,而且也受应力大小影响。若应力超过了钢材在某一温度下的屈服强度时,蠕变会明显增大。

钢材在高温下强度降低很快,塑性增大,加之其导热率大(普通建筑钢的导热系数高达 $67.63 W/(m \cdot K)$),是造成钢结构在火灾条件下极易在短时间内破坏的主要原因。试验研究和大量火灾实例表明,一般建筑钢材的临界温度为540℃左右。而对于建筑物的火灾,火场温度大约在 800～1 000 ℃。因此处于火灾高温下的裸露钢结构往往在 10～15 min 左右，自身温度就会上升到钢的极限温度 540 ℃以上，致使强度和载荷能力急剧下降，在纵向压力和横向拉力作用下，钢结构发生扭曲变形，导致建筑物的整体坍塌毁坏，而且变形后的钢结构是无法修复的。

为了提高钢结构的耐火性能，通常可采用防火隔热材料（如钢丝网抹灰、浇注混凝土、砌砖块、泡沫混凝土块）包覆、喷涂钢结构防火涂料等方法。在钢筋混凝土中，钢筋应有一定厚度的保护层。

6.5.2　钢结构防火涂料

6.5.2.1　分类及品种

钢结构防火涂料按所使用胶黏剂的不同可分为有机防火涂料和无机防火涂料两种。有机防火涂料分为膨胀型和非膨胀型。我国现行《钢结构防火涂料》（GB 14907—2002）将钢结构防火涂料按使用厚度分为：超薄型（CB），薄型（B 型），厚型（H 型），另外用 N 和 W 分别代表室内和室外，例如室内超薄型钢结构防火涂料表示为"NCB"。超薄型钢结构防火涂料涂层厚度小于或等于 3 mm，薄型钢结构防火涂料涂层厚度大于 3 mm 且小于或等于 7 mm，厚型钢结构防火涂料涂层厚度大于 7 mm 且小于或等于 45 mm。

6.5.2.2　钢结构防火涂料的阻火原理

钢结构防火保护的基本原理是采用绝热或吸热材料，阻隔火焰和热量，推迟钢结构的升温速率。防火方法以包裹法为主，即以防火涂料、不燃性板材或混凝土和砂浆将钢构件包裹起来。防火涂料是目前钢结构防火相对简单而有效的方法。

钢结构防火涂料的阻火原理有三个：一是涂层对钢基材起屏蔽作用，使钢构件不至于直接暴露在火焰高温中；二是涂层吸热后部分物质分解放出水蒸气或其他不燃气体，起到消耗热量、降低火焰温度和延缓燃烧速度、释放氧气的作用；三是涂层本身多孔轻质和受热后形成碳化泡沫层，阻止了热量迅速向钢基材传递，推迟了钢基材强度的降低，从而提高了钢结构的耐火极限。

6.5.2.3　钢结构防火涂料的选用原则

选用钢结构防火涂料时，应考虑结构类型、耐火极限要求、工作环境等。选用原则如下。

1）裸露网架钢结构、轻钢屋架以及其他构件截面小，振动挠曲变化大的钢结构，当要求耐火极限在 1.5 h 以下时，宜选用薄涂型钢结构防火涂料，装饰要求较高的建筑宜首选超薄型钢结构防火涂料。

2）室内隐蔽钢结构、高层等性质重要的建筑，当要求其耐火极限在 1.5 h 以上时，应选用厚涂型钢结构防火涂料。

3）露天钢结构，必须选用适合室外使用的钢结构防火涂料。

室外使用环境比室内严酷得多，涂料在室外要经受日晒雨淋，风吹冰冻，因此应选用耐水、耐冻融、耐老化、强度高的防火涂料。

一般来说，非膨胀型比膨胀型耐候性好。而非膨胀型中蛭石、珍珠岩颗粒型厚质涂料，若采用水泥为胶黏剂比采用水玻璃为胶黏剂要好。特别是水泥用量较多，密度较大时，更适宜用于室外。

（4）注意不要把饰面型防火涂料选用保护钢结构。饰面型防火涂料适用于木结构和可燃基材,一般厚度小于 1 mm,薄薄的涂膜对于可燃材料能起到有效的阻燃和防止火焰蔓延的作用。但其隔热性能一般达不到大幅度提高钢结构耐火极限的作用。

对钢结构进行防火保护措施很多,但涂覆防火涂料是目前相对简单而有效的方法。随着高科技建筑材料的发展,对建筑材料功能性要求的提高,防火涂料的使用已暴露出不足,如安全性问题:防火涂料中阻燃成分可能释放有害气体,对火场中的消防人员、群众会产生危害。耐久性问题在 2001 年的"9·11"事件中,美国世贸大厦的倒塌已反映出来,如防火涂料涂覆一年或若干年后防火性是否依旧? 防火涂料与基材的黏结是否会随时间的延长而出现剥落、粉化? 美国世贸大厦火灾发生后,发现防火涂料的涂层已脱落,这些意味着防火涂料使用若干年后,将由于各种原因而失去应有的功能,耐火极限明显下降。

6.6 建筑钢材实验

通过试验操作,掌握钢材拉伸性能、伸长率、冷弯试验基本操作方法和技能,学会正确使用有关的仪器设备,掌握钢材试验中各项力学性能及工艺性能的评定方法。

6.6.1 一般规定

钢筋应按批进行检查和验收,每批由同一牌号和同一炉罐号、同一规格的钢筋组成。每批重量通常不大于 60 t。超过 60 t 的部分,每增加 40 t(或不足 40 t 的余数),增加一个拉伸试验试样和一个弯曲试验试样。

钢筋应有出厂证明书或试验报告单。验收时应抽样作机械性能试验。包括拉力试验和冷弯试验两个项目。两个项目中如有一个项目不合格,该批钢筋即为不合格品。

钢筋在使用中如有脆断、焊接性能不良或机械性能显著不正常时,应进行化学成分检验分析,或做其他专项检验。

取样方法和结果评定规定,自每批钢筋中任意抽取两根,于每根距端部 50 mm 处各取一套试样(两根试件),在每套试样中取一根作拉力试验,另一根做冷弯试验。在拉力试验的两根试件中,如其中一根试件的屈服点、抗拉强度和伸长率三个指标中有一个指标达不到标准中规定的数值,应再抽取双倍(4 根)钢筋,制取双倍(4 根)试件重做试验,如仍有一根试件的一个指标达不到标准要求,则无论这个指标在第一次试件中是否达到标准要求,拉力试验项目都认为不合格。在冷弯试验中,如有一根试件不符合标准要求,应同样抽取双倍钢筋,制成双倍试件重做试验,如仍有一根试件不符合标准要求,冷弯试验项目即为不合格。

除非另有规定,试验一般在 10 ~ 35℃ 下进行,对温度要求严格的试验,试验温度应为(23 ±5)℃。

6.6.2 钢材的抗拉强度及断后伸长率检验

6.6.2.1 实训目的

测定钢筋的屈服强度、抗拉强度与断后伸长率。注意观察拉力与变形之间的变化。确定应力与应变之间的关系曲线,评定钢筋的强度等级。

6.6.2.2 主要仪器设备

1）万能材料试验机。

为保证机器安全和检验准确,其吨位选择最好是使试件达到最大荷载时,指针位于量程的 20% 到 80% 范围内。试验机的测力系统应按照 GB/T 16825.1—2008 进行校准,并且其精度应为 1 级或优于 1 级。

2）游标卡尺（精确度为 ±0.25mm）等。

6.6.2.3 试件制作和准备

抗拉试验用钢筋试件不得进行车削加工,应用小标记、细划线或细墨线标记原始标距,但不得用引起过早断裂的缺口作标记。原始标距与横截面积有 $L_0 = k\sqrt{S_0}$ 关系的试样称为比例式样。国际上使用的比例系数 k 为 5.65,原始标距应不小于 15 mm。当横截面积太小,以致采用比例系数 k 为 5.65 的值不能符合这一最小标距要求时,可以采用较高的值（优先采用 11.3 的值）或采用比例试样。非比例试样其原始标距 L_0 与原始横截面积 S_0 无关。计算钢筋强度所用横截面积采用表 6-12 所列公称横截面积。

表 6-12　钢筋的公称横截面积

公称直径/mm	公称横截面积/mm^2	公称直径/mm	公称横截面积/mm^2
6	28.27	20	314.2
6.5	33.18	22	380.1
8	50.27	25	490.9
10	78.54	28	615.8
12	113.1	32	804.2
14	153.9	36	1 018
16	201.1	40	1 257
18	254.5	50	1 964

6.6.2.4 屈服强度和抗拉强度的测定

（1）将试件固定在试验机夹头内。开动试验机进行拉伸,拉伸速度为:在试样平行长度的屈服期间应变速率应在 0.000 25 ~ 0.002 5 S^{-1} 之间,平行长度内的应变速率应尽可能保持恒定。如不能直接调节这一应变速率,应通过调节屈服即将开始前的应力速率来调整,在屈服之前不再调节试验机的控制。任何情况下,弹性范围内的应力速率不得超过表 6-13 规定的最大速率。

表 6-13　应力速率

材料弹性模量 E/MPa	应力速率 R/(MPa/s)	
	最小	最大
< 150 000	2	60
≥ 150 000	6	30

2)屈服后或只需测定抗拉强度时,试验速率可以增加到不大于 0.008 S^{-1} 的应变速率。如果仅仅需要测定材料的抗拉强度,在整个实验过程中可以选取不超过 0.008 S^{-1} 的单一实验速率。

3)下屈服强度的测定:下屈服强度可以从力－延伸曲线图或峰值力显示器上测得。不同类型曲线的上屈服强度和下屈服强度见图6-8,定义为在屈服区间,不计初始瞬时效应(a点)时的最低应力。对上、下屈服强度位置判定的基本原则如下。

①屈服前的第1个峰值应力(第1个极大值应力)判为上屈服强度,不管其后的峰值应力比它大或比它小。

②屈服阶段中如呈现两个或两个以上的谷值应力,舍去第1个谷值应力(第1个极小值应力)不计,取其余谷值应力中之最小者判为下屈服强度;如呈现1个下降谷,此谷值应力判为下屈服强度。

③屈服阶段中呈现屈服平台,平台应力判为下屈服强度;如呈现多个而且后者高于前者的屈服平台,判定第1个平台应力为下屈服强度。

④正确的判定结果应是下屈服强度一定低于上屈服强度。

按下式计算试件的屈服强度。

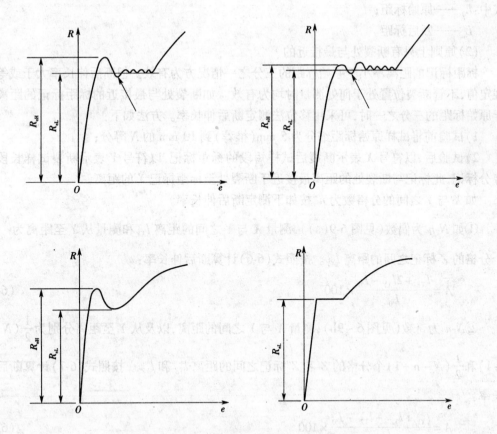

图6-8 不同类型曲线的上屈服强度和下屈服强度

$$R_{eL} = \frac{F_{eL}}{A} \tag{6-3}$$

式中:R_{eL}——屈服强度,MPa;

　　F_{eL}——屈服点荷载,N;

　　A——试件的公称横截面积,mm^2。

　　测得屈服强度后,继续对试件连续施荷直至拉断,得出最大荷载 F_m(N)。按下式计算试件的抗拉强度。

$$R_m = \frac{F_m}{A} \tag{6-4}$$

式中:R_m——抗拉强度,MPa;

　　F_m——最大荷载,N;

　　A——试件的公称横截面积,mm^2。

6.6.2.5　断后伸长率的测定

　　(1)将已拉断试件的两段紧密地对接在一起,使其轴线位于同一条直线上。并采取特别措施确保试样断裂部分适当接触后测量试样断后标距。断后伸长率 A 按下式计算:

$$A = \frac{L_u - L_0}{L_0} \times 100 \tag{6-5}$$

式中:L_0——原始标距;

　　L_u——断后标距。

　　(2)原则上只有断裂处与最接近的

　　标距标记的距离不小于原始标距的三分之一情况方为有效。但断后伸长率大于或等于规定值,不管断裂位置处于何处测量时均为有效。如断裂处与最接近的标距标记的距离小于原始标距的三分之一时,可采用移位法测定断后伸长率。方法如下:

　　1)试验前将试样原始标距细分为 5 mm(推荐)到 10 mm 的 N 等分;

　　2)试验后,以符号 X 表示断裂后试样短段的标距标记,以符号 Y 表示断裂试样长段的等分标记,此标记与断裂处的距离最接近于断裂处至标距标记 X 的距离。

　　如 X 与 Y 之间的分格数为 n,按如下测定断后伸长率。

　　①如 $N\text{-}n$ 为偶数(见图 6-9(a)),测量 X 与 Y 之间的距离 l_{XY} 和测量从 Y 至距离为 $\frac{N-n}{2}$ 个分格的 Z 标记之间的距离 l_{XY}。按照式(6-6)计算断后伸长率:

$$A = \frac{l_{XY} + 2l_{XY} - L_0}{L_0} \times 100 \tag{6-6}$$

　　②$N\text{-}n$ 为奇数(见图 6-9b),测量 X 与 Y 之间的距离,以及从 Y 至距离分别为 $\frac{1}{2}(N-n-1)$ 和 $\frac{1}{2}(N-n+1)$ 个分格的 Z' 和 Z'' 标记之间的距离 $l_{YZ'}$ 和 $l_{YZ''}$。按照式(6-7)计算断后伸长率:

$$A = \frac{l_{XY} + l_{YZ'} + l_{YZ''} - L_0}{L_0} \times 100 \tag{6-7}$$

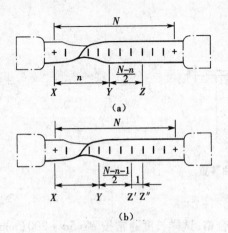

图6-9　移位方法的图示说明

(a)$N-n$为偶数；(b)$N-n$为奇数

n—X与Y之间的分格数；N—等分的份数；X—试样较短部分的标距标记；Y—试样较长部分的标距标记；Z,Z',Z''—分度标记

6.6.3　钢材的冷弯性能检验

冷弯性能属于钢材的工艺性能。冷弯性能的检验是在常温下将标准试件放在弯曲机的弯头上，逐渐施加荷载，观察由于这个荷载的作用，试件绕一定弯芯弯曲至规定角度时，其弯曲处外表面是否有裂纹、起皮、断裂等现象。

6.6.3.1　主要仪器设备

1)弯曲试验应在配备下列弯曲装置之一的试验机或压力机上完成。主要有：配有两个支辊和一个弯曲压头的支辊式弯曲装置(图6-10)；配有一个 V 型模具和一个弯曲压头的 V 型模具式弯曲装置(图6-11)；虎钳式弯曲装置(图6-12)。

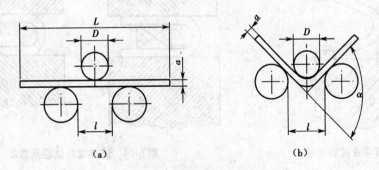

图6-10　支辊式弯曲装置

(a)弯曲前；(b)弯曲后

2)具有不同直径的弯芯，弯芯直径按照有关标准规定选用。

3)应有足够硬度的支承辊，其长度应大于试件的直径和宽度，支承辊间的距离可以调节。

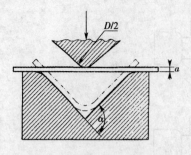

图 6-11　V 型模具式弯曲装置

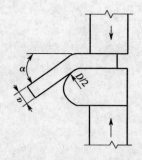

图 6-12　虎钳式弯曲装置

6.6.3.2　试验步骤

1）检查试件尺寸是否合格，试样长度通常按 $L \approx 5a + 200 (\text{mm})$（$a$ 为试件原始直径）确定。

2）将试样放于两支棍（图 6-10）或 V 型模具（图 6-11），试样轴线应与弯曲压头轴线垂直，弯曲压头在两支座之间的中点处对试样连续施加力使其弯曲，直到达到规定的弯曲角度。也可采用图 6-12 所示的方法进行弯曲试验。试样一端固定，绕弯曲压头进行弯曲，可以绕过弯曲压头，直到达到规定的弯曲角度。使用上述方法如不能直接达到规定的弯曲角度。可将试样置于两平行压板之间，连续施加力压其两端使进一步弯曲，直到达到规定的弯曲角度，见图 6-13。

试样弯曲至两臂相互平行的试验，首先对试样进行初步弯曲，然后将试样置于两平行压板之间见图 6-13，连续施加力压其两端使进一步弯曲，直至两臂平行见图 6-14。试验时可以加或不加内置垫块。垫块厚度等于规定的弯曲压头直径。

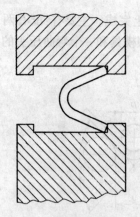

图 6-13　试样弯曲试验示意 1

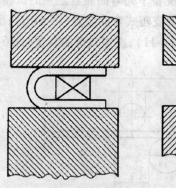

图 6-14　试样弯曲试验示意 2

试样弯曲至两臂直接接触的试验，首先对试样进行初步弯曲，然后将试样置于两平行压板之间，连续施加力压其两端使进一步弯曲，直至两臂直接接触见图 6-15。

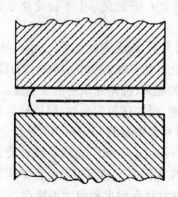

图6-15　试样弯曲试验示意3

6.6.3.3　注意事项

1）钢筋冷弯试件不得进行车削加工。

2）除非另有规定,两支承辊间距离为 $l = (D + 3a) \pm \dfrac{a}{2}$,此距离在试验期间应保持不变。

3）弯曲试验时,应当缓慢施加弯曲力。以使材料能够自由地进行塑性变形。

4）当出现争议时,试验速率应为 $(1 \pm 0.2)\,\text{mm/s}$。

6.6.3.4　结果评定

弯曲后,按有关标准规定检查试样弯曲外表面,进行结果评定。若弯曲外表面无可见裂纹,则评定试样合格。

应用案例与发展动态

案例:2001年9月11日,美国纽约世贸大厦、五角大楼相继遭到被恐怖分子劫持的飞机的撞击,两架飞机分别撞进北大楼的93~99层和南大楼的78~85层。两座楼均为110层。一个多小时后,两楼先后如排山倒海般的气势垂直向下垮掉,在"隆隆"巨响中化做了尘烟。

原因分析:两座建筑物均为钢结构,钢材有一个致命的缺点,就是遇高温变软,丧失原有强度。一般的钢材超过300℃,强度就急降一半;500℃左右的燃烧温度,就足以让无防护的钢结构建筑完全垮塌。耐火性差成为超高层建筑无法回避的固有缺陷,使纽约世贸大楼这样由美国高强度的建筑钢材、高水平的结构设计技术建成的大楼还是未能躲过大火毁灭的命运。

美国联邦紧急事态管理局(FEMA)2002年的调查报告认为,航空燃料引起的火灾的高温,使结构钢材的强度突然降低,造成破坏。但是,就在倒塌之前,下面楼层的许多玻璃破碎,地下停车场的许多车辆受到极大破坏等证言,很难用火灾来解释。

日本筑波大学系统情报工学研究专业的矶部大吾郎准教授,按美国联邦紧急事态管理局(FEMA)等提供的数据,用计算机重现了南楼破坏。他认为,受客机的冲击,大楼中心部分直通顶层的47根钢柱(内筒钢柱),在距离柱顶1/4的地方断裂。由于上部各层的压力(重量)突然减轻,断裂点以下的内筒钢柱向上弹性延伸,使得各层楼板与内筒钢柱的连接几乎全部破坏(剪力破坏)。整个大楼变成一个不稳定体系,在很小的外力作用下,即可崩溃。

目前世界上已开发使用耐火钢,耐火钢就是对火灾有一定抵抗能力的钢材,耐火钢生产中通过加入钼、铌等元素合金化。使其能在 350~600℃的高温 1~3 h 仍保持较高的强度水平,从而增加建筑物抵抗火灾的能力,提高建筑物的安全性。耐火钢在建筑工程中应用可缩短建筑周期,减轻建筑物的自重,增加建筑安全性,降低建筑成本,具有显著的经济效益和社会性效益。日本研究者在钢中添加微量的 Cr、Mo、Nb 等合金元素开发出耐火温度为 600℃的建筑用耐火钢。欧洲的 Creusot-Loire 钢厂完成了能经受住 900~1 000℃火灾温度的含Mo 的耐火钢的研究。耐火钢在我国属于建筑用低合金结构钢范畴,我国宝钢在耐候钢的基础上开发出 Mo 系耐火钢板,同时具有耐火和耐蚀的特点。

思 考 题

1. 钢材有哪几种分类方法? 建筑工程中主要使用哪些钢材?
2. 评价钢材技术性质的主要指标有哪些?
3. 施工现场如何验收和检测钢筋? 如何贮存?
4. 试述碳素结构钢和低合金钢在工程中的应用。
5. 化学成分对钢材的性能有何影响?
6. 钢材拉伸性能的表征指标有哪些? 各指标的含义是什么?
7. 什么是钢材的屈强比? 它在建筑设计中有何实际意义?
8. 什么是钢材的冷弯性能? 应如何进行评价?
9. 何谓钢材的冷加工和时效? 钢材经冷加工和时效处理后性能有何变化?
10. 钢筋混凝土用热轧钢筋有哪几个牌号? 其表示的含义是什么?
11. 建筑钢材的锈蚀原因有哪些? 如何防护钢材?
12. 钢材为什么需要防火? 防火应采取哪些措施?

7 墙体材料

学习目标
- 熟悉建筑上常用墙体材料的种类、技术性质及选用原则。
- 掌握砖、砌块和板材的定义、分类及主要技术要求;检验用产品标准及检验方法,结果评价。
- 了解新型墙体材料的类型及其性质和使用特点。

墙体在建筑中起承重、围护、分隔作用。在我国,传统的墙体材料主要是烧结黏土砖、石块,秦砖汉瓦的建筑体系已经在中国延续了千年之久,至今依旧未被完全淘汰。随着科学技术的日益发展,我国墙体材料改革的深入,为适应现代建筑的轻质高强、多功能的需要,实现建筑节能,墙体材料必须向大型化、轻质化、节能化、利废化、复合化、装饰化等方面发展。

墙体材料按照工艺可以分为板材、砖和砌块及现场整体浇注成型墙体。主要产品有空心砖、多孔砖、煤矸石砖、粉煤灰砖、灰砂砖、页岩砖等砖类;普通混凝土砌块、轻质混凝土砌块、混凝土砌块、加气混凝土砌块、石膏砌块等砌块种类;GRC 板石膏板、各种纤维增强墙板及复合墙板等墙板,这些材料的使用,既可以节约黏土资源,又可以利用工业废渣,有利于环境保护,实现可持续发展的战略。

7.1 砌墙砖

凡是由黏土、工业废料或其他地方资源为主要原料,以不同的工艺制成的在建筑物中用于承重墙和非承重墙的砖统称为砌墙砖。

砖的种类很多,按所用原材料分为黏土砖、页岩砖、煤矸石砖、粉煤灰砖、灰砂砖和炉渣砖等;按生产工艺可分为烧结砖和非烧结砖,其中非烧结砖又可分为压制砖、蒸养砖和蒸压砖等;按有无孔洞可分为空心砖和实心砖。

7.1.1 烧结砖

凡以黏土、页岩、煤矸石或粉煤灰为原料,经成型和高温焙烧而制得的用于砌筑承重和非承重墙体的砖统称为烧结砖。

7.1.1.1 烧结普通砖

烧结普通砖是指以黏土、页岩、煤矸石或粉煤灰为主要原料,经焙烧而成的普通实心砖。孔洞率通常小于15%。

1. 分类

按主要原料分为黏土砖(N)、页岩砖(Y)、煤矸石砖(M)、粉煤灰砖(F)等多种。黏土砖耗用大量农田,且生产中会逸放氟、硫等有害气体,能耗高,需限制生产,并逐步淘汰,不少城市已经禁止使用。但烧结粉煤灰砖、烧结页岩砖、烧结煤矸石砖等的规格尺寸和基本要求均与烧结黏土实心砖相似，因此仍应对其学习了解。

烧结黏土砖以黏土为主要原料，一般是将焙烧温度控制在 900～1 100℃之间，使砖坯烧至部分熔融而烧结。如果焙烧温度过高或时间过长，则易产生过火砖。过火砖的特点为色深、敲击声脆、变形大等。如果焙烧温度过低或时间不足，则易产生欠火砖。欠火砖的特点为色浅、敲击声哑、强度低、吸水率大、耐久性差等。

当砖窑中焙烧时为氧化气氛，因生成三氧化二铁(Fe_2O_3)而使砖呈红色，称为红砖。若在氧化气氛中烧成后，再在还原气氛中闷窑，红色(Fe_2O_3)还原成青灰色氧化亚铁(FeO)，称为青砖。青砖一般较红砖致密、耐碱、耐久性好，但由于价格高，目前生产应用较少。

2. 主要技术要求

根据国家标准《烧结普通砖》(GB 5101—2003)，烧结普通砖的技术要求包括尺寸偏差，外观质量，强度，抗风化性能，泛霜，石灰爆裂及欠火砖，酥砖和螺纹砖(过火砖)等。

(1) 等级

根据 10 块砖样的抗压强度平均值和强度标准值分为 MU30、MU25、MU20、MU15、MU10 五个强度等级，见表 7-1。强度、抗风化性能和放射性物质合格的砖，根据尺寸偏差、外观质量、泛霜和石灰爆裂分为优等品(A)、一等品(B)、合格品(C)三个质量等级。

表 7-1　烧结普通砖强度等级划分规定

强度等级	抗压强度/MPa		
	抗压强度平均值 $\bar{f}$ ≥	变异系数 $\delta \leq 0.21$	变异系数 $\delta > 0.21$
		抗压强度标准值 f_k ≥	单块最小抗压强度值 f_{min} ≥
MU30	30.0	22.0	25.0
MU25	25.0	18.0	22.0
MU20	20.0	14.0	16.0
MU15	15.0	10.0	12.0
MU10	10.0	6.5	7.5

按下式计算平均强度：

$$\bar{f} = \frac{1}{10}\sum_{i=1}^{10} f_i \tag{7-1}$$

按下式计算变异系数(δ)和标准差(S)：

$$S = \sqrt{\frac{1}{9}\sum_{i=1}^{10}(f_i - \bar{f})^2} \tag{7-2}$$

$$\delta = \frac{S}{\bar{f}} \tag{7-3}$$

式中：δ——砖强度变异系数；

$\bar{f}$——10 块砖样的抗压强度算术平均值，MPa；

S——10 块砖样的抗压强度标准差，MPa；

f_i——单块砖样的抗压强度测定值，MPa。

结果计算与评定：

变异系数 $\delta \leqslant 0.21$ 时，按上表中抗压强度平均值 $\bar{f}$、强度标准值 f_k 评定砖的强度等级。样本量 $n=10$ 时的强度标准值按下式计算：

$$f_k = \bar{f} - 1.8S \tag{7-4}$$

式中：f_k——抗压强度标准值，MPa；

变异系数 $\delta > 0.21$ 时，按上表中抗压强度平均值 $\bar{f}$、单块最小抗压强度值 f_{min} 评定砖的强度等级。

（2）规格

烧结普通砖的外形为直角六面体，其公称尺寸为长 240 mm、宽 115 mm、高 53 mm，可表示为 240 mm×115 mm×53 mm，见图 7-1。在烧结普通砖砌体中，加上灰缝 10 mm，每 4 块砖长，8 块砖宽或 16 块砖厚均为 1 m，1 m³ 砌体需用砖 512 块。

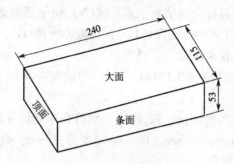

图 7-1　烧结普通砖的外形示意

（3）抗风化性能

抗风化性能是普通黏土砖重要的耐久性指标之一，对砖的抗风化性能要求应根据各地区的风化程度而定。砖的抗风化性能通常用抗冻性、吸水率及饱和系数等指标来判定砖的抗风化性能。国家标准（GB 5101—2003）规定，根据工程所处的省区，对砖的抗风化性能（吸水率、饱和系数及抗冻性）提出不同要求。严重风化区中的 1、2、3、4、5 等 5 个地区所用的普通黏土砖，必须进行冻融试验，其抗冻性试验必须合格，其他省区的砖，按标准规定以吸水率及饱和系数来评定。当符合规定时，可不做冻融试验，评为抗风化性能合格，否则，必须进行上述冻融试验。

（4）泛霜

优等品无泛霜；一等品不允许出现中等泛霜；合格品不允许出现严重泛霜。

（5）石灰爆裂

原料中夹带石灰，在高温熔烧生成过火石灰。过火石灰在砖体内吸水膨胀，导致砖体膨胀破坏，这种现象称为石灰爆裂。标准规定，优等品不允许出现最大破坏尺寸大于 2 mm 的爆裂区域；一等品最大破坏尺寸大于 2 mm 且小于等于 10 mm 的爆裂区域，每组砖样不得多于 15 处，不允许出现最大破坏尺寸大于 10 mm 的爆裂区域；合格品中每组砖样 2～15 mm 的爆裂区不得大于 15 处，其中 10 mm 以上的区域不多于 7 处，且不得出现大于 15 mm 的爆裂区。

（6）产品标记

砖的产品标记按产品名称、类别、强度等级、质量等级和标准编号顺序编写。

示例:烧结普通砖,强度等级 MU15,一等品的黏土砖,其标记为:烧结普通砖 N　MU15 B　GB 5101。

3. 应用

烧结普通砖具有隔热、隔声性能好,不结露,价格低。可用作建筑维护结构,可砌筑柱、拱、烟囱、窑身、沟道及基础等;可与隔热材料配套使用,砌成轻体墙;可配置适当的钢筋代替钢筋混凝土柱、过梁等。烧结普通砖优等品适用于清水墙和装饰墙,一等品、合格品可用于混水墙。中等泛霜的砖不能用于潮湿部位。

7.1.1.2　烧结多孔砖

烧结多孔砖是以黏土、页岩、粉煤灰、煤矸石等为主要原材料,经混料、制坯、干燥、焙烧而制成的空洞率大于 15% ,而且孔洞数量多,尺寸小,可用于承重墙体的砖。用于清水墙和带有装饰面墙体装饰的砖,称为装饰砖。

烧结多孔砖按主要原料分为烧结黏土多孔砖(N)、烧结页岩多孔砖(Y)、烧结粉煤灰多孔砖(F)和烧结煤矸石多孔砖(M)淤泥砖(U)固体废弃物砖(G)。

1. 烧结多孔砖的主要技术规定

《烧结多孔砖和多孔砌块》(GB 13544—2011)中的规定。

(1)规格尺寸

多孔砖的外形为直角六面体;长、宽、高应分别符合下列尺寸要求:长度为 290 mm,240 mm;宽度为 190 mm,180 mm,140 mm,115 mm;高度为 90 mm。外形示意图见图 7-2。尺寸允许偏差应符合表 7-2 的规定。

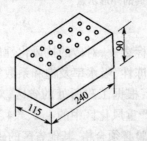
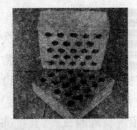

图 7-2　烧结多孔砖的外形示意

表 7-2　尺寸允许偏差　　　　　　　　mm

尺寸	样本平均偏差	样本极差≤
>400	±3.0	10.0
300 ~ 400	±2.5	9.0
200 ~ 300	±2.5	8.0
100 ~ 200	±2.0	7.0
<100	±1.5	6.0

(2)外观质量

砖和砌块的外观质量应符合表 7-3 的规定。

表 7-3 外观质量　　　　　　　　　mm

项目	指标
1.完整面不得少于	一条面和一顶面
2.缺棱掉角的三个破坏尺寸不得同时大于	30
3.裂纹长度	
a)大面(有孔面)上深入孔壁 15 mm 以上宽度方向及其延伸到条面的长度不大于	80
b)大面(有孔面)上深入孔壁 15 mm 以上长度方向及其延伸到顶面的长度不大于	100
c)条顶面上的水平裂纹不大于	100
4.杂质在砖或砌块面上造成的凸出高度不大于	5

注:凡有下列缺陷之一者,不能称为完整面。

a)缺损在条面或顶面上造成的破坏面尺寸同时大于 20 mm×30 mm。

b)条面或顶面上裂纹宽度大于 1 mm,其长度超过 70 mm。

c)压陷、焦花、粘底在条面或顶面上的凹陷或凸出超过 2 mm,区域最大投影尺寸同时大于 20 mm×30 mm。

（3）等级

根据砖的抗压强度平均值和标准值或单块最小抗压强度值,分为 MU30、MU25、MU20、MU15、MU10 五个强度等级。密度等级分为 1 000、1 100、1 200、1 300 四个等级。密度等级应符合表 7-4 的规定。

表 7-4 密度等级　　　　　　　　　kg/m³

密度等级		3 块砖或砌块干燥表观密度平均值
砖	砌块	
—	900	≤900
1000	1000	900～1000
1100	1100	1000～1100
1200	1200	1100～1200
1300	—	1200～1300

强度应符合表 7-5 的规定。

表 7-5 强度等级　　　　　　　　　MPa

强度等级	抗压强度平均值 $f\geq$	强度标准值 $f_k\geq$
MU30	30.0	22.0
MU25	25.0	18.0
MU20	20.0	14.0
MU15	15.0	10.0
MU10	10.0	6.5

（4）孔型孔结构及孔洞率

孔型孔结构及孔洞率应符合表 7-6 的规定。

表 7-6　孔型孔结构及孔洞率

孔型	孔洞尺寸/mm		最小外壁厚/mm	最小肋厚/mm	孔洞率/%		孔洞排列
	孔宽度尺寸 b	孔长度尺寸 L			砖	砌块	
矩型条孔或矩型孔	≤13	≤40	≥12	≥5	≥28	≥33	1. 所有孔宽应相等,孔采用单向或双向交错排列 2. 孔洞排列上下、左右应对称,分布均匀,手抓孔的长度方向尺寸必须平行于砖的条面

注:1. 矩型孔的孔长 L、孔宽 b 满足式 L≥3b 时,为矩型条孔;

2. 孔四个角应做成过渡圆角,不得做成直尖角;

3. 如设有砌筑砂浆槽,则砌筑砂浆槽不计算在孔洞率内;

4. 规格大的砖和砌块应设置手抓孔,手抓孔尺寸为(30~40)mm×(75~85)mm。

(5)质量要求

泛霜和石灰爆裂、抗风化等性能符合相关标准的要求。

1)泛霜要求:每块砖或砌块不允许出现严重泛霜。

2)石灰爆裂要求:①破坏尺寸大于 2 mm 且小于或等于 15 mm 的爆裂区域,每组砖和砌块不得多于 15 处,其中大于 10 mm 的不得多于 7 处;②不允许出现破坏尺寸大于 15 mm 的爆裂区域。

3)抗风化性能要求:严重风化区中的 1、2、3、4、5 地区的砖、砌块和其他地区以淤泥、固体废弃物为主要原料生产的砖和砌块必须进行冻融试验;其他地区以黏土、粉煤灰、页岩、煤矸石为主要原料生产的砖和砌块的抗风化性能符合表 7-7 规定时可不做冻融试验,否则必须进行冻融试验。风化区的划分见 GB 13544—2011 附录 A。15 次冻融循环试验后,每块砖和砌块不允许出现裂纹、分层、掉皮、缺棱掉角等冻坏现象。

表 7-7　抗风化性能

种类	项目							
	严重风化区				非严重风化区			
	5 h 沸煮吸水率不大于		饱和系数不大于		5 h 沸煮吸水率不大于		饱和系数不大于	
	平均值/%	单块最大值/%	平均值	单块最大值	平均值/%	单块最大值/%	平均值	单块最大值
黏土砖和砌块	21	23	0.85	0.87	23	25	0.88	0.90
粉煤灰砖和砌块	23	25			30	32		
页岩砖和砌块	16	18	0.74	0.77	18	20	0.78	0.80
煤矸石砖和砌块	19	21			21	23		

注:粉煤灰掺入量(质量比)小于 30% 时按黏土砖和砌块规定判定。

4)放射性核素限量要求:砖和砌块的放射性核素限量应符合 GB 6566 的规定。

5)产品中不允许有欠火砖(砌块)、酥砖(砌块)。

(6)产品标记

砖的产品标记按产品名称、品种、规格、强度等级、密度等级和标准编号顺序编写。

标记示例:规格尺寸 290 mm×140 mm×90 mm、强度等级 MU25、密度 1200 级的黏土烧结多孔砖,其标记为:烧结多孔砖 N　290×140×90　MU25　1200　GB 13544—2011。

(7)验收项目

验收项目有外观质量、尺寸偏差、强度等级、密度等级、抗风化性能、孔型孔结构及孔洞排列、泛霜、石灰爆裂、吸水率和饱和系数、冻融、放射性核素限量,其中出厂检验项目包括尺寸允许偏差、外观质量、孔型孔结构及孔洞率、密度等级和强度等级。按相应技术标准检验,其中有一项不合格则该批产品就判为不合格。

2. 应用

烧结多孔砖孔洞率在 15% 以上,虽然多孔砖具有一定的孔洞率,使砖受压时有效受压面积减小,但因制坯时受较大的压力,使砖孔壁致密程度提高,且对原材料要求也较高,这就补偿了因有效面积减少而造成的强度损失,故烧结多孔砖的强度仍较高,常被用于砌筑六层以下的承重墙。

7.1.1.3　烧结空心砖

烧结空心砖是以黏土、页岩、煤矸石等为主要原料,经混料、制坯、抽芯、干燥、焙烧制成的空洞率大于或等于 35%,而且孔洞数量少,尺寸大,用于非承重墙或填充墙的砖。

按主要原料分为黏土砖和砌块(N)、页岩砖和砌块(Y)、煤矸石砖和砌块(M)以及粉煤灰砖和砌块(F)。

1. 烧结空心砖的主要技术要求

《烧结空心砖和空心砌块》(GB 13545—2003)的规定。

(1)规格尺寸

砖和砌块的外形为直角六面体,烧结空心砖为顶面有孔洞的直角六面体,孔大而少,孔洞为矩形条孔或其他孔形、平行于大面和条面,如图7-3所示。

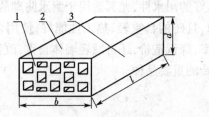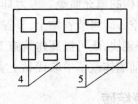

图7-3　烧结空心砖和空心砌块示意
1—顶面;2—大面;3—条面;4—肋;5—壁;l—长度;b—宽度;d—高度

其长度、宽度、高度尺寸应符合下列要求:长度为 390 mm,290 mm,240 mm;密宽度为190mm,180(175)mm,140 mm,115 mm;高度为 90 mm。

常用规格:290 mm×190(140)mm×90 mm(砌块砖);240 mm×180(175)mm×115 mm

要求壁厚大于 10 mm,肋厚应大于 7 mm。孔洞采用矩形条孔或其他孔形,且平行于大面和条面。

(2)等级

抗压强度分为 MU10.0、MU7.5、MU5.0、MU3.5、MU2.5;体积密度分为 800 级、900 级、1000 级、1100 级;强度、密度、抗风化性能和放射性物质合格的砖和砌块,根据尺寸偏差、外观质量、孔洞排列及其结构、泛霜、石灰爆裂、吸水率分为优等品(A)、一等品(B)和合格品

（C）三个质量等级。性能指标与烧结多孔砖相似，详见相关标准。

表7-8所示为烧结空心砖和空心砌块的强度等级。

表7-8　烧结空心砖和空心砌块的强度等级

强度等级	抗压强度/MPa			密度等级范围/（kg/m³）
	抗压强度平均值f≥	变异系数δ≤0.21	变异系数δ>0.21	
		抗压强度标准值f_k≥	单块最小抗压强度值f_{min}≥	
MU10.0	10.0	7.0	8.0	
MU7.5	7.5	5.0	5.8	≤1 100
MU5.0	5.0	3.5	4.0	
MU3.5	3.5	2.5	2.8	—
MU2.5	2.5	1.6	1.8	≤800

（3）产品标记

砖和砌块的产品标记按产品名称、类别、规格、密度等级、强度等级、质量等级和标准编号顺序编写。

示例：规格尺寸290 mm×190 mm×90 mm、密度等级800、强度等级MU7.5、优等品的页岩空心砖，其标记为：烧结空心砖Y（290×190×90）800　MU7.5A　GB13545。

2. 应用

烧结空心砖，孔洞率一般在35%以上，孔数少，孔径大，具有良好的保温、隔热功能，表现密度在800~1 100 kg/m³之间，自重较轻，强度不高，因而多用作非承重墙，如多层建筑内隔墙或框架结构的填充墙等。因为具有良好的耐水性，尤其适用于耐水防潮的部位。

多孔砖、空心砖可节省黏土，节省能源，且砖的自重轻、热工性能好，使用多孔砖尤其是空心砖和空心砌块，既可提高建筑施工效率，降低造价，还可减轻墙体自重，改善墙体的热工性能等，是当前墙体改革中取代黏土实心砖的重要品种。

7.1.2　非烧结砖

不经焙烧而制成的砖均为非烧结砖。常见的品种有灰砂砖、粉煤灰砖等。

7.1.2.1　蒸压灰砂砖

蒸压灰砂砖是以石灰和砂子（也可以掺入颜料和外加剂）为原料，经坯料制备、压制成型、蒸压养护而成的实心灰砂砖，简称灰砂砖。颜色可分为彩色（Co）、本色（N）。

《蒸压灰砂砖》（GB 11945—1999）规定：砖的外形为直角六面体，公称尺寸240 mm×115 mm×53 mm；实心灰砂砖的规格尺寸与烧结普通砖相同，按砖的尺寸偏差、外观质量、强度及抗冻性分为优等品（A）、一等品（B）、合格品（C）。按砖浸水24 h后的抗压强度和抗折强度分为MU25、MU20、MU15、MU10四个等级。出厂检验项目包括尺寸偏差和外观质量、颜色、抗压强度和抗折强度。

灰砂砖产品标记采用产品名称（LSB）、颜色、强度级别、产品等级、标准编号的顺序进行，示例如下：强度级别为MU20，优等品的彩色灰砂砖：LSB　Co　20A　GB11945。

MU25、MU20、MU15 的砖可用于基础及其他建筑;MU10 的砖仅可用于防潮层以上的建筑。灰砂砖应不得用于长期受热高于 200℃、受急冷急热交替作用或有酸性介质侵蚀的建筑部位。此外,砖中的氢氧化钙等组分会被流水冲失,所以灰砂砖不能用于有流水冲刷的地方。灰砂砖的表面光滑,与砂浆黏结力差,砌筑时灰砂砖的含水率会影响砖与砂浆的黏结力,所以,应使砖含水率控制在 7% ~12%。砌筑砂浆宜用混合砂浆。

7.1.2.2　粉煤灰砖

粉煤灰砖是指以粉煤灰、石灰和水泥为主要原料,掺加适量石膏、外加剂、颜料和骨料,经坯料制备、压制成形、高压或常压蒸汽养护而成的实心粉煤灰砖。砖的外形、公称尺寸同蒸压灰砂砖。

按建材行业标准《粉煤灰砖》(JC 239—2001)规定,粉煤灰砖有彩色(Co)、本色(N)两种;根据砖的抗压强度和抗折强度分为 MU30、MU25、MU20、MU15、MU10 五个强度等级;根据砖的按砖尺寸偏差、外观质量、强度等级、干燥收缩分为优等品(A)、一等品(B)、合格品(C),优等品的强度等级应不低于 MU15。干燥收缩率为:优等品和一等品应不大于 0.65 mm/m;合格品不大于 0.75 mm/m。出厂检验的项目包括尺寸偏差和外观、色差、强度等级。

粉煤灰砖产品标记按产品名称(FB)、颜色、强度等级、质量等级、标准编号顺序编写。示例:强度等级为 20 级,优等品的彩色粉煤灰砖标记为:FB　Co　20A　JC 239—2001。

粉煤灰砖是深灰色,表观密度为 1 550 kg/m³左右。粉煤灰砖可用于工业及民用建筑的墙体和基础,但用于基础和易受冻融和干湿交替作用的部位,必须使用 MU15 及以上强度等级的砖,不得用于长期受热 200℃以上、受急冷急热和有酸性侵蚀的建筑部位。

7.2　墙用砌块

砌块是指砌筑用的人造块材,多为直角六面体,也有各种异型的。砌块主规格尺寸中的长度、宽度和高度,至少有一项分别大于 365 mm、240 mm、115 mm,但高度不大于长度或宽度的 6 倍,长度不超过高度的 3 倍。

砌块按产品规格可分为大型(主规格高度大于 980 mm)、中型(主规格高度为 380 ~980 mm)和小型(主规格高度为 115 ~380 mm)砌块;按用途划分为承重砌块和非承重砌块;按生产工艺可分为烧结砌块和蒸养蒸压砌块;按孔洞率分为实心砌块、空心砌块;按其主要原材料命名,主要品种有普通混凝土砌块、轻骨料混凝土砌块、硅酸盐混凝土砌块、石膏砌块等。

目前,我国以中小型砌块使用较多。砌块的生产工艺简单,生产周期短;可以充分利用地方资源和工业废渣,有利于环境保护;而且尺寸大,砌筑效率高,可提高工效;通过空心化,可以改善墙体的保温隔热性能,是当前大力推广的墙体材料之一。

7.2.1　普通混凝土小型空心砌块

普通混凝土小型砌块(代号 NHB)是以水泥为胶结材料,砂、碎石或卵石为集料,加水搅拌,振动加压成型,养护而成的小型砌块。

《普通混凝土小型空心砌块》(GB 8239—1997)规定了以下主要内容。

（1）砌块各部位名称

普通混凝土小型砌块各部位名称见图7-4。

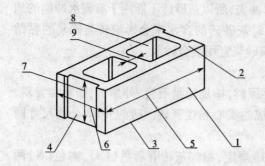

图7-4　小型空心砌块各部位的名称

1—条面；2—坐浆面（肋厚较小的面）；3—铺浆面（肋厚较大的面）；4—顶面；
5—长度；6—宽度；7—高度；8—壁；9—肋

（2）砌块的主要技术要求

砌块的主要技术要求包括规格尺寸、外观质量、强度等级、相对含水率、抗渗性及抗冻性等。

砌块的主规格尺寸为390 mm×190 mm×190 mm，其他规格尺寸可由供需双方协商，最小外壁厚应不小于30 mm，最小肋厚应不小于25 mm，空心率应不小于25%。

按抗压强度分为MU3.5、MU5.0、MU7.5、MU10.0、MU15.0、MU20.0六个强度等级。每个强度等级的抗压强度见表7-9。尺寸偏差、外观质量要求见表7-10。砌块按尺寸偏差和外观质量分为优等品（A）、一等品（B）和合格品（C）三个质量等级。

表7-9　普通混凝土小型空心砌块各等级抗压强度

强度等级		MU3.5	MU5.0	MU7.5	MU10	MU15	MU20
砌块抗压度/MPa	平均值不小于	3.5	5.0	7.5	10.0	15.0	20.0
	单块最小值不小于	2.8	4.0	6.0	8.0	12.0	16.0

表7-10　普通混凝土小型砌块的尺寸偏差、外观质量

项目			优等品（A）	一等品（B）	合格品（C）
尺寸允许偏差/mm		长度	±2	±3	±3
		宽度	±2	±3	±3
		高度	±2	±3	+3，-4
外观质量		弯曲不大于/mm	2	2	2
	缺棱掉角	个数不多于	0	2	2
		三个方向投影尺寸最小值不大于/mm	0	20	30
	裂纹延伸的投影尺寸累计不大于/mm		0	20	30

砌块出厂时的相对含水率：用于潮湿地区时不大于45%；用于中等潮湿地区时不大于

40%;用于干燥地区时不大于 35% 。用于清水墙时应满足抗渗性要求。用于采暖地区的一般环境时,抗冻性达到 F15,干湿交替环境时,抗冻性达到 F25,非采暖地区(最冷月份平均气温高于 −5℃ 的地区)抗冻性不作要求。

(3)产品标记

按产品名称(代号 NHB)、强度等级、外观质量等级和标准编号的顺序进行标记。示例:强度等级为 MU7.5,外观质量为优等品(A)的砌块,其标记为:NHB MU7.5A GB 8239。

(4)出厂检验项目

出厂检验项目为尺寸偏差、外观质量、强度等级、相对含水率,用于清水墙的砌块尚应检验抗渗性。

(5)应用

这种砌块有承重和非承重两种,适用于地震设计烈度为 8 度及以下地区的低层和中层建筑的内墙和外墙。用于承重墙和外墙的砌块要求干缩值小于 0.5 mm/m,用作非承重或内墙的砌块要求干缩值小于 0.56 mm/m。

7.2.2 蒸压加气混凝土砌块

蒸压加气混凝土砌块是以钙质材料(水泥、石灰等)和硅质材料(矿渣和粉煤灰)为主要材料,并加入铝粉作加气剂,经磨细、计量配料、搅拌浇筑、发气膨胀、静停切割、蒸压养护等工序而制成的多孔轻质块体材料,简称加气混凝土砌块。

《蒸压加气混凝土砌块》(GB 11968—2006)规定了以下主要内容。

(1)规格尺寸

砌块长度为 600mm,宽度为 100 mm、125 mm、150 mm、200 mm、250 mm、300 mm 或 120 mm、180 mm、240 mm,高度为 200 mm、250 mm、300 mm。

(2)砌块的主要技术要求

砌块的主要技术要求包括尺寸允许偏差和外观质量、抗压强度、干密度、强度级别、干燥收缩、抗冻性和导热系数(干态)等。

砌块按强度和干密度分级。强度级别有 A1.0、A2.0、A2.5、A3.5、A5.0、A7.5、A10 七个级别,见表 7-11。干密度级别有 B03、B04、B05、B06、B07、B08 六个级别,见表 7-12。

表 7-11 砌块各等级的立方体抗压强度　　　　　　　　　　　　　　　MPa

强度级别		A1.0	A2.0	A2.5	A3.5	A5.0	A7.5	A10.0
立方体抗压强度	平均值 大于等于	1.0	2.0	2.5	3.5	5.0	7.5	10.0
	单块最小值 大于等于	0.8	1.6	2.0	2.8	4.0	6.0	8.0

表 7-12 砌块各等级的干密度　　　　　　　　　　　　　　　　　　kg/m³

干密度级别		B03	B04	B05	B06	B07	B08
干密度	优等品(A)≤	300	400	500	600	700	800
	合格品(B)	325	425	525	625	725	825

砌块按尺寸偏差与外观质量、干密度、抗压强度和抗冻性分为优等品(A)、合格品(B)两个等级。

(3)砌块产品标记

示例:强度级别为 A3.5、干密度级别为 B05、优等品、规格尺寸为 600 mm×200 mm×250 mm 的蒸压加气混凝土砌块,其标记为:ACB A3.5 B05 600×200×250A GB 11968。

(4)出厂检验项目

出厂检验的项目包括尺寸偏差、外观质量、立方体抗压强度、干密度。

(5)应用

蒸压加气混凝土砌块的常用品种有加气粉煤灰砌块和蒸压矿渣砂加气混凝土砌块两种。这种砌块具有表观密度小,保温及耐火性好,易于加工,抗震性强,隔声性好,施工方便。适用于低层建筑的承重墙,多层和高层建筑的非承重墙、隔断墙、填充墙及工业建筑物的维护墙体和绝热材料。这种砌块易干缩开裂,必须做好饰面层。

如无有效措施,蒸压加气混凝土砌块不得用于以下部位:建筑物标高±0.000以下;长期浸水或经常受干湿交替作用;受酸碱化学物质腐蚀;制品表面温度高于80℃。

7.2.3 粉煤灰小型空心砌块

粉煤灰小型空心砌块是以粉煤灰、水泥、集料、水为主要成分(也可加入外加剂等)制成的混凝土小型空心砌块,代号 FHB。

《粉煤灰混凝土小型空心砌块》(JC/T 862—2008)规定了以下主要内容。

(1)规格尺寸

主规格尺寸 390 mm×190 mm×190 mm,按砌块孔的排数分为:单排孔(1)、双排孔(2)和多排孔(D)三类。

(2)砌块的主要技术要求

砌块的主要技术要求包括尺寸偏差和外观质量、密度等级、强度等级、干燥收缩率、相对含水率、抗冻性、碳化系数和软化系数、放射性。

尺寸允许偏差和外观质量应符合表7-13的规定。

表7-13 尺寸允许偏差和外观质量

项目		指标
尺寸允许偏差/mm	长度	±2
	宽度	±2
	高度	±2
最小外壁厚/mm,不小于	用于承重墙体	30
	用于非承重墙体	20
肋厚/mm,不小于	用于承重墙体	25
	用于非承重墙体	15

续表

项目		指标
缺棱掉角	个数/个,不多于	2
	3 个方向投影的最小值/mm,不大于	20
裂缝延伸投影的累计尺寸/mm,不大于		20
弯曲/mm,不大于		2

按砌块密度等级分为 600、700、800、900、1 000、1 200 和 1 400 七个等级。按砌块抗压强度平均值和单块抗压强度最小值划分为强度分为 MU3.5、MU5、MU7.5、MU10、MU15 和 MU20 六个等级。按尺寸偏差、外观质量、碳化系数分为优等品(A)、一等品(B)和合格品(C)三个等级。

(3)标记

产品按下列顺序进行标记:代号(FHB)、分类、规格尺寸、密度等级、强度等级、标准编号。规格尺寸为 390 mm×190 mm×190 mm、密度等级为 800 级、强度等级为 MU5 的双排孔砌块的标记:FHB2　390×190×190　800　MU5　JC/T 862—2008。

(4)出厂检验项目

出厂检验的项目包括尺寸偏差、外观质量、密度等级、强度等级、相对含水率。

(5)应用

粉煤灰小型空心砌块是黏土实心砖的替代产品,符合墙体材料改革和建筑节能的要求。适用于抗震设防烈度 6~8 度及非抗震设防地区的工业与民用建筑的承重墙体和非承重墙体。

7.3　墙用板材

墙体板材是砌墙砖和砌块之外的另一类重要的新型墙体材料,具有轻质、高强、多功能的特点,便于拆装,平面尺寸大,施工劳动效率高,改善墙体功能;厚度薄,可提高室内使用面积;自重小,可减轻建筑物对基础的承重要求,降低工程造价。因此大力发展轻质墙体板材是墙体材料改革的趋势。根据国家标准《墙体材料术语》(GB/T 18968—2003)的规定,墙板主要类型包括大型墙板、条板和薄板等。

(1)条板

条板指长条形板材,作为墙体可竖向或横向装配在龙骨或框架上。

(2)大型墙板

大型墙板指尺寸相当于整个房屋开间(或进深)的宽度和整个楼层的高度,配有构造钢筋的墙板。

(3)其他墙板类型

1)挂板:指以悬挂方式支承于两侧柱或墙上或上层梁上的非承重墙板。

2)空心墙板:沿板材长度方向有若干贯通孔洞的墙板。

3)空心条板:沿板材长度方向有若干贯通孔洞的条板。

4）轻质墙板：采用轻质材料或轻型构造制成的非承重墙板。

5）隔墙板：垂直分割建筑物内部空间的非承重墙板。

6）复合墙板：由两种或两种以上不同功能材料组合而成的墙板。

7）夹心板：由承重或维护面层与绝热材料芯层复合而成的复合墙板，具有良好的保温和隔声性能；

8）芯板：由阻燃型聚苯乙烯、聚氨酯等泡沫塑料或岩棉等绝缘材料制成的板材，用作复合墙板中的芯材。

9）外墙内保温板：用于外墙内侧的保温板，以改善和提高外墙墙体的保温性能。

10）外墙外保温板：用于外墙外侧的保温板，以改善和提高外墙墙体的保温性能。

7.3.1　石膏类板材

石膏类板材是以石膏为主料生产的轻质墙板，以其平面平整，光滑细腻，可装饰性好，具有特殊的呼吸功能，原材料丰富，制作简单，得到广泛的应用。单板有纸面石膏板、纤维石膏板、石膏空心条板、石膏刨花板、纤维增强硬石膏压力板。复合墙板有预制石膏板复合墙板、玻璃纤维增强石膏外墙内保温板、现场拼装石膏板内保温复合外墙等。在轻质板材中占很大比例的主要有各种纸面石膏板、石膏空心板、石膏刨花板等。

7.3.1.1　纸面石膏板

纸面石膏板是以熟石膏为胶凝材料，并掺入适量添加剂和纤维作为芯材，以特制的护面纸作为面层的一种轻质板材。在各种轻质隔断墙体材料中，产量最大，机械化、自动化程度最高的是纸面石膏板。

《纸面石膏板》（GB/T 9775—2008）规定了以下主要内容。

（1）分类

纸面石膏板按用途可分为普通纸面石膏板（P）、耐水纸面石膏板（S）、耐火纸面石膏板（H）、耐水耐火纸面石膏板（SH）四种。普通纸面石膏板是以建筑石膏为主要原料，掺入适量纤维增强材料和外加剂等，在与水搅拌后，浇注于护面纸的面纸与背纸之间，并与护面纸牢固地黏结在一起的建筑板材；若掺入耐水外加剂，并采用耐水护面纸制成的石膏板，就得到耐水纸面石膏板；若采用无机耐火纤维增强材料和外加剂，改善高温下的黏结力，就得到耐火纸面石膏板。

（2）规格尺寸

板材的公称长度为 1 500 mm、1 800 mm、2 100 mm、2 400 mm、2 440 mm、2 700 mm、3 000 mm、3 300 mm、3 600 mm 和 3 660 mm；板材的公称宽度为 600 mm，900 mm、1 200 mm 和 1 220 m；板材的公称厚度为 9.5 mm、12.0 mm、15.0 mm、18.0 mm、21.0 mm 和 25.0 mm。

（3）主要技术要求

标准中对外观质量、尺寸偏差、对角线长度差、模型棱边断面尺寸、面密度、断裂荷载、硬度、抗冲击性、护面纸与芯材黏结性、吸水率、表面吸水量、耐火稳定性等作了要求。

1）外观质量要求纸面石膏板板面平整，不应有影响使用的波纹、沟槽、亏料、漏料和划伤、破损、污痕等缺陷。

2）板材应切割成矩形，板材的两对角线的长度差应不大于 5 mm。

3)耐水纸面石膏板和耐水耐火纸面石膏板材的吸水率应不大于10%,表面吸水量应不大于160 g/m²;耐火纸面石膏板和耐火耐水纸面石膏板的遇火稳定时间应不小于20 min。

4)纵向断裂荷载最小值为360~970 N,横向断裂荷载最小值为140~380 N;板材的面密度为9.5~25.0 kg/m²。

(4)产品标记方法

标记的顺序依次为:产品名称、板类代号、棱边形状代号、长度、宽度、厚度以及本标准编号。

标记示例如下:长度为3 000 mm、宽度为1 200 mm、厚度为12.0 mm,具有模型边形状的普通纸面石膏板,标记为:纸面石膏板 PC 3 000×1 200×12.0 GB/T 9775—2008。

纸面石膏板具有韧性好,不燃,尺寸稳定,表面平整,重量轻、隔声、隔热、可以锯割,加工性能强、施工方法简便等特点。主要用于公共建筑和高层建筑的吊顶、内隔墙、天花板、吸声板以及复合墙板的内面板,使用这种板材的墙体可大幅度减少建筑物自重,增加建筑的使用面积,提高建筑物中房间布局的灵活性,提高抗震性,缩短施工周期等。

7.3.1.2 石膏空心条板

石膏空心条板是以建筑石膏为基材,掺以无机轻集料(如膨胀珍珠岩、膨胀蛭石)、无机纤维增强材料,加入适量添加剂而制成的空心条板,代号为SGK。

《石膏空心条板》(JC/T 829—2010)对外形、规格、外观质量、尺寸偏差、面密度、力学性能等其相关性能做了规定。

(1)规格尺寸

长度为2 100~3 000 mm和2 100~3 600 mm,宽度为600 mm,厚度为60 mm、90 mm、120 mm。

(2)主要技术要求

厚度为60 mm、90 mm、120 mm的面密度分别为≤45 kg/m²、≤60 kg/m²、≤75 kg/m²;外观质量、尺寸偏差、力学性能(抗弯破坏荷载、抗冲击能力、单点吊挂力)均符合相关规定;孔与孔之间和孔与板面之间的最小壁厚应不小于12.0 mm。

(3)产品标记方法

产品标记顺序为:产品名称、代号、长度、宽度、厚度、本标准编号。

标记示例:长度×宽度×厚度=3 000 mm×600 mm×60 mm的石膏空心条板标记为:石膏空心条板 SGK 3 000×600×60 JC/T 829—2010。

石膏空心条板具有重量轻、强度高、隔热、隔声、防水等性能,可锯、可刨、可钻、施工简便。与纸面石膏板相比,石膏用量少、不用纸和胶黏剂、不用龙骨,工艺设备简单,所以比纸面石膏板造价低。石膏空心条板主要用于工业与民用建筑的非承重内隔墙,其墙面可做喷浆、涂料、贴瓷砖、贴壁纸等各种饰面。

7.3.2 水泥类板材

水泥类墙用板材具有较好的耐久性和力学性能,生产技术成熟,产品质量可靠,可用于承重墙,外墙和复合墙体的外层面。但表观密度大,抗拉强度低,多采用空心化来减轻自重。水泥类墙用板材常见品种有维纶纤维增强水泥平板(JC/T 671—2008)、玻璃纤维增强水泥轻质多孔隔墙条板(GB/T 19631—2005)、玻璃纤维增强(GRC)水泥外墙内保温板(JC/T

893—2001)等。

7.3.2.1 维纶纤维增强水泥平板

维纶纤维增强水泥平板是以维纶纤维为增强材料,以水泥或水泥和轻骨料为基材,而制成的纤维增强水泥板材,代号为VFRC。按其密度分维纶纤维增强水泥板(A型板)、维纶纤维增强水泥轻板(B型板)两类。

维纶纤维增强水泥平板(JC/T 671—2008)对规格、外观质量、尺寸偏差、物理力学性能等相关性能做了规定。

(1)规格尺寸

VFRC板长度为1 800 mm、2 400 mm、3 000 mm,宽度为900 mm、1 200 mm,厚度为4 mm、5 mm、6 mm、8 mm、10 mm、12 mm、15 mm、20 mm、25 mm。

(2)主要技术要求

外观要求板的正表面应平整,边缘整齐,不得有裂纹、缺角等缺陷,边缘平直度、长度、宽度的偏差均不应大于2 mm/m,边缘垂直度的偏差不应大于3 mm/m,板厚度 $e \leqslant 20$ mm时,表面平整度不应超过4 mm,板厚度 e 在20 mm $< e \leqslant 25$ mm时,表面平整度不应超过3 mm。标准中对尺寸允许偏差、物理力学性能(密度、抗折强度、抗冲击强度、吸水率、含水率、不透水性、抗冻性、干缩率、燃烧性)也分别做了规定。

(3)产品标记方法

产品标记顺序为:产品名称、类别、规格和标准编号。

标记示例:维纶纤维增强水泥板,长度1 800 mm,宽度1 200 mm,厚度8 mm,标记为:
VFRC A 1 800×1 200×8 JC/T 671—2008。

此类板材具有厚度小、质量轻、抗拉强度和抗冲击强度高、耐冷热、不受气候变化影响、不燃烧等特点,而且可锯、可钉、可刨,加工性好,且具有防水、防潮、防蛀、防霉等特性,可在纸面石膏板不能适用的任何比较潮湿的环境中使用。通常A型板主要用于非承重墙体、吊顶、通风道等,B型板主要用于非承重内隔墙、吊顶等。

7.3.2.2 玻璃纤维增强水泥(GRC)外墙内保温板

玻璃纤维增强水泥(GRC)外墙内保温板是以玻璃纤维增强水泥砂浆或玻璃纤维增强水泥膨胀珍珠岩砂浆为面板,以聚苯乙烯泡沫塑料板为芯材或以其他绝热材料为芯材复合而成的外墙内保温板。玻璃纤维增强水泥外墙内保温板按板的类型分为普通板、门口板和窗口板,其代号分别为PB、MB、CB。

(1)规格尺寸

玻璃纤维增强水泥外墙内保温板的普通板为条板型式,长度为2 500~3 000 mm,宽度为600 mm,厚度为60 mm、70 mm、80 mm、90 mm。

(2)主要技术要求

外观质量要求板面不允许有贯通裂纹,不允许外露纤维;板面裂纹长度不允许超过30 mm,且不多于两处;蜂窝气孔的长径尺寸不大于5 mm,深度不大于2 mm,且不多于10处;缺棱、掉角的深度不大于10 mm,宽度不大于20 mm,长度不大于30 mm,且不多于2处。标准中对尺寸允许偏差、物理力学性能(气干面密度、抗折荷载、抗冲击性、主断面热阻、面板干缩率、热桥面积率)也分别做了规定。

（3）产品标记方法

产品标记顺序为规格尺寸、类型（代号）和标准编号。

标记示例：玻璃纤维增强水泥外墙内保温板，长度 2 800 mm，宽度 600 mm，厚度 60 mm，普通板，标记为：GRC　2 800×600×60　PB　JC/T 893—2001。

这种采用不同材料组成的复合墙板，可以减轻墙体的自重，改善墙体的保温、隔热、隔声性能，质量轻，防水、防火性好；抗折、抗冲击性好；绝热性好，耐久性好；节省原材料，成型工艺简单，可用作各种非承重外墙的内保温板。

应用案例与发展动态

绿色墙材

绿色墙体材料是采用清洁生产技术，少用天然资源和能源，大量使用工业或城市固态废弃物生产的无毒害、无污染、无放射性，有利于环境保护和人体健康的建筑材料。

随着我国经济建设的高速发展，特别是城市化进程的加快，国家已经开始重视我们所生存的环境，意识到节约能源和资源的重要性，这为新型墙体材料提供了良好的发展机遇和新的挑战。目前，市场上的煤矸石墙材、工业磷石膏墙材、水泥基珍珠岩轻质墙板、新型抗水镁质水泥墙材、陶粒粉煤灰空心砌块、再生混凝土空心砌块、泡沫聚苯乙烯粒轻集料新型墙材等均属绿色墙体材料。

绿色建筑材料具有以下特点。

（1）节约资源和降低能耗

不毁地（田）取土作原料，所用原材料尽可能少用甚至不用天然资源，而多用甚至全部使用工业、农业或其他废弃物，其产品节约资源，节约生产能耗和使用能耗。

（2）清洁生产

在其生产过程中不排放或极少排放废渣、废水、废气等对人类和环境有害的物质，减少噪声，且生产自动化程度较高。

（3）循环再生利用

到达其使用寿命后，可作为再生资源加以循环利用，这样既不污染环境，又能节省自然资源。

从绿色墙体材料具有的特点看，新型绿色墙体材料充分利用废弃物，减少环境污染，节约能源和自然资源，保护生态环境和保证人类社会的可持续发展，具有良好的经济效益、社会效益和环境效益，发展绿色墙体材料是实现节能减排的重大举措。从长远看，发展绿色墙材是我国墙体材料产业发展的基本方向；从现实讲，绿色墙体材料产业是发展绿色建筑的迫切要求。未来会有越来越多的房地产商重视开发健康住宅，使用绿色建材。面对消费者对生活、健康质量的更高要求，绿色墙材产品将成为未来墙材工业发展的一道靓丽风景线。

思 考 题

1. 什么叫砌墙砖? 分哪几类?

2. 烧结空心砖、多孔砖的强度等级如何划分? 各有什么用途?

3. 国家为什么限制黏土实心砖,推广使用多孔砖和空心砖代替普通砖?

4. 什么叫砌块? 砌块同砌墙砖相比,有何优缺点?

5. 简述普通混凝土小型空心砌块和蒸压加气混凝土砌块的技术特性及其应用。

6. 简述建筑石膏板的主要类型、性能与应用。

8. 简述纤维水泥板类轻质墙板的种类与应用。

7. 简述 GRC 轻质墙板的种类、特点及选用。

9. 简述外墙外保温板的种类、性能及应用。

8 防水材料

学习目标

- 掌握常用防水卷材、密封材料、防水涂料的分类、特性及应用。
- 熟悉石油沥青的分类、组成、主要性质及应用。
- 了解煤沥青和改性沥青的性能及特点,防水材料的发展方向。

防水工程是工程建设的重要环节,必须重视两大要素:渗漏三要素(水,建筑有缝隙或空洞,水通过缝隙或空洞移动,缺一条不存在渗漏)和防水三要素(设计、材料、施工)。防水材料是指能防止雨水、雪水、地下水等对建筑物和各种构筑物的渗透、渗漏和侵蚀的材料。产品形式有防水卷材、防水涂料、建筑密封材料、刚性防水材料、瓦类防水材料、堵漏材料六大类。从性质上可分为刚性防水材料和柔性防水材料两大类。

我国建筑防水材料的发展方向:大力发展改性沥青防水卷材,积极推进高分子卷材,适当发展防水涂料,努力开发密封材料,注意开发地下止水、堵漏材料和硬质发泡聚氨酯防水保温一体材料,因此对防水材料的多功能复合化及多样化提出了新的要求。总之,开发高强度、高弹性、高延性、轻质、耐老化、低污染的新型防水材料已势在必行。

本章主要介绍柔性防水材料,按主要成分分为沥青防水材料、高聚物改性沥青防水材料及合成高分子防水材料三大类。

8.1 沥青

沥青是由多种有机化合物构成的复杂混合物。在常温下呈固体、半固体或液体状态,颜色呈褐色以至黑色,能溶解于多种有机溶剂。沥青具有良好的不透水性、黏结性、塑性、抗冲击性、耐化学腐蚀性及电绝缘性等优点。沥青在建筑工程中广泛应用于防水、防腐、防潮工程及水工建筑与道路工程中。

目前常用的沥青主要是石油沥青和少量煤沥青。

石油沥青,是石油原油经分馏出各种石油产品后的残留物,再经加工制得的产品。本节主要介绍石油沥青及制品。

8.1.1 石油沥青

石油沥青是一种有机胶凝材料,石油沥青是石油经蒸馏提炼出各种轻质油品(汽油、煤油等)及润滑油以后的残留物,经过再加工得到的褐色或黑褐色的黏稠状液体或固体状物质,略有松香味,能溶于多种有机溶剂,如三氯甲烷、四氯化碳等。

8.1.1.1 石油沥青的组分

由于石油沥青的成分非常复杂,在研究沥青的组成时,将其中化学成分相近、物理性质相似而具有特征的部分划分为若干组,即组分。不同的组分对沥青性质的影响不同。一般分为油分、树脂、地沥青质三大组分,此外,还有一定的石蜡固体。各组分的主要特征及作用见表8-1。

表8-1 石油沥青的组分及其主要特性

组 分		状态	颜 色	密度/ (g/cm^3)	含量(质量分数)/%	作 用
油分		黏性液体	淡黄色至红褐色	小于1	40~60	使沥青具有流动性
树脂	酸性	黏稠固体	红褐色至黑褐色	略大于1	15~30	提高沥青与矿物的黏附性
	中性					使沥青具有黏附性和塑性
地沥青质		粉末颗粒	深褐色至黑褐色	大于1	10~30	能提高沥青的黏性和耐热性;含量提高,塑性降低

油分和树脂可以互溶,树脂可以浸润地沥青质。以地沥青质为核心,周围吸附部分树脂和油分,构成胶团,无数胶团均匀地分布在油分中,形成胶体结构(溶胶结构、溶胶—凝胶结构、凝胶结构)。

石油沥青中各组分不稳定,会因环境中的阳光、空气、水等因素作用而变化,油分、树脂减少,地沥青质增多,这一过程称为"老化"。这时,沥青层的塑性降低,脆性增加,变硬,出现脆裂,失去防水、防腐蚀效果。

8.1.1.2 石油沥青的技术性质

(1)黏滞性

黏滞性是指沥青材料在外力作用下抵抗发生黏性变形的能力。半固体和固体沥青的黏性用针入度表示:液体沥青的黏性用黏滞度表示。黏滞度和针入度是划分沥青牌号的主要指标。

黏滞度是液体沥青在一定温度下经规定直径的孔,漏下50 mL所需的秒数。其测定示意图如图8-1所示。黏滞度常以符号"$C_t^d T$"表示。其中d是孔径(mm),t为试验时沥青的温度(℃),黏滞度大时,表示沥青的黏性大。

针入度是指在温度为25℃的条件下,以100 g的标准针,经5 s沉入沥青中的深度,每0.1 mm为1度。其测定示意图如图8-2所示。针入度越大,流动性越大,黏性越小。针入度大致在5~200度之间。

(2)塑性

塑性是指沥青在外力作用下变形的能力。用延伸度表示,简称延度。塑性表示沥青开裂后的自愈能力及受机械力作用后的变形而不破坏的能力。

延度的测定方法是将标准延度"8字"试件,见图8-3,在一定温度(25±0.5)℃和一定拉伸速度(5±0.25)cm/min下,将试件拉断时延伸的长度,用cm表示,称为延度。延度越大,塑性越好。

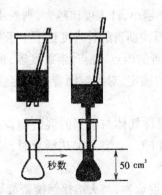

图 8-1　黏滞度测定示意

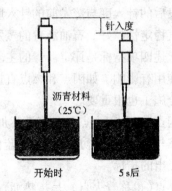

图 8-2　针入度测定示意

（3）温度稳定性

石油沥青的黏滞性和塑性随温度升降而变化的快慢程度称为温度稳定性。当温度变化相同时，黏滞性和塑性变化小的沥青，其稳定性好。沥青用于屋面防水材料，受日照辐射作用，可能发生流淌和软化，失去防水作用而不能满足使用要求，因此温度稳定性是沥青材料的重要技术性质。

可用"软化点"来表示沥青的温度稳定性，软化点是沥青材料由固体状态转变为具有一定流动性的膏体时的温度。通常可用"环球法"试验测定软化点（见图 8-4）。环球法测定方法是将经过熬制、已经脱水的沥青试样，装入规定尺寸的铜环（内径为 18.9 mm）中，上置规定尺寸和质量的钢球（重 3.5 g），再将置球的铜环放在有水或甘油的烧杯中，以 5 ℃/min 的升温速率，加热至沥青软化下垂达 25 mm 时的温度（℃），即为沥青的软化点。软化点越高，表明沥青的温度稳定性越好。

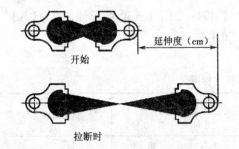

图 8-3　延伸度测定示意

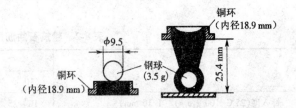

图 8-4　软化点测定示意

不同品种的沥青其软化点不同，大致在 50～100 ℃之间。软化点越高，说明沥青的耐热性能好，但软化点过高，会不易于加工和施工，软化点低的沥青，夏季易产生变形，甚至流淌。所以，在实际应用时，希望沥青具有高软化点和低脆化点，为了提高沥青的耐寒性和耐热性，常常对沥青进行改性，如在沥青中掺入增塑剂、橡胶、树脂和填料等。

（4）大气稳定性

沥青的大气稳定性可以用沥青的"蒸发损失率"及"针入度比"来表示。蒸发损失率是将石油沥青试样加热到 163 ℃恒温 5 h，测得蒸发前后的质量损失百分率。针入度比是指沥青蒸发后的针入度与蒸发前的针入度的比值。蒸发损失率越小,针入度比越大,则表示沥青的大气稳定性越好。石油沥青的蒸发损失率不超过1%,石油沥青的针入度比不小于0.65。

上述四项指标是评定沥青的主要技术指标。另外,沥青的闪点、燃点、溶解度等,也对沥青的使用有影响。如闪点和燃点直接关系沥青熬制温度的确定,对评定沥青的稳定性及保证安全施工也很重要。

闪点(也称闪火点),是指沥青加热至开始挥发出可燃性气体与空气的混合物,在规定条件下与火焰接触,初次闪火(有蓝色闪光)时的沥青温度(℃)。它是加热沥青时,从防火要求提出的指标。

燃点(也称着火点),是指热沥青产生的气体和空气的混合物,与火焰接触能持续燃烧5s以上时,此时的沥青温度即为燃点(℃)。燃点温度较闪点温度约高10℃。含沥青质组分多的沥青,其闪点与燃点温度相差较多,油分多的沥青其闪点与燃点温度相差较小。

闪点和燃点的温度高低表明沥青引起火灾或爆炸的可能性的大小,它关系到沥青的运输、储存及加热使用等方面的安全。如建筑石油沥青闪点约为230℃,在熬制时一般控制温度为180~200℃,为了安全,沥青要与火焰隔离。

8.1.1.3 石油沥青的分类与技术标准

我国石油沥青产品按用途分为道路石油沥青、建筑石油沥青及普通石油沥青等。土木工程中最常用的是建筑石油沥青和道路石油沥青。石油沥青的牌号是按其针入度、延度和软化点等技术指标划分的,以针入度值表示。同一品种的石油沥青,牌号越高,则其针入度越大,脆性越小,延度越大,塑性越好,软化点越低,温度稳定性越差。其他分类方法,按原油的成分分为石蜡基沥青、沥青基沥青和混合基沥青。按石油加工方法不同分为残留沥青、蒸馏沥青、氧化沥青、裂解沥青和调和沥青。

(1)石油沥青的技术标准

石油沥青的技术标准有《建筑石油沥青》(GB/T 494—2010),《道路石油沥青》(NB/SH/T 0522—2010)。石油沥青的技术标准见表8-2和8-3。

表8-2 建筑石油沥青技术标准

项 目	质量指标			试验方法
	10 号	30 号	40 号	
针入度(25℃,100 g,5 s)/(1/10 mm)	10~25	26~35	36~50	GB/T 4509
针入度(46℃,100 g,5 s)/(1/10 mm)	报告[a]			
针入度(0℃,100 g,5 s)/(1/10 mm),不小于	3	6	6	
延伸度(25℃,5 cm/min)/cm,不小于	1.5	2.5	3.5	GB/T 4508
软化点(环球法)/℃,不低于	95	75	60	GB/T 4507
溶解度(三氯乙烯)/%,不小于	99.0			GB/T 11148
蒸发后质量变化(163℃,5 h)/%,不小于	1			GB/T 11964
蒸发后25℃针入度比/%,不小于	65			GB/T 4509
闪点(开口杯法)/℃,不低于	260			GB/T 267

a. 报告应为实测值。

b. 测定蒸发损失后样品的 25℃ 针入度与原 25℃ 针入度之比乘以 100 后,所得的百分比,称为蒸发后针入度比。

表 8-3 道路石油沥青技术标准

项 目	质量指标					试验方法
	200 号	180 号	140 号	100 号	60 号	
针入度(25℃,100 g,5 s)/(1/10 mm)	200~300	150~200	110~150	80~110	50~80	GB/T 4509
延伸度(25℃)/cm,不小于	20	100	100	90	70	GB/T 4508
软化点(环球法)/℃	30~48	35~48	38~51	42~55	45~58	GB/T 4507
溶解度/%,不小于	99.0					GB/T 11148
闪点(开口)/℃,不低于	180	200	230			GB/T 267
密度(25℃)/(g/cm³)	报告					GB/T 8928
蜡含量/%,不大于	4.5					SH/T 0425
薄膜烘箱试验(163℃,5 h)质量变化百分比/%,不大于	1.3	1.3	1.3	1.2	1.0	GB/T 5304
针入度比/%	报告					GB/T 4509

(2)石油沥青的选用原则

选用沥青材料的原则是:根据工程类别(房屋、道路、防腐)、当地气候条件、使用部位(屋面、地下)等来选用不同牌号的沥青(或选取两种牌号沥青调配使用)。在满足主要技术性能的要求下,应选用较大牌号的石油沥青,以保证其具有较长的使用年限。

道路石油沥青主要用于道路路面或车间地面等工程,一般拌制成沥青混凝土或沥青砂浆使用。道路石油沥青的牌号较多,选用时应注意不同的工程要求、施工方法和环境温度差别。道路石油沥青作为密封材料和黏结剂以及沥青涂料时,一般选用黏性较大和软化点较高的石油沥青。

建筑石油沥青具有黏性较大(针入度较小)、耐热性较好(软化点较高),但塑性(延度较小)较小等特点。建筑石油沥青主要用作制造防水材料(如油纸、油毡等)、防水涂料和沥青嵌缝膏。其绝大部分用于屋面及地下防水、沟槽防水、防腐蚀及管道防腐等工程。为避免夏季流淌,对于高温地区及受日晒的部位,为了防止沥青受热软化,应选用牌号较低的沥青。如一般屋面用沥青材料,其软化点应比本地区屋面最高温度高 20℃ 以上,若软化点低了,夏季易流淌。对于寒冷地区,不仅要考虑冬季低温时沥青易脆裂,而且还要考虑受热软化,所以宜选用中等牌号的沥青,对于不受大气影响的部位,可选用牌号较高的沥青,如用于地下防水工程的沥青,其软化点可不低于 40℃。当缺乏所需的牌号沥青时,可用不同牌号的沥青进行掺配。总之,选用沥青时一定要根据地区、工程环境及要求,合理选用。常用石油沥青牌号简易鉴别方法见表 8-4。

表 8-4　常用石油沥青的外观及牌号鉴别

项目		鉴别方法
沥青形态	固态	敲碎,检查其断口,色黑而发亮的质好;暗淡的质差
	半固态	即膏状体,取少许,拉成细丝,丝愈长愈好
	液态	黏性强,有光泽,没有沉淀和杂质的较好;也可用一小木条插入液体中,轻轻搅动几下,提起,丝越长越好
沥青牌号	140～100	质软
	60	用铁锤敲,不碎,只出现凹坑和变形
	30	用铁锤敲,成为较大的碎块
	10	用铁锤敲,成为较小的碎块,表面色黑有光

8.1.1.4　沥青的掺配

施工中,当单独使用一种沥青不能满足工程的耐热(软化点)要求时,可以用不同牌号的沥青(两种或三种)进行掺配。

掺配时,为了避免破坏掺配后沥青的胶体结构,应该选用表面张力相近和化学性质相似的沥青进行掺配。试验证明,同产源的沥青相互掺配,掺配后沥青胶体结构的均匀性较好。所谓同产源,是指是否同属石油沥青。

两种沥青掺配时其比例可用下式估算:

$$Q_1 = \frac{T_2 - T}{T_2 - T_1} \times 100\% \tag{8-1}$$

$$Q_2 = 100\% - Q_1 \tag{8-2}$$

式中:Q_1——较软沥青掺量,%;

$\quad\quad Q_2$——较硬沥青掺量,%;

$\quad\quad T$——掺配后沥青的软化点,℃;

$\quad\quad T_1$——较软沥青的软化点,℃;

$\quad\quad T_2$——较硬沥青的软化点,℃。

用计算得出的两种石油沥青掺量进行试配(混合熬制均匀),试配时应按计算的比例进行 5%～10% 的调整(因为在实际掺配过程中,按上式计算得出的掺配比例掺配出的沥青,其软化点总是低于计算的软化点,这是因为掺配后的沥青破坏了原来两种沥青的胶体结构,两种沥青的加入量并非简单的线性关系),如两种沥青的掺量各占 50% 时,实际掺配时其高软化点的沥青应多加 10% 左右。掺配后测试混合后的沥青软化点,绘制"掺配比—软化点"曲线,即可从曲线上确定出所要求的掺配比例。

如用三种沥青进行掺配,可先计算出两种沥青配比,然后再与第三种沥青进行配比计算。

8.1.2　煤沥青

煤沥青是炼焦或生产煤气的副产品。与石油沥青相比,煤沥青具有的特点见表 8-5。煤沥青中含有酚,有毒,但防腐性好,适用于地下防水层或作防腐蚀材料。

表 8-5 石油沥青与煤沥青的主要区别

性 质	石油沥青	煤沥青
密度/(g/cm³)	近于 1.0	1.25~1.28
锤击	韧性较好	韧性差,较脆
颜色	灰亮褐色	浓黑色
溶解	易溶于汽油、煤油中,呈棕黑色	难溶于汽油、煤油中,呈黄绿色
温度敏感性	较好	较差
燃烧	烟少无色,有松香味,无毒	烟多,黄色,臭味大,有毒
防水性	好	较差(含酚,能溶于水)
大气稳定性	较好	较差
抗腐蚀性	差	较好

8.1.3 改性沥青

对沥青进行氧化、乳化、催化,或者掺入橡胶、树脂、矿物料等物质,使得沥青的性质得到不同程度的改善,所得到的产品称为改性沥青。

(1)橡胶改性沥青

掺入橡胶(天然橡胶、丁基橡胶、氯丁橡胶、丁苯橡胶、再生橡胶)的沥青,使沥青具有一定橡胶特性,改善其气密性、低温柔性、耐化学腐蚀性、耐光性、耐气候性、耐燃烧性,可制作卷材、片材、密封材料或涂料。如:氯丁橡胶改性沥青、SBS 改性沥青、丁基橡胶改性沥青、再生橡胶改性沥青等。

(2)树脂改性沥青

用树脂改性沥青,可以提高沥青的耐寒性、耐热性、黏结性和不透水性,常用树脂有聚乙烯树脂、聚丙烯树脂、酚醛树脂等。

(3)橡胶和树脂改性沥青

同时加入橡胶和树脂,可使沥青同时具备橡胶和树脂的特性,性能更加优良。主要用于制作片材、卷材、密封材料、防水涂料。

(4)矿物填充料改性沥青

矿物填充料改性沥青是指为了提高沥青的黏结力和耐热性,降低沥青的温度敏感性,扩大沥青的使用温度范围,加入一定数量矿物填充料(滑石粉、石灰粉、云母粉、硅藻土)的沥青。

8.2 防水卷材

防水卷材是一种可卷曲的片状制品。尺寸大,施工效率高,防水效果好,耐用年限长,产品具有良好的延伸性、耐高温性以及较高的抗拉强度、抗撕裂能力。按组成材料分为沥青防水卷材、高聚物改性沥青防水卷材、合成高分子防水卷材三大类。

8.2.1　沥青防水卷材

沥青防水卷材是在基胎(原纸或纤维织物等)上浸涂沥青后,在表面撒布粉状或片状隔离材料制成的一种防水卷材。

8.2.1.1　主要品种的性能及应用

沥青类防水卷材有石油沥青纸胎油毡、石油沥青玻璃纤维(或玻璃布)胎油毡、铝箔面油毡、改性沥青聚乙烯胎防水卷材、沥青复合胎防水卷材等品种。

(1)石油沥青纸胎防水卷材

纸胎油毡系采用低软化点石油沥青浸渍原纸,用高软化点沥青涂盖油纸的两面,再撒以隔离材料而制成的一种纸胎油毡。国标《石油沥青纸胎油毡》(GB 326—2007)规定:油毡按卷重和物理性能分为Ⅰ型、Ⅱ型、Ⅲ型,油毡幅宽为1 000mm,其他规格可由供需双方商定。每卷油毡的总面积为$(20 \pm 0.3) m^2$。按产品名称、类型和标准号顺序标记。如Ⅲ型石油沥青纸胎油毡标记为:油毡Ⅲ型 GB 326—2007。Ⅰ、Ⅱ型油毡适用于辅助防水、保护隔离层、临时性建筑防水、建筑防潮及包装等,Ⅲ型油毡适用于防水等级为Ⅲ级屋面工程的多层防水。物理力学性能见表8-6。

表 8-6　石油沥青纸胎油毡的物理性能(GB 326—2007)

项　目		指　标		
		Ⅰ型	Ⅱ型	Ⅲ型
卷重/(kg/卷),不小于		17.5	22.5	28.5
单位面积浸涂材料总量/(g/m^2),不小于		600	750	1 000
不透水性	压力/MPa,不小于	.0.02	0.02	0.01
	保持时间/min,不小于	20	30	30
吸水率/%,不大于		3.0	2.0	1.0
耐热度/℃		85±2,2 h涂盖层无滑动、流淌和集中性气泡		
拉力/纵向(N/50 mm),不小于		240	270	340
柔度/℃		18±2,绕ϕ20 mm棒或弯板无裂纹		

(2)石油沥青玻璃纤维胎防水卷材(简称沥青玻纤胎卷材)

玻纤油毡是采用玻璃纤维薄毡为胎基,浸涂石油沥青,表面撒以矿物粉料或覆盖以聚乙烯薄膜等隔离材料,制成的一种防水卷材。其指标应符合《石油沥青玻璃纤维油毡》(GB/T 14686—2008)的规定。产品按单位面积质量分为15、25号两种;按力学性能分为Ⅰ、Ⅱ型。卷材公称宽度1 m。

(3)沥青复合胎柔性防水卷材

沥青复合胎柔性防水卷材是指以沥青(用橡胶、树脂等高聚物改性)为基料,以两种材料复合为胎体,细砂、矿物粒(片)料、聚酯膜、聚乙烯膜等为覆面材料,以浸涂、辊压工艺而制成的防水卷材。按胎体分为沥青聚酯毡、玻纤网格布复合胎柔性防水卷材沥青玻纤毡、玻纤网格布复合胎柔性防水卷材沥青涤棉无纺布、玻纤网格布复合胎柔性防水卷材沥青玻纤毡、聚乙烯膜复合胎柔性防水卷材。规格尺寸有面积 10 m^2、7.5 m^2；宽 1 000 mm；厚度 3 mm、4 mm。按物理力学性能分为Ⅰ、Ⅱ型。其性能指标应符合《沥青复合胎柔性防水卷材》（JC/T 690—2008）中的规定。

（4）铝箔面油毡

铝箔面油毡是用玻璃纤维毡为胎基,浸涂氧化沥青,表面用压纹铝箔贴面,底面撒以细颗粒矿物料或覆盖以聚乙烯（PE）膜制成的防水卷材。具有美观效果及能反射热量和紫外线的功能,能降低屋面及室内温度,阻隔蒸汽的渗透,用于多层防水的面层和隔汽层。其性能指标应符合《铝箔面石油沥青防水卷材》（JC/T 504—2007）中的规定。

8.2.1.2 石油沥青防水卷材的验收、储存、运输和保管

1）不同规格、标号、品种、等级的产品不得混放。

2）卷材应保管在规定温度（粉毡和玻璃毡≤45℃,片毡≤50℃）下。

3）纸胎油毡和玻璃纤维油毡要求立放,高度不得超过两层,所有搭接边的一端必须朝上;玻璃布胎油毡可以同一方向平放堆置成三角形,码放不超过 10 层,并应远离火源,置于通风、干燥的室内,防止日晒、雨淋和受潮。

4）产品质量保证期为一年。

5）检验内容:外观不允许有孔洞、硌伤,胎体不允许出现露胎或涂盖不匀;裂纹、折纹、皱折、裂口、缺边不许超标,每卷允许有一个接头,较短的一段不应小于 2.5 m,接头处应加长 150 mm。物理性能有纵向拉力、耐热度、柔度、不透水性指标应符合技术要求。

8.2.2 高聚物改性沥青防水卷材

高聚物改性沥青防水卷材已是全世界防水材料发展的普遍趋势,也是我国近期发展的主要防水卷材品种。高聚物改性沥青卷材是以合成高分子聚合物改性沥青为涂盖层,纤维织物或纤维毡为基胎,粉状、粒状、片状或薄膜材料为防粘隔离层制成的防水卷材,具有高温不流淌,低温不脆裂,拉伸强度高,延伸率较大等优异性能。高聚物改性沥青防水卷材克服了传统沥青防水卷材温度稳定性差、延伸度小的缺点。而且价格适中,在我国属中、低档防水卷材。常用的有 SBS 改性沥青防水卷材、APP 改性沥青防水卷材、PVC 改性沥青防水卷材、再生胶改性沥青防水卷材等。

8.2.2.1 弹性体改性沥青防水卷材

弹性体改性沥青防水卷材是以苯乙烯—丁二烯—苯乙烯（SBS）热塑性弹性体作改性剂,以聚酯毡或玻纤毡为胎基,两面覆盖以聚乙烯膜（PE）、细砂（S）、粉料或矿物粒（片）料（M）制成的卷材,简称 SBS 卷材。

《弹性体改性沥青防水卷材》（GB 18242—2008）规定:按胎基分为聚酯胎（PY）、玻纤胎（G）和玻纤增强聚酯毡（PYG）;表面隔离材料分为上表面隔离材料和下表面隔离材料,上表面隔离材料又分为聚乙烯膜（PE）、细砂（S）、矿物粒料（M）,下表面隔离材料细砂（S）、聚乙烯膜（PE）;同时规定了细砂粒径不超过 0.60 mm 以及不得采用聚酯膜（PET）和耐高温聚乙烯膜作为表面隔离材料。卷材幅宽 1 000 mm,聚酯毡卷材的厚度有 3 mm、4 mm 和 5 mm 三种,玻纤毡卷材的厚度有 3 mm、4 mm 两种,玻纤增强聚酯毡卷材的厚度有 5 mm。按材料性能分为Ⅰ、Ⅱ型。其材料性能见表 8-7。

表 8-7　弹性体改性沥青防水卷材的材料性能

序号	项 目		指　标				
			I		II		
			PY	G	PY	G	PYG
1	可溶物含量/(g/m²)，不小于	3 mm	2 100				—
		4 mm	2 900				—
		5 mm	3 500				
		试验现象	—	胎基不燃	—	胎基不燃	—
2	耐热性	℃	90		105		
		≤mm	2				
		试验现象	无流淌、滴落				
3	低温柔性/℃		−20		−25		
			无裂缝				
4	不透水性 30 min，不小于		0.3 MPa	0.2 MPa	0.3 MPa		
5	拉力	最大峰值拉力/(N/50 mm) 不小于	500	350	800	500	900
		次高峰拉力/(N/50 mm) 不小于	—	—	—	—	800
		试验现象	拉伸过程中，试件中部无沥青涂盖层开裂或胎基分离现象				
6	延伸率	最大峰时延伸率/%	30		40		—
		第二峰时延伸率/%	—		—		15
7	浸水后质量增加/%，不大于	PE、S	1.0				
		M	2.0				
8	热老化	拉力保持率/%，不小于	90				
		延伸率保持率/%，不小于	80				
		低温柔性/℃	−15		−20		
			无裂缝				
		尺寸变化率，不大于	0.7	—	0.7	—	0.8
		质量损失/%，不大于	1.0				
9	渗油性	张数，不大于	2				
10	接缝剥离强度/(N/mm)，不小于	1.5	—				
11	钉杆撕裂强度/N，不小于		—				300
12	矿物粒料黏附性/g		2.0				
13	卷材下表面沥青涂盖层厚度/mm		1.0				
14	人工气候加速老化	外 观	无滑动、流淌、滴落				
		拉力保持率/%，不小于	−15		−20		
		低温柔性/℃	无裂缝				

SBS卷材属高性能的防水材料,保持沥青防水的可靠性和橡胶的弹性,提高了柔韧性、延展性、耐寒性、黏附性、耐气候性,具有良好的耐高、低温性能,可形成高强度防水层。耐穿刺、硌伤、撕裂和疲劳,出现裂缝能自我愈合,能在寒冷气候条件下热熔搭接,密封可靠。

SBS卷材广泛应用于各种领域和类型的防水工程。最适用于以下工程:工业与民用建筑的常规及特殊屋面防水;工业与民用建筑的地下工程的防水、防潮及室内游泳池等的防水;各种水利设施及市政工程防水。

8.2.2.2 塑性体(APP)改性沥青防水卷材

塑性体改性沥青防水卷材是指以聚酯毡或玻纤毡为胎基,无规聚丙烯(APP)或聚烯烃类聚合物作改性剂,两面覆以隔离材料所制成的防水卷材,简称APP卷材。卷材的品种、规格、外观要求同SBS卷材;其材料性能应符合《塑性体改性沥青防水卷材》GB 18243—2008的规定。

APP卷材防水性好、耐高温、柔韧性较好,能形成高强度、耐撕裂、耐穿刺的防水层,耐紫外线照射,使用寿命较长。可采用热熔法黏结,可靠性强。

APP卷材可广泛用于各类建筑工程防水、防潮,尤其适用于高温或有强烈日照地区的建筑物防水。可采用热熔法施工。

8.2.2.3 改性沥青聚乙烯胎防水卷材

以改性沥青为基料,以高密度聚乙烯膜为胎体,以聚乙烯膜或铝箔为上表面覆盖材料,经滚压、水冷、成型制成的防水材料,称为改性沥青聚乙烯胎防水卷材。

目前按施工工艺分为热熔型和自黏型两种。热熔型产品按改性剂可分为改性氧化沥青防水卷材、丁苯橡胶改性氧化沥青防水卷材、高聚物改性沥青防水卷材和耐根刺穿防水卷材四类。

改性沥青聚乙烯胎防水卷材可用于一般建筑的防水工程。上表面覆盖聚乙烯膜的卷材适用于非外露防水工程,上表面覆盖铝箔的卷材适用于外露防水工程。

改性沥青聚乙烯胎防水卷材的物理力学性能应符合《改性沥青聚乙烯胎防水卷材》(GB 18967—2009)的规定。

8.2.3 合成高分子防水卷材

合成高分子类防水卷材是以合成树脂、合成橡胶或橡胶—塑料共混体等为基料,加入适量的化学助剂和添加剂,经过混炼(塑炼)压延或挤出成型、定型、硫化等工序制成的防水卷材(片材),属高档防水材料。橡胶类有三元乙丙橡胶卷材、丁基橡胶卷材、氯化聚乙烯卷材、氯磺化聚乙烯卷材、氯丁橡胶卷材、再生橡胶卷材;树脂类有聚氯乙烯卷材、聚乙烯卷材、乙烯共聚物卷材;橡塑共混类有氯化聚乙烯—橡胶共混卷材、聚丙烯—乙烯共聚物卷材。《高分子防水材料:片材》(GB 18173.1—2006)规定了其类别及主要性能,见表8-8、表8-9。

表 8-8　片材的分类

分　类		代号	主要原材料
均质片	硫化橡胶类	JL1	三元乙丙橡胶
		JL2	橡胶(橡塑)共混
		JL3	氯丁橡胶、氯磺化聚乙烯、氯化聚乙烯等
		JL4	再生胶
	非硫化橡胶类	JF1	三元乙丙橡胶
		JF2	橡塑共混
		JF3	氯化聚乙烯
	树脂类	JS1	聚氯乙烯等
		JS2	乙烯醋酸乙烯、聚乙烯等
		JS3	乙烯醋酸乙烯改性沥青共混
复合片	硫化橡胶类	FL	乙丙、丁基、氯丁橡胶、氯磺化聚乙烯等
	非硫化橡胶类	FF	氯化聚乙烯、乙丙、丁基、氯丁橡胶、氯磺化聚乙烯等
	树脂类	FS1	聚氯乙烯等
		FS2	聚乙烯等
点粘片	树脂类	DS1	聚氯乙烯等
		DS2	乙烯乙酸乙烯、聚乙烯等
		DS3	乙烯乙酸乙烯改性沥青共混物等

表 8-9　片材的主要性能

品　种			主　要　指　标						
			断裂拉伸强度/MPa (均质片) /(N/cm) (复合片)		扯(胶)断伸长率/%		撕裂强度/(kN/m)(均质片)/N(复合片)	不透水性 30 min 无渗漏/MPa	低温弯折/℃, 小于等于
			常温, 大于等于	60℃, 大于等于	常温, 大于等于	-20℃, 大于等于			
均质片	硫化橡胶类	JL1	7.5	2.3	450	200	25	0.3	-40
		JL2	6.0	2.1	400	200	24	0.3	-30
		JL3	6.0	1.8	300	170	23	0.2	-30
		JL4	2.2	0.7	200	100	15	0.2	-20
	非硫化橡胶类	JF1	4.0	0.8	400	200	18	0.3	-30
		JF2	3.0	0.4	200	100	10	0.2	-20
		JF3	5.0	1.0	200	100	10	0.2	-20
	树脂类	JS1	10	4	200	150	40	0.3	-20
		JS2	16	6	550	350	60	0.3	-35
		JS3	14	5	500	300	60	0.3	-35

续表

品 种			主 要 指 标						
			断裂拉伸强度/MPa（均质片）/（N/cm）（复合片）		扯（胶）断伸长率/%		撕裂强度/（kN/m）（均质片）/N（复合片）	不透水性30min无渗漏/MPa	低温弯折/℃，小于等于	
			常温，大于等于	60℃，大于等于	常温，大于等于	−20℃，大于等于			
复合片	硫化橡胶类	FL	80	30	300	150	40	0.3	−35
	非硫化橡胶类	FF	60	20	250	50	20	0.3	−20
	树脂类	FS1	100	40	150	10	20	0.3	−30
		FS2	60	30	400	10	20	0.3	−20

8.2.3.1 三元乙丙橡胶防水卷材（EPDM）

这种卷材是以三元乙丙橡胶或掺入适量丁基橡胶为基料，加入各种添加剂而制成的高弹性防水卷材。有硫化型（JL）和非硫化型（JF）两类。规格：厚度有 1.0 mm、1.2 mm、1.5 mm、1.8 mm、2.0 mm；宽度 1.0 m、1.2 m；长度 20 m。

三元乙丙橡胶防水卷材的耐老化性能好、使用寿命 30～50 年、耐紫外线、耐氧化、弹性好、质轻、适应变形能力强，拉伸性能、抗裂性优异，耐高、低温性好，能在严寒或酷热环境中使用，应用历史较长，应用技术成熟，是一种重点发展的高档防水卷材。

三元乙丙橡胶防水卷材在工业及民用建筑的屋面工程中，适用于外露防水层的单层或多层防水，如易受震动、易变形的建筑防水工程，有刚性保护层或倒置式屋面及地下室、桥梁、隧道防水。

8.2.3.2 聚氯乙烯防水卷材（PVC 卷材）

PVC 卷材是以聚氯乙烯树脂为主要基料制成的防水卷材。按产品组成分为均质卷材（代号 H）、带纤维背衬卷材（代号 L）、织物内增强卷材（代号 P）、玻璃纤维内增强卷材背衬卷材（代号 G）、玻璃纤维内增强带纤维（代号 GL）。具体性能要求应符合《聚氯乙烯防水卷材》（GB 12952—2011）的规定。

PVC 卷材的拉伸强度高，伸长率大，对基层的伸缩和开裂变形适应性强；卷材幅面宽，焊接性好；具有良好的水蒸气扩散性，冷凝物容易排出；耐穿透、耐蚀、耐老化。低温柔性和耐热性好。可用于各种屋面防水、地下防水及旧屋面维修工程。

8.2.3.3 氯化聚乙烯—橡胶共混防水卷材

以氯化聚乙烯树脂和合成橡胶为主体，加入适量的硫化剂、促进剂、稳定剂、软化剂和填充剂等，经过素炼、混炼、过滤、压延（或挤出）成型、硫化等工序加工制成的高弹性防水卷材，称为氯化聚乙烯—橡胶共混防水卷材。

（1）氯化聚乙烯—橡胶共混防水卷材的特点

不仅具有氯化聚乙烯所特有的高强度和优异的耐臭氧、耐老化性能，而且具有橡胶类材料所特有的高弹性、高延伸性和良好的低温柔性，拉伸强度在 7.5 MPa 以上，断裂伸长率在 450% 以上，脆性温度在 −40℃ 以下，热老化保持率在 80% 以上。

（2）氯化聚乙烯—橡胶共混防水卷材的应用

特别适用于寒冷地区或变形较大的建筑防水工程,也可用于有保护层的屋面、地下室、储水池等防水工程。施工时可采用黏结剂冷粘施工。

合成高分子防水卷材除以上三种典型品种外,还有氯丁橡胶、丁基橡胶、氯化聚乙烯、聚乙烯、氯乙烯—三元乙丙橡胶共混等多种防水卷材。常见的合成高分子防水卷材的特点和适用范围见表8-10。

表8-10　常见合成高分子防水卷材的特点和适用范围

卷材名称	特　点	使用范围	施工工艺
三元乙丙橡胶防水卷材	防水性能优异,耐候性好,耐臭氧性、耐化学腐蚀性好,弹性和抗拉强度大,对基层变形开裂的适应性强,质量轻,使用温度范围宽。寿命长,但价格高	防水要求较高,防水层耐用年限要求长的建筑工程。单层或复合使用	冷粘法或自粘法
丁基橡胶防水卷材	有较好的耐候性、耐油性、抗拉强度和延伸率较大,耐低温性能稍低于三元乙丙橡胶防水卷材	单层或复合使用,适用于要求较高的防水工程	冷粘法施工
氯化聚乙烯防水卷材	良好的耐候性、耐热老化、耐臭氧、耐油、耐化学腐蚀,抗撕裂性能好	单层或复合使用,适用于紫外线强的炎热地区	冷粘法施工
氯磺化聚乙烯防水卷材	延伸率较大,弹性较好,对基层变形开裂的适应性强,耐高温、低温性能好,耐腐蚀性好,难燃性	适用于有腐蚀介质影响及在寒冷地区的防水工程	冷粘法施工
聚氯乙烯防水卷材	拉伸和撕裂强度较高,延伸率较大,耐老化性能好,原料丰富,价格便宜,易黏结	单层或复合使用,适用于外露或有保护层的防水工程	冷粘法或热风焊接法施工
氯化聚乙烯—橡胶共混防水卷材	不但具有氯化聚乙烯特有的高强度和优异的耐臭氧、耐老化性能,而且还具有橡胶特有的高弹性、高延伸性及良好的低温柔性	单层或复合使用,适用于寒冷地区或变形较大的防水工	冷粘法施工
聚乙烯—三元乙丙橡胶共混防水卷材	良好的耐臭氧和耐老化性能,使用寿命长,低温柔性可,可在负温条件下施工	单层或复合外露防水层面,适用于寒冷地区使用	冷粘法施工

8.2.4　新型防水保温隔热一体屋面防水卷材

在现行防水材料中有一些品种具有良好的复合功能,实现功能多样化,代表产品如阳光板、复合保温涂层金属板和聚氨酯硬泡体防水保温材料。

聚氨酯硬泡体是一种高分子材料,在聚氨酯喷涂过程中,产生高闭孔率的硬泡体化合物,将防水和保温功能集于一体,现场喷涂施工,快速发泡成型,具有优良的保温隔热功能,同时具有良好的防水性能。

8.2.4.1　聚氨酯硬泡体的技术特点

1）防水保温一体化,使用专用设备喷涂在基面上,保证防水保温性能的整体优良。

2）工程可靠性高,现场喷涂,无须预制搭接,形成无接缝壳体,和各种基面的黏结性好,集保温防水于一体,具有很好的可靠性。

3)质量轻,可降低荷载。按规定密度不低于 55 kg/m³,如喷涂厚度为 25~30 mm 时,每平方米质量只约为 2 kg,非常适用于轻型框架建筑和大跨度的厂房和高层建筑。

4)节能效率高,保温隔热防水性能好。聚氨酯硬泡体防水保温材料的导热系数可达到 0.018~0.024 W/(m·K),有良好的保温隔热性能,闭孔率可达 95% 以上,防水性能良好。

5)设计简单,施工维修方便。采用现场喷涂,防水保温一次完成,对施工部位没有特殊要求,简化设计,施工操作方便,缩短工期。在维修旧屋面时,可以不铲除旧基层,降低施工工程强度和难度。

6)无氟发泡,适应环境宽,符合环保要求。耐环境温度为 -50~150 ℃,且耐弱酸、弱碱等化学物质的腐蚀。耐用年限可达 20 年,集产品、施工、服务于一体,降低维修量和造价。

8.2.4.2　聚氨酯硬泡体的技术性能及用途

一般情况下聚氨酯硬泡体的材料呈双组分分装的桶装形式,在储运过程中,不允许混装双组分,应立放,存放期不许超过 3~6 个月。

聚氨酯硬泡体防水保温技术主要用于防水等级为 Ⅰ~Ⅳ 级工业与民用建筑的平屋面、斜屋面、墙体及大跨度的金属网架结构与异型屋面的防水保温,还适用于旧屋面的维修和改造。其技术标准应符合《硬泡聚氨酯保温防水技术规范》(GB 50404—2007)的相关要求。

8.3　防 水 涂 料

防水涂料是以沥青、合成高分子等为主体,在常温下呈无定形流态或半固态,涂布在构筑物表面,通过溶剂挥发或反应固化后能形成坚韧防水膜的材料的总称。

按主要成膜物质可划分为沥青类、高聚物改性沥青类、合成高分子类、水泥类四种。按涂料的液态类型,可分为溶剂型、水乳型、反应型三种。按涂料的组分可分为单组分和双组分两种。

8.3.1　沥青类防水涂料

这类涂料的主要成膜物质是沥青,包括溶剂型和水乳型两种,主要品种有冷底子油、沥青胶、水性沥青基防水涂料。

(1)冷底子油

用建筑石油沥青加入汽油、煤油、轻柴油,或者用软化点 50~70 ℃ 的煤沥青加入苯,溶合而配制成的沥青溶液,称为冷底子油。冷底子油的黏度小,能渗入到混凝土、砂浆、木材等材料的毛细孔隙中,待溶剂挥发后,便与基面牢固结合,使基面具有一定的憎水性,为黏结同类防水材料创造了有利条件。若在冷底子油层上面铺热沥青胶黏贴卷材,能够使防水层和基层粘贴牢固。由于它一般在常温下用于防水工程的底层,所以称冷底子油。冷底子油应涂刷在干燥的基面上,一般要求水泥砂浆找平层的含水率不大于 10%。

冷底子油一般要随配随用,配制时先将沥青加热至 108~200 ℃,脱水后冷却至 130~140 ℃,再加入溶剂量 10% 的煤油,待温度降至约 70℃ 时,加入余下的溶剂搅拌均匀为止。若储存时,应使用密闭容器,以防溶剂挥发。

（2）沥青胶（玛蹄脂）

沥青胶是为了提高沥青的耐热性，降低沥青层的低温脆性，在沥青材料中加入填料进行改性而制成的液体。粉状填料有石灰石粉、白云石粉、滑石粉、膨润土等，纤维状填料有木质纤维、石棉屑等。该产品主要有耐热性、柔韧性、黏结力三种技术指标，见表 8-11。

表 8-11　石油沥青胶的技术指标

指标 标号	耐热度		柔韧性	黏结力
S-60	60	用 2 mm 厚沥青胶粘合两张沥青油纸，在不低于下列温度（℃）下，45°的坡度上，停放 5 h，沥青胶结料不应流出，油纸不应滑动	10	涂在沥青油纸上的厚沥青胶层，在（18±2）℃时围绕下列直径（mm）的圆棒以 5 s 时间且匀速弯曲成半周，沥青胶结料不应有开裂	将两张用沥青胶粘贴在一起的油纸揭开时，若被撕开的面积超过粘贴面积的一半时，则认为不合格；否则认为合格
S-65	65		15		
S-70	70		15		
S-75	75		25		
S-80	80		25		
S-85	85		30		

沥青胶主要用于粘贴各层石油沥青油毡、涂刷棉层油、绿豆砂的铺设、油毡棉层补漏及做防水层的底层等，它与水泥砂浆或混凝土均有良好的黏结性。

（3）水性沥青基防水涂料

水性沥青基防水涂料是指乳化沥青及在其中加入各种改性材料的水乳型防水材料。主要用于Ⅲ、Ⅳ级防水等级的屋面防水及厕浴间、厨房防水。

我国的主要品种有 AE-1、AE-2 型两大类。AE-1 型是以石油沥青为基料，用石棉纤维或其他矿物填充料改性的水性沥青厚质防水涂料，如水性沥青石棉防水涂料、水性沥青膨润土防水涂料，价格低廉，可以在潮湿基层上施工；AE-2 型是用化学乳化剂配成的乳化沥青，掺入氯丁胶乳或再生橡胶等橡胶改性的水性沥青基薄质防水涂料。

这类材料的质量检验项目有固含量、延伸性、柔韧性、黏结性、不透水性和耐热性等指标，经检验合格后才能用于工程中。

8.3.2　高聚物改性沥青防水涂料

高聚物改性沥青防水涂料是以高聚物改性沥青为基料，制成的水乳型或溶剂型防水涂料，有再生胶改性沥青防水涂料、水乳型氯丁橡胶沥青防水涂料、SBS 橡胶改性沥青防水涂料等。

（1）再生胶改性沥青防水涂料

分为 JG-1 和 JG-2 两类冷胶料。

JG-1 型是溶剂型再生胶改性沥青防水胶黏剂。以渣油（200 号或 60 号道路石油沥青）与废开司粉（废轮胎里层带线部分磨成的细粉）加热熬制，加入高标号的汽油而制成。

JG-2 型是水乳型的双组分防水冷胶料，属反应固化型。A 液为乳化橡胶，B 液为阴离子型乳化沥青，分别包装，现用现配，在常温下施工，维修简单，具有优良的防水、抗渗性能。温度稳定性好，但涂层薄，需多道施工（低于 5 ℃不能施工），加衬中碱玻璃丝或无纺布可做防水层。适用于屋面、墙体、地面、地下室、冷库的防水防潮,也可用于嵌缝及防腐工程等。

（2）氯丁橡胶改性沥青防水涂料

有溶剂型和水乳型两类,可用于Ⅱ、Ⅲ、Ⅳ级屋面防水。用溶剂型氯丁橡胶改性沥青防水涂料是将氯丁橡胶和石油沥青溶于芳烃溶剂（苯或二甲苯）中形成一种混合胶体溶液。具有较好的耐高、低温性能,黏结性好,干燥成膜速度快,按抗裂性及低温柔性可分为一等品和合格品。

水乳型氯丁橡胶改性沥青防水涂料是以阳离子氯丁胶乳和阴离子沥青乳液混合而成。涂膜层强度高,耐候性好,抗裂性好。以水代替溶剂,成本低,无毒。

（3）检验及应用

高聚物改性沥青防水涂料适用于民用及工业建筑的屋面工程、厕浴间、厨房的防水;地下室、水池的防水、防潮工程;以及旧油毡屋面的维修。在实际使用时应检验涂料的固含量、延伸性、柔韧性、不透水性、耐热性等技术指标合格后才能用于工程。

8.3.3　合成高分子类防水涂料

合成高分子类防水涂料是以合成橡胶或合成树脂为主要成膜物质,加入其他辅料而配成的单组分或多组分防水涂料。主要有聚氨酯(单、多组分)、硅橡胶、水乳型、丙烯酸酯、聚氯乙烯、水乳型三元乙丙橡胶防水涂料等。

（1）聚氨酯防水涂料

聚氨酯防水涂料又称聚氨酯涂膜防水材料,按组分分为单组分(s)、多组分(M)两种,按拉伸性能分Ⅰ、Ⅱ两类。该涂膜有透明、彩色、黑色等品种,具有耐磨、装饰及阻燃等性能。多组分聚氨酯涂膜防水涂料的技术性能应符合《聚氨酯防水涂料》(GB/T 19250—2003)的规定,见表8-12。在实际工程中应检验其涂膜表干时间、含固量、常温断裂延伸率及断裂强度、黏结强度和低温柔性等指标,合格后方可使用。主要用于防水等级为Ⅰ、Ⅱ、Ⅲ级的非外露屋面、墙体及卫生间的防水防潮工程,地下围护结构的迎水面防水,地下室、储水池、人防工程等的防水。是一种常用的中高档防水涂料。

表 8-12　多组分聚氨酯防水涂料的技术性能

项目	技术指标	
	Ⅰ类	Ⅱ类
断裂延伸率/%,大于等于	450	450
拉伸时老化	加热时和紫外线老化,应无裂纹及变形	
低温弯折性/℃,小于等于	−35℃无裂纹	−35℃无裂纹
不透水性	0.3 MPa,30 min,不透水	
固体含量/%	≥92%	
适用时间	>20 min,黏度≤10⁵ MPa·s	
表干时间/h	≤8 h,不黏手	
实干时间/h	<24 h,无黏着	

项目		技术指标	
		Ⅰ类	Ⅱ类
加热时伸缩率/%	小于等于	1.0	
	大于等于	4.0	4.0
拉伸强度/MPa,大于等于		1.9	2.45

（2）丙烯酸酯防水涂料

丙烯酸酯防水涂料是以纯丙烯酸共聚物、改性丙烯酸或纯丙烯酸乳液为主要成分,加入适量填料、助剂及颜料等配制而成,属合成树脂类单组分防水涂料。这类防水涂料的最大优点是具有优良的耐候性、耐热性和耐紫外线性,在 -30～80 ℃范围内性能基本无多大变化。延伸性好,能适应基层的开裂变形。装饰层具有装饰和隔热效果。

施工工程中的检验项目与聚氨酯防水涂料相同,主要用于防水等级为Ⅰ、Ⅱ、Ⅲ级的屋面和墙体的防水防潮工程;黑色防水屋面的保护层;厕浴间的防水。

8.3.4　聚合物水泥基防水涂料（JS 复合防水涂料）

该涂料以丙烯酸酯等聚合物乳液和水泥为主要原料,加入其他外加剂制得的双组分水性防水涂料。分为Ⅰ型、Ⅱ型和Ⅲ型三种,Ⅰ型以聚合物为主的防水涂料,用于活动量较大的基层。Ⅱ型Ⅲ型以水泥为主的防水涂料,适用于活动量较小的基层。

涂料的含固量、低温柔性、常温拉伸断裂延伸率及强度、不透水性和黏结性等指标应符合《聚合物水泥防水涂料》（GB/T 23445—2009）的要求。适用于工业及民用建筑的屋面工程,厕浴间厨房的防水防潮工程,地面、地下室、游泳池、罐槽的防水。

8.3.5　防水涂料的储运及保管

防水涂料的包装容器必须密封严实,容器表面应有标明涂料名称、生产厂名、生产日期和产品有效期的明显标志;储运及保管的环境温度不得低于0℃;严防日晒、碰撞、渗漏;应存放在干燥、通风、远离火源的室内,料库内应配备专门用于扑灭有机溶剂燃烧的消防措施;运输时,运输工具、车轮应有接地措施,防止静电起火。

8.4　建筑防水密封材料

建筑防水密封材料又称嵌缝材料,建筑密封材料不仅能解决建筑物的渗漏,延长建筑物的使用寿命,又能提高建筑物的绝热、保温性能。随着建筑技术的发展,超高层建筑、大型框架轻板结构、玻璃幕墙、中空玻璃等新建筑设计被广泛应用,这些新型建筑需要不同要求的嵌缝,促进了各种类型密封材料的迅速发展。密封材料种类繁多,有密封膏、密封带、密封垫、止水带等。其中密封膏占主要地位。

8.4.1　建筑防水密封材料的分类

按原材料及其性能,不定型密封材料可分为以下几种。

1）塑性密封膏以改性沥青和煤焦油为主要原料制成。其价格低,具有一定的弹塑性和耐久性,但弹性差,延伸性差,使用年限在 10 年以下。

2）弹塑性密封膏以聚氯乙烯胶泥及各种塑料油膏为主。弹性较低,塑性较大,延伸和黏结力较好,年限在 10 年以上。

3）弹性密封膏由聚硫橡胶、有机硅橡胶,氯丁橡胶、聚氨酯和丙烯酸萘为主要原料制成。性能好,使用年限在 20 年以上。

8.4.2 工程常用密封膏

（1）聚氨酯建筑密封胶

在聚氨酯防水涂料中加入适量的填料,起到增量剂的作用,对制品的性能影响不大。

这种材料是双组分反应固化型弹性密封膏。工厂制备时可分二组分包装:A 组分为预聚体,是一种琥珀色黏稠胶体,B 组分各种颜色的厚质膏体,它是由固化剂、滑石粉、碳酸钙等填料以及各种颜料组成的。为了降低成本,也可掺入煤焦油配制成黑色聚氨酯密封膏。

聚氨酯建筑密封膏的性能比较优越。它的耐老化性能良好,黏结力强,弹性较大,伸长280% 尚未拉断,卸荷后试件完全恢复原状。在 −21 ℃的温度下,虽然稍硬,但不发脆,仍然有一定的弹性,说明嵌缝膏的性能完全能够满足板缝防水的要求。经过 100 ℃、24 h 高温烘烤后的胶片,没有发生分解、变形以及析油等现象,证明嵌缝膏的性能比较稳定。主要技术性能应符合《聚氨酯建筑密封胶》（JC/T 482—2003）的规定。

（2）建筑防水沥青嵌缝油膏

建筑防水沥青嵌缝油膏是以石油沥青为基料,加入改性材料、稀释剂及填料混合而成。改性材料有废橡胶粉和硫化鱼油;稀释剂有松节油、机油;填充料有石棉绒和滑石粉。执行《建筑防水沥青嵌缝油膏》（JC/T 207—2011）规定。

（3）硅酮建筑密封胶

硅酮（聚硅氧烷）建筑密封胶是以硅橡胶为基料,加入交联剂、填料、助剂等配制而成的一种密封材料。

该密封胶耐高低温（ −50 ~ 150 ℃）、耐老化性好;能与玻璃、陶瓷、金属、水泥制品等牢固的黏结。

硅酮建筑密封胶的技术规范执行国家标准 GB/T 14683—2003。标准适用于以聚硅氧烷为主要成分、室温固化的单组分密封胶。材料适用于各种建筑防水密封等;但不适用于建筑幕墙和中空玻璃,建筑幕墙及其他结构黏结装配应采用硅酮结构密封胶。

硅酮建筑密封胶的类型、外观、标准试验条件、标记方法见表 8-13 所示。

表 8-13　硅酮建筑密封胶的类型、外观、标准试验条件、标记方法

分类	外观	标准试验条件	标记方法
产品按固化机理分为两种类型： A 型—脱酸（酸性） B 型—脱醇（中性） 产品按用途分为两种类别： G 类—镶装玻璃用 F 类—建筑接缝用	产品应为细腻、均匀膏状物，不应有气泡、结皮和凝胶；产品的颜色与供需双方商定的样品相比，不得有明显差异	试验室标准试验条件为：温度（23±2）℃，相对湿度（50±5）%	产品按下列顺序标记：名称、类型、类别、级别、次级别、标准号。 示例：镶装玻璃用 25 级高模量酸性硅酮建筑密封胶的标记为：硅酮建筑密封胶 AG 25HM GB/T14683—2003

（4）丙烯酸酯建筑密封膏

丙烯酸酯密封膏是以丙烯酸酯乳液为主体材料配以交联剂、热稳定剂、催化剂、增塑剂、填料、色料等经混合配制而成的单组分室温固化（RTV）密封材料。丙烯酸酯密封膏是以水分挥发固化，可在潮湿基面施工，施工温度应在 5 ℃以上，丙烯酸酯密封膏有很好的黏结效果。丙烯酸酯密封膏耐候性好，价格便宜，一般多用于外墙板缝等部位的密封。丙烯酸酯类因含有酸根吸水性强，吸水后会发生软化、溶胀等现象而使密封工程失败，当应用于长期泡水的部位时必须对丙烯酸酯密封膏进行耐水性试验，耐水性不得低于 80% 时方可使用。

8.4.3　密封材料的储运、保管与验收

密封材料的储运、保管应遵守下列规定：避开火源、热源、避免日晒、雨淋、防止碰撞，保持包装完好无损；外包装应贴有明显的标记，标明产品的名称、生产厂家、生产日期和使用有效期；应分类储放在通风、阴凉的室内，环境温度不应超过 50 ℃。

改性石油沥青密封材料，每 2 t 为一批，出厂时应检验其耐热度、低温柔性、拉伸性、施工度等指标。合成高分子密封材料，每 1 t 为一批，应检验材料的拉伸性、柔度。外观上检查是否呈匀质膏状物、无结块和未浸透的填料或不易分散的固体块。

8.4.4　常用建筑密封材料的性能与用途

常用建筑密封材料的性能与用途见表 8-14。

表 8-14　常用建筑密封材料的性能与用途

品种	特点	用途
有机硅酮密封膏	具有对硅酸盐制品、金属、塑料良好的黏结性，耐水、耐热、耐低温、耐老化	适用于窗玻璃、幕镜、大型玻璃幕墙、储槽、水族箱、卫生陶瓷等接缝密封
聚硫密封膏	对金属、混凝土、玻璃、木材具有良好的黏结性。具有耐水、耐油、耐老化、化学稳定性好等	适用于中空玻璃、混凝土、金属结构的接缝密封，也适用于有耐油、耐试剂要求的车间、实验室的地板、墙板密封和一般建筑、土木工程的各种接缝密封

品种	特点	用途
聚氨酯密封膏	对混凝土、金属、玻璃有良好的黏结性,并具有弹性、延伸性、耐疲劳性、耐候性等性能	适用于建筑物屋面、墙板、地板、窗框、卫生间的接缝密封,也适用于混凝土结构的伸缩缝、沉降缝和高速公路、机场跑道、桥梁等土木工程的嵌缝密封
丙烯酸酯密封膏	具有良好的黏结性、耐候性、一定的弹性,可在潮湿基层上施工	适用于室内墙面、地板、门窗框、卫生间的接缝、室外小位移量的建筑缝密封
氯丁橡胶密封膏	具有良好的黏结性、延伸性、耐候性、弹性	适用于室内墙面、地板、门窗框、卫生间的接缝、室外小位移量的建筑缝密封
聚氯乙烯接缝材料	具有良好的弹塑性、延伸性、黏结性、防水性、耐蚀性,耐热、耐寒性,耐候性较好	适用于各种坡度的建筑屋面和有耐腐蚀要求的屋面的接缝防水,水利设施及地下管道的接缝防渗
改性沥青油膏	具有良好的黏结性、柔韧性、耐温性,可冷施工	适用于屋面板、墙板等装配式建筑构件间的接缝嵌填,以及小位移量的各种建筑接缝的防水密封

8.5 沥青防水材料实验项目

8.5.1 取样方法及一般规定

同一批出厂,且类别、牌号相同的半固体或未破碎的固体沥青,从桶(或袋、箱)中取样,应在样品表面以下及距离容器内壁至少75 mm处采取。当沥青为可敲碎的块体时,则用干净的工具将其打碎后再取样;当沥青为半固体,则要用干净的工具切割取样。取样量为1～2 kg。执行标准包括:《沥青取样法》(GB/T 11147—2010);《沥青软化点测定法》(GB/T 4507—1999);《沥青延度测定法》(GB/T 4508—2010);《沥青针入度测定法》(GB/T 4509—2010)。

8.5.2 沥青防水材料实验

8.5.2.1 沥青的针入度测定

(1)检测目的

通过测定沥青的针入度,可评定其黏滞性并依据针入度值来确定沥青的牌号。学会正确使用所用的仪器设备。

(2)主要仪器设备

1)针入度测定仪见图8-5,测定仪的支柱上有两个悬臂,上臂装有分度为360°的刻度盘及活动齿杆,其上下运动的同时,能使指针转动;下臂装有能滑动的针连杆(其下端安装标准针),总质量为(50±0.05)g,针入度仪附带有(50±0.5)g和(100±0.5)g砝码各一个。设有控制针连杆运动的制动按钮,基座上设有放置玻璃皿的能旋转的平台及观察镜。

2)标准针应由硬化回火的不锈钢制成,尺寸应符合有关规定。

3)恒温水浴容量不小于10 L,能保持温度在试验温度的±0.1 ℃范围内,水槽中应备有一个带孔的搁架,位于水面下不少于100 mm,距水槽底不少于50 mm处。

4)试样皿应使用最小尺寸符合表8-15要求的金属或玻璃的圆柱形平底容器。

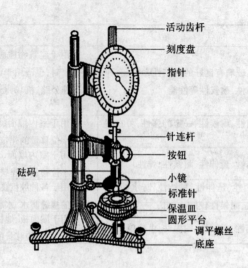

图 8-5　沥青针入度测定仪

表 8-15　试样皿最小尺寸　　　　　　　　　　　　　　　　　　　mm

针入度范围	直径	深度
<40	33 ~ 55	8 ~ 16
<200	55	35
200 ~ 350	55 ~ 75	45 ~ 70
350 ~ 500	55	70

5)其他仪器平底玻璃皿、温度计、秒表、石棉筛、砂浴或可控制温度的密闭电炉等。

(3)试样制备

1)将预先除去水分的试样放到可控温的砂浴或密闭电炉上加热(80 ℃左右),并不断搅拌,以防局部过热,加热至沥青样品全部熔化能够流动。加热温度不得超过估计软化点100 ℃,加热时间不得超过 30 min,加热过程中避免试样中进入气泡。用 0.6 mm 筛过滤,除去杂质。

2)将试样倒入预先选好的试样皿中,试样深度应超过预计针入度的 120%,如果试样皿的直径小于 65 mm,而预期针入度高于 200,每个实验条件都要倒三个样品。并盖上盛样皿,以防落入灰尘。

3)将试样皿在 15 ~ 30 ℃的室温下,小的试样皿 φ33 mm × 16 mm 中的样品冷却 45 ~ 90 min 或 1.5 ~ 2 h(大试样皿),在冷却过程中应遮盖试样皿,防止灰尘落入。然后将试样皿移入保持规定试验温度的恒温水浴中,水面应高于试样表面 10 mm 以上,小试样皿恒温 45 ~ 90 min,大试样皿恒温 1.5 ~ 2 h。

(4)检测步骤

1)调整针入度仪使之水平。检查针连杆和导轨,以确认无水和其他外来物,无明显摩擦。用合适的溶剂(如三氯乙烯等)清洗标准针,并擦拭,将已擦净的标准针插入针连杆,用螺丝固紧,按试验要求条件放上砝码。

2)将恒温 1 h 的试样皿自槽中取出,置于水温严格控制在 25 ℃(可用恒温水槽中的水)

的平底保温玻璃皿中的三脚支架上,沥青试样表面以上水层高度不小于10 mm,再将保温玻璃皿置于针入度仪的旋转圆形平台上。

3)调节标准针使针尖与试样表面恰好接触,不得刺入试样。拉下刻度盘的拉杆,使之与针连杆顶端轻轻接触,调节刻度盘或深度指示器的指针指示为零。

4)用手紧压按钮,同时开动秒表,使标准针自由地针入沥青试样,到规定时间放开按钮,使针停止针入。

5)再拉下拉杆使之与标准针连杆顶端相接触。此时刻度盘指针读数即为试样的针入度。用0.1 mm为单位表示。

同一试样至少重复试验三次,各测点间及测定点与试样点之间的距离不应小于10 mm。每次检测后,都应将放有试样皿的平底玻璃皿放入恒温水槽,使平底玻璃皿中的水温保持试验温度。将针取下,用浸有溶剂(煤油、苯或汽油)的棉花将针端附着的沥青擦干净,每次检测都应采用干净针。

6)测定针入度大于200的沥青试样时,至少用3根标准针,每次测定后将针留在试样中,直至3次测定完成后,才能把针从试样中取出。

(5)检测结果

以3次测定针入度的平均值作为该沥青的针入度。三次试验所测定的针入度的最大值与最小值之差不应大于表8-16中的数值。若差值超过表中数值,检测应重做。

表8-16 针入度测定允许最大差值

针入度	0~49	50~149	150~249	250~350
最大差值	2	4	6	10

8.5.2.2 沥青的延度(延伸度)测定

(1)检测目的

通过测定沥青的延度,可以评定沥青的韧性、塑性好坏,并依据延度值确定沥青的牌号。通过试验操作练习,学会有关仪器设备的使用。

(2)主要仪器设备

延度仪及试样模具(见图8-6)、瓷皿或金属皿、孔径0.3~0.5 mm筛、温度计(0~50℃,分度0.1℃、0.5℃各一支)、刀、金属板、水浴。

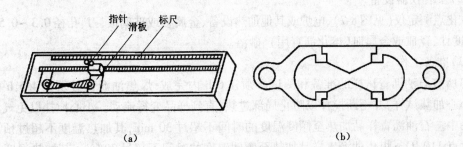

(a)　　　　　　　　　　　　(b)

图8-6 沥青延度仪及模具

(a)延度仪;(b)延度模具

（3）检测步骤

1）将甘油滑石粉隔离剂拌和均匀，涂于洁净干燥的金属板上及模具侧模的内表面，并将模具置于金属板上。

2）将预先除去水分的沥青试样放入金属皿，在砂浴上加热熔化、搅拌。加热温度不得超过估计软化点 100 ℃，用筛过滤，并充分搅拌至气泡完全消除。

3）将熔化沥青试样自模的一端至另一端往返多次缓缓注入并使试样略高出模具，灌膜时应注意勿使气泡混入。

4）试件在空气中冷却 30 min 后，放入（25±0.1）℃的水浴中，保持 30 min 后取出，用热刀将高出模具的沥青刮去，使沥青面与模面齐平。沥青的刮法应自模具的中间刮向两边，表面应刮得十分光滑。将试件连同金属板再浸入（25±0.1）℃的水浴中保持 85~95 min。

5）检查延度仪的拉伸速度是否符合标准要求，然后移动滑板使指针正对标尺的零点。

6）将试件移至延度仪水槽中，然后将试件从金属板上取下，将模具两端的孔分别套在滑板及槽端的金属柱上，然后去掉侧模，水面距试件表面应不小于 2.5 cm。

7）确认水槽中水温为（25±0.5）℃时，开动延度仪（此时仪器不得有振动），观察沥青的拉伸情况。在测定过程中应随时观测，保持水温在（25±0.5）℃的范围内，水面不得有晃动，试验时，若发现沥青浮于水面或沉入槽底时，则应在水中加入乙醇或食盐水，调整水的密度至与试样的密度相近后，再重新进行测定。

8）试件拉断时指针所指标尺上的读数，即为试样的延度，以 cm 表示。在正常情况下，试件应拉伸成锥形、线形或柱形，在断裂时实际横断面接近零或一均匀断面。如三次试验不能得到正常结果，则报告在该条件下延度无法测定。

（4）检测结果

若三个试件测定值在平均值的 5% 以内，取平行测定三次结果的算术平均值作为测定结果。若三个试件测定值不在平均值的 5% 以内，但其中两个较高值在平均值的 5% 以内，则弃去最低测定值，取两个较高值的平均值作为测定结果，否则重新测定。

8.5.2.3　沥青软化点测定

（1）检测目的

通过测定沥青的软化点，可评定沥青的温度稳定性（即温度敏感性），并依据软化点值确定沥青的牌号，软化点也是在不同的温度下选用沥青的重要技术指标。学会有关仪器设备的使用。

（2）主要仪器设备

软化点测定仪（见图 8-7）、电炉或其他加热设备、金属板或玻璃板、刀、孔径 0.3~0.5 mm 筛、温度计、瓷皿或金属皿（熔化沥青用）、砂浴。

（3）准备工作

1）所有石油沥青试样的准备和测试必须在 6 h 内完成，煤焦油沥青必须在 4.5 h 内完成。小心加热试样，并不断搅拌以防止局部过热，直到样品变得流动。小心搅拌以免气泡进入样品中。石油沥青样品加热至倾倒温度的时间不超过 30 min，其加热温度不超过预计沥青软化点 110 ℃。煤焦油沥青样品加热至倾倒温度的时间不超过 30 min，其加热温度不超过煤焦油沥青预计软化点 55 ℃。如果重复试验，不能重新加热样品，应在干净的容器中用新鲜样品制备试样。

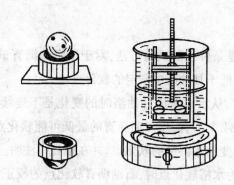

图 8-7　软化点测定仪

2）若估计软化点在 120 ℃以上，应将黄铜环与支撑板预热至 80～100 ℃，然后将铜环放到涂有隔离剂的支撑板上，否则会出现沥青试样从铜环中完全脱落。

3）向每个环中倒入略过量的沥青试样，让试件在室温下至少冷却 30 min。对于在室温下较软的样品，应将试件在低于预计软化点 10 ℃以上的环境中冷却 30 min，从开始倒试样时起至完成试验的时间不得超过 240 min。

4）当试样冷却后，用稍加热的小刀或刮刀干净地刮去多余的沥青，使得每一个圆片饱满且和环的顶部齐平。

（4）试验步骤

1）选择下列一种加热介质：

①新煮沸过的蒸馏水适于软化点为 30～80 ℃的沥青，起始加热介质温度应为（5 ± 1）℃；

②甘油适于软化点为 80～157 ℃的沥青，起始加热介质的温度应为（30 ±1）℃；

③为了进行比较，所有软化点低于 80 ℃的沥青应在水浴中测定，而高于 80 ℃的在甘油浴中测定。

2）把仪器放在通风橱内并配置两个样品环、钢球定位器，并将温度计插入合适的位置，浴槽装满加热介质，并使各仪器处于适当位置。用镊子将钢球置于浴槽底部，使其同支架的其他部位达到相同的起始温度。

3）如果有必要，将浴槽置于冰水中，或小心加热并维持适当的起始浴温达 15 min，并使仪器处于适当位置，注意不要玷污浴液。

4）再次用镊子从浴槽底部将钢球夹住并置于定位器中。

5）从浴槽底部加热使温度以恒定的速率 5 ℃/min 上升。为防止通风的影响，必要时可用保护装置。试验期间不能取加热速率的平均值，但在 3 min 后，升温速度应达到（5 ± 0.5）℃/min，若温度上升速率超过此限定范围，则此次试验失败。

6）当两个试环的球刚触及下支撑板时，分别记录温度计所显示的温度。无须对温度计的浸没部分进行校正。取两个温度的平均值作为沥青的软化点。如果两个温度的差值超过

1 ℃则重新试验。

（5）计算

1）因为软化点的测定是条件性的试验方法，对于给定的沥青试样，当软化点略高于80 ℃时，水浴中测定的软化点低于甘油浴中测定的软化点。

2）软化点高于80 ℃时，从水浴变成甘油浴时的变化是不连续的。在甘油浴中所报告的最低可能沥青软化点为84.5 ℃，而煤焦油沥青的最低可能软化点是82 ℃。当甘油浴中软化点低于这些值时，应转变为水浴中的软化点，并在报告中注明。

将甘油浴软化点转化为水浴软化点时，石油沥青软化点的校正值为 -4.5 ℃，对煤焦油沥青的软化点为 -2.0 ℃。采用此校正值只能粗略地表示出软化点的高低，欲得到准确的软化点应在水浴中重复试验。

无论在任何情况下，如果甘油浴中所测得的石油沥青软化点的平均值为80 ℃或更低，煤焦油沥青软化点的平均值为77.5 ℃或更低，则应在水浴中重复试验。

3）将水浴中略高于80 ℃的软化点转化成甘油浴中的软化点时，石油沥青的校正值为4.5 ℃，煤焦油沥青的校正值为2.0 ℃。采用此校正值只能粗略地表示出软化点的高低，欲得到准确的软化点应在甘油浴中重复试验。

在任何情况下，如果水浴中两次测定温度的平均值为85.0 ℃或更高，则应在甘油浴中重复试验。

（6）检测结果

取平行测定两个结果的算术平均值作为测定结果。报告试验结果时同时报告浴槽中所使用加热介质的种类。重复测定两次结果的差数不得大于1.2 ℃。

8.6　防水卷材性能实验

8.6.1　一般规定

（1）取样

以同一类型同一规格 10 000 m² 为一批，不足 10 000 m² 时亦可作为一批。每批产品随机抽取 5 卷进行卷重、面积、厚度与外观检查。从卷重、面积、厚度及外观合格的卷材中随机抽取 1 卷进行物理力学性能试验。

将取样卷材切除距外层卷头 2 500 mm 后，顺纵向切取长度为 800 mm 的全幅卷材试样 2 块，一块作物理性能检测用，另一块备用。试样按图 8-8 规定的部位和表 8-17 规定的尺寸和数量切取试样（高分子防水片材不同）。

（2）试验条件

试样在试验前，应原封放于干燥处并保持在 15～30 ℃ 范围内一定时间。试验用水为蒸馏水或洁净水。

执行标准:《塑性体改性沥青防水卷材》(GB 18243—2008)。

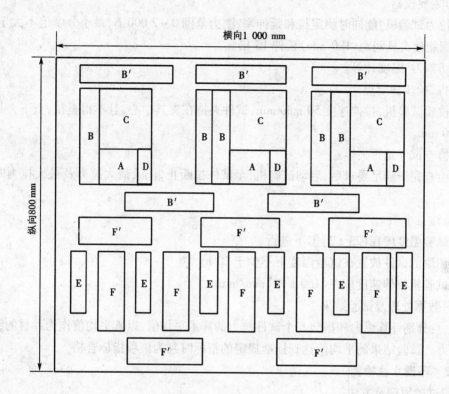

图8-8　试件切取

表8-17　试验尺寸及数量

试验项目	试件代号	试件尺寸/mm	数量/个
可溶物含量	A	100×100	3
拉力和延伸度	B.B′	250×50	纵横向各5
不透水性	C	150×150	3
耐热度	D	125×100	纵向3
低温柔度	E	150×25	纵向10
撕裂强度	F.F′	200×100	纵横向各5

8.6.2　防水卷材性能实验

8.6.2.1　拉力试验

(1)试验原理及方法

将试样两端置于夹具内并夹牢,然后在两端同时施加拉力,测定试件被拉断时能承受的最大拉力。

(2)试验目的及标准

通过拉力试验,检验卷材抵抗拉力破坏的能力,作为卷材使用的选择条件,按照

GB18234—2008 规定,试验平均值应达到标准要求。

（3）主要仪器

1）拉力试验机:能同时测定拉和延伸率,测力范围 0~2 000 N,最小分度值不大于 5 N,延伸范围能使夹具间距（180 mm）延伸 15 倍。

2）切割刀、温度计等。

（4）试验步骤要点

1）校验试验机,拉伸速度 50 mm/min,试件夹持在夹具中心,且不得歪扭,上下夹具间距离为 180 mm。

2）检查试件是否夹牢。

3）检查完毕满足要求后,启动试验机,至试件拉断止,记录最大拉力及最大拉力时延伸率。

（5）注意事项

1）试验温度应在（23 ± 2）℃下进行。

2）切取的试件放置在试验温度下不少于 20 h。

3）试验机拉伸速度应在（100 ± 10）mm/min。

（6）数据处理及试验结果

拉力:分别计算纵向和横向 5 个试件拉力的算术平均值,以其平均值作为卷材的纵向或横向拉力。试验结果的平均值达到标准规定的指标时判为该项指标合格。

8.6.2.2　不透水性检测

（1）试验原理及方法

将试件置于不透水仪的不透水盘上,30 min 内在一定压力作用下,观察有无透漏现象。

（2）试验目的和标准

通过测定不透水性,检测卷材抵抗水渗透的能力。

（3）主要仪器

不透水仪:由液压系统、测试管路系统、夹紧装置和透水盘等部分组成。

（4）试验步骤要点

1）将洁净水注满水箱后,分别向水缸、试座充水。

2）将三个试件安装于三个透水盘试座上,检查密封圈是否固定于试座槽内。通过夹脚将试件压紧在试座上。

3）打开试座进水阀,通过缸向装好试件的透水盘底过滤充水,当压力表达到指定压力时,停止加压,关闭进水阀。

（5）注意事项

1）试验用水温度应在（20 ± 5）℃内。

2）不透水试验时,以卷材上表面迎水,当上表面为细砂、矿物粒料时,下表面迎水。上表面也为细砂时,试验前,将下表面的细砂沿密封圈一圈去除,然后涂一圈 60 号~100 号热沥青,涂平后冷却 1 h 后检测。

（6）数据处理及试验结果

以每组三个试件均达到规定要求（无渗漏现象）时,判为该项目指标合格。

8.6.2.3 耐热度检测

（1）试验原理及方法

将试样置于能达到要求温度的恒温箱内，观察当试样受到高温作用时，有无涂层滑动流淌、滴落气泡等现象，以此判断对温度的敏感程度。

（2）试验目的及标准

通过耐热度检测，评定卷材的耐热性能，作为卷材环境温度要求的选择依据。

（3）主要仪器

1）鼓风烘箱，在试验范围内最大温度波动 ±2 ℃。

2）悬挂装置。

（4）试验步骤要点

1）在每块试件距短边一端 1 cm 处的中心打一小孔。

2）将试件用回形针穿挂好，放入已定温到规定温度的烘箱内，在每个试件下端放一器皿，用以接淌下的沥青。

3）在规定温度下加热 2 h 后，取出试件及时观察并记录试件表面有无涂层滑动流淌、滴落和集中性气泡（涂盖层原形的密集气泡）等现象。

（5）注意事项

1）试件挂钩必须用洁净无锈的细铁丝或回形针。

2）试件在烘箱内的位置应距箱壁及试件间有一定距离，一般不应小于 50 mm。

（6）数据处理结果评定

试样分别达到标准规定要求时判该项指标合格，任一端涂盖层不应与胎基发生位移，试件下端应与胎基平齐，无流挂，滴落。

8.6.2.4 低温柔性检测

（1）试验原理及方法

将试件上表面和下表面分别置于负温下一定时间进行 180°弯曲，观察有无裂缝。

（2）试验目的及标准

通过试验评定试样在规定负温下抵抗弯曲变形的能力，作为低温条件下卷材使用的选择依据（5 个试件中至少 4 个达到标准规定要求）。

（3）主要仪器

1）冷冻液：不与卷材反应的液体，如车辆防冻液、多元醇类。

2）低温制冷仪：范围 0～30 ℃，控温精度 ±2 ℃。

3）密度棒式弯板：半径 r = 15 mm、25 mm。

（4）试验步骤要点

在不小于 10 L 旧容器内放入冷冻液（6 L 以上），将容器放入低温制冷仪，冷却到标准规定温度，然后将试件和柔度棒（板）同时放入液体中，待达到标准规定温度后至少保持 0.5 h，在规定温度下，将试件于液体中在 3 s 内匀速绕柔度棒（板）弯曲 180°。

（5）数据处理和试验结果评定

取出试件用肉眼观察，一个试验面 5 个试件在规定温度至少 4 个无裂缝，上表面和下表面的试验结果要分别记录。

应用案例与发展动态

三峡水利工程大坝堰内段、泄洪坝在施工后,由于各种原因出现了一些裂缝,有些区域伴有渗漏水现象,这些渗漏和裂缝对大坝的安全性及正常运营带来了很大的隐患。为保证大坝工程质量,葛洲坝股份有限公司三峡建设承包公司在了解水泥基渗透结晶型防水材料的性能后,与多家机构进行技术研究与探讨,并根据葛洲坝实验室对该材料性能的检测结果,决定采用水泥基渗透结晶型防水材料对堰内段混凝土表面和泄洪坝段迎水面混凝土的裂缝进行处理。

水泥基渗透结晶型防水材料是由硅酸盐水泥、特殊的活性化学物质、石英砂和石灰等原材料配制而成,广泛应用于水工、桥梁、隧道、地下等工程。该材料的特性主要表现在:

1)材料中的活性物质可从表面渗入到混凝土内部,发生化学反应后生成水化晶体,使混凝土结构致密,其渗透深度可达 120 mm 以上;

2)该材料化学反应生成的晶体性能稳定、不易分解,即使涂层遭受磨损,也不影响其防水效果;

3)当遇到微细裂缝(不超过 0.4 mm)且有水渗入时,该材料具有自动修复裂缝和填充孔隙的功能;

4)具有耐化学侵蚀、保护钢筋的作用;

5)产品无毒、无害,可用于接触饮用水的混凝土结构等工程;

6)材料施工操作简单,对复杂混凝土基面的适应性好。

这一类系列水泥基渗透结晶型的防水材料包括:T1 涂层防水材料、T2 增强型涂层防水材料、KB 快速封堵材料、KP 带水封堵材料等。

施工完毕后的潮湿养护是保证水泥基渗透结晶型防水材料充分、有效发挥防水作用的重要环节。养护以喷洒为主,当涂层固化后,养护就可以开始,每天至少 3 次,当天气炎热干燥时,喷洒水的次数应相应增加,并采取遮阴或用潮湿麻布覆盖等保护措施,养护时间不少于 72 h。

泄洪坝段迎水面混凝土裂缝处理完毕后,根据设计要求采用表面裂缝计对泄洪坝上游面裂缝进行观测。从不同泄洪坝段埋设的裂缝计监测结果看,裂缝嵌堵的效果十分理想。随着裂缝修补后龄期的增长,裂缝的开合度逐渐减小,一个月以后,早期开合度达 0.15 mm 的裂缝都逐渐愈合,到后期裂缝的开合度就更小。泄洪坝上游坝面的保温被揭除后,对各裂缝修补处进行外观拍照观察,发现修补处均无漏水、潮湿现象,表明防水效果良好。

堰内段混凝土表面裂缝嵌堵完毕后,3～7 d 内修补区域均已干燥,后期检查观测处理过的裂缝也均无渗水,表明混凝土裂缝、渗水区域具有很好的防水效果。

思　考　题

1. 防水材料按性质可分为哪几类？

2. 石油沥青由哪几种组分组成,分别对沥青的性能有何影响？沥青的技术性质有哪些？各有什么实用意义？

3. 石油沥青的牌号如何划分？建筑工程中如何选用沥青的牌号？

4. 石油沥青和煤沥青的区别有哪些？如何判断沥青质量的好坏？

5. 什么叫改性沥青？常用的改性沥青有哪几种？各有何特点及用途？

6. 什么是防水卷材？如何分类？应用防水卷材有何经济意义？

7. 防水卷材的主要品种及其特性、用途有哪些？

8. 常用的防水涂料有哪几种？其性能及用途如何？

9. 什么是建筑防水密封材料？不定型密封材料主要品种及其应用有哪些？

10. 某工程需要软化点为 80 ℃的石油沥青胶,工地现有 30 号和 60 号两种沥青,经试验其软化点分别为 70 ℃和 45 ℃,试计算这两种沥青的掺配比例。

11. 简述新型防水保温一体的防水材料的特点。

9 建筑装饰材料

学习目标
  ●掌握石材类、陶瓷类、玻璃类、涂料、建筑、金属类等装饰材料的基本性质及应用;并能根据环境条件及工程的具体要求,合理选择建筑装饰材料。
  ●了解建筑装饰材料的基本性质及选用。

9.1 建筑装饰材料概述

建筑是技术与艺术相结合的产物,建筑又被称之为"凝固的音乐"。无论是我国金碧辉煌的古代建筑,还是光亮夺目、绚丽多彩、交相辉映的欧式建筑,或是强调技术与艺术的结合,注重建筑的人性化、追求个性的现代建筑,无一不是通过各种各样的建筑装饰材料来体现建筑师的设计思想,建造出具有时代特色的建筑物。因此,了解常用的建筑装饰材料的特点和性能,并在具体建筑环境中合理地应用,就显得十分重要了。

9.1.1 建筑装饰材料的分类

建筑装饰材料的种类繁多,一般有两种分类方法。一种是按化学成分分类,将其分为无机装饰材料（天然石材、金属材料等）、有机装饰材料（木材、涂料等）和复合装饰材料（人造大理石、铝塑板等）。另一种是按使用部位分类,将其分为外墙装饰材料（天然花岗岩、装饰混凝土等）、内墙装饰材料（内墙涂料、内墙釉面砖等）、地面装饰材料（陶瓷地砖、木地板等）、顶棚装饰材料（石膏板、木质装饰板材等）。

9.1.2 建筑装饰材料的作用

（1）美化建筑物与环境

建筑是一种艺术,建筑物的室内和室外装饰效果与建筑物的总体设计造型、比例、虚实对比等有密切关系,但更重要的是通过建筑装饰材料的质感、色彩、线条来实现。材料的色彩、质感、表面线条的粗细和凹凸不平,对光线的吸收和反射程度的不同,会产生不同的感官效果。通过巧妙地运用,可取得良好的视觉效果。比如室外主要是远距离观赏,尤其是高层建筑,常要求装饰材料表面粗糙、线条粗犷、块形大、质感丰富等;室内主要是近距离观赏,常要求装饰材料色泽淡雅、条纹纤细、表面光滑等。

（2）提高建筑物的耐久性

建筑物在使用过程中会受到各种因素的作用,如受到阳光、风、雨雪、湿度变化等。这些作用会影响建筑物的耐久性。如在建筑物内外墙面、地面等各部位铺设装饰材料后,在取得良好装饰效果的同时,还会免除环境因素对建筑物结构的影响从而提高建筑物的耐久性,延长建筑物的使用寿命。

(3)改善建筑物的使用功能

许多装饰材料在取得良好装饰效果的同时,还具有采光、保温隔热、防火、吸声、防潮等其他方面的功能。如现代建筑中大量采用的吸热玻璃或热反射玻璃,这些玻璃除具有装饰和采光功能外,还可以吸收或反射太阳能,因此具有良好的隔热、保温性能。

9.1.3 建筑装饰材料选用的原则

(1)安全性原则

在选用装饰材料时,妥善处理好安全性的问题,应选用环保材料,优先使用不燃或难燃的安全材料,优先使用无辐射、无有毒气体挥发的材料,优先使用施工和使用时都安全的材料,努力创造一个安全、健康的生活和工作环境。

(2)满足使用功能的原则

在选用装饰材料时,首先应满足与环境相适应的使用功能。如外墙应选用耐腐蚀、不易褪色、耐污性好的材料;地面应选用耐磨性好、耐水性好的材料;而厨房、卫生间应选用易清洗、抗渗性好的材料等。

(3)满足装饰效果的原则

装饰材料的色彩、光泽、形体、质感和花纹图案等性质都影响装饰效果,在选用时应特别注意。例如,装饰材料的色彩对装饰效果的影响就非常明显。在选用材料时应当根据设计风格和使用功能合理选择色彩。如幼儿园的活动室宜采用中黄、淡黄、橙色、粉红色等暖色调,以适应儿童天真活泼和充满想象力的特点;寝室则应为浅蓝、青蓝、浅绿的冷色调,以创造一个舒适、宁静的环境,使儿童甜蜜入睡。

(4)经济性原则

选购装饰材料时,还必须考虑装饰工程的造价,既要体现建筑装饰的功能性和艺术效果,又要做到经济合理。因此,在建筑装饰工程的设计、材料的选择上一定要做到精心设计选择。根据工程的装修要求、装修的档次,合理选择装饰材料。

9.2 建筑装饰石材

建筑中使用的石材包括天然石材和人造石材。天然石材是对自然界的岩石山体经开采、加工而得到的石材;人造石材是以天然石材碎料、渣、粉等为原料经胶结或烧结而形成的石材。天然石材是最古老的建筑材料之一,世界上许多古建筑都是由天然石材建造而成的。人造石材的真正发展历史并不长,但其由于具有质轻、经济、色彩与花纹仿真性强等优势而很快为人类所接受。

9.2.1 天然石材

常用天然石材主要有大理石、花岗岩。

9.2.1.1　天然大理石

大理石是大理岩的俗称,是石灰岩经过地壳内部高温高压作用形成的变质岩。

(1)天然大理石的主要化学成分

天然大理石主要化学成分为 CaO、MgO,其含量占总量的 50% 以上,SiO_2 含量很少,属碱性结晶岩石。

(2)天然大理石的特点

1)结构致密,抗压强度高,加工性能好,不变形。

大理石表观密度为 2 500 ~ 2 700 kg/m^3,抗压强度为 50 ~ 190 MPa,莫氏硬度在 50 左右,较易于雕琢、磨光等加工。

2)装饰性好。

纯大理石为雪白色,当含有氧化铁、石墨、锰等杂质时,可呈米黄、绿、灰、黑等色调,磨光后,光泽柔润,绚丽多彩。深色大理石板的装饰效果为华丽而高贵,浅色天然大理石板的装饰效果为庄重而清雅。

3)吸水率小、耐腐蚀、耐久性好。

天然大理石的吸水率小于 1%,耐用的年限一般在 40 ~ 100 年。

4)硬度较低。

如在地面上使用,磨光面易损坏,其耐用年限一般在 30 ~ 80 年。

5)抗风化能力差。

除个别品种大理石,如汉白玉、艾叶青,因其具有质纯、纹理细小、性能比较稳定等可用于室外,其他都不宜用于建筑物外墙面或其他露天部位使用。因为工业生产中所产生的 SO_2 与空气中的水分接触产生亚硫酸、硫酸与大理石中碳酸钙反应,生成二水石膏,发生局部体积膨胀,从而造成大理石表面强度降低,变色掉粉,其表面很快失去光泽甚至出现斑点,影响其装饰效果。

(3)天然大理石的主要品种

中国的大理石资源分布广、品种丰富,如云南、山东、四川、安徽、福建、广东、辽宁、湖北、北京等二十多个省市盛产近 400 个品种的大理石,其中云南是大理石之乡,其石材以品种繁多、石质细腻、光泽柔润、绚丽多彩、图案独特而闻名。天然大理石主要有云灰、白色和彩花三类。

1)云灰大理石是目前开采利用最多的一类,其因多呈云灰色彩,或在云灰底色上泛起云朵或水波图案而得名,其中水波图案的称为水花石,常见的品种有"微波荡漾"、"烟波浩渺"、"水天相连"等。

2)白色大理石是大理石中的名贵品种,由于其外观洁白如玉、晶莹纯净而被称为"白玉",如云南的"苍山白玉"、北京的"汉白玉"等。

3)彩花大理石产于云灰大理石层之间,是云南独有的珍品,经研磨、抛光后,会显现奇异的色彩与图案,如呈山水林木、花草虫鱼、云雾雨雪等。

除中国之外,世界上还有一些国家也盛产许多名贵的大理石品种,如意大利的"石灰华"、"维罗娜红"、"卡拉腊白"等。

(4)天然大理石的应用

天然大理石主要用于建筑室内的饰面,如墙面、台面、柱面、地面等,由于天然大理石耐磨性相对较差,表面光亮、细腻、易受污染和划伤,所以不宜用于人流较大的场所;除少数的大理石(如汉白玉、艾叶青等)外,一般只适用于室内。

大理石还可制成大理石拼花或与花岗岩混合拼花,构成完整、独特的大型大理石;还可直接加工做成壁画或屏风。

9.2.1.2 天然花岗石

天然花岗石属于深成岩,是岩浆岩中分布最广的岩石。

1.天然花岗石的主要化学成分

花岗岩的化学成分随产地不同有所区别,各种花岗岩的 SiO_2 含量均很高,一般在67%~75%之间,属酸性岩石。

2.天然花岗石的特点

1)结构致密,抗压强度高。天然花岗石的表观密度为 2 500~2 700 kg/m³,抗压强度为120~250 MPa。

2)材质坚硬,耐磨性很强。天然花岗石的莫氏硬度为80~100,具有优异的耐磨性。

3)吸水率低,抗冻性强。天然花岗石的吸水率小于1%,抗冻性指标在 F100~F200 以上。

4)装饰性好。经磨光处理的花岗石板,质感坚实,晶格花纹细致,色彩斑斓。有华丽高贵的装饰效果。

5)抗风化能力强。

6)耐久性很强。粗粒花岗石使用年限可达 100~200 年,优质细粒花岗石使用年限可达500~1000 年以上,有"石烂千年"之称。

7)自重大。用于房屋建筑与装饰会增加建筑物的质量。

8)硬度大。给开采和加工造成困难。

9)耐火性差。当温度达到 800 ℃以上时,由于会使花岗岩中石英的晶形转变而产生胀裂,造成体积膨胀,导致石材爆裂,失去强度。

10)有放射性。花岗岩含有微量放射性元素,应根据使用范围选择花岗石的放射性级别,如表9-1。

表9-1 天然花岗石放射性级别和使用范围

级别	Ir[a]	Irs[b]	使用范围
A 类石材	≤1.3	≤1.0	使用范围不受限制
B 类石材	≤1.9	≤1.3	不可用于 I 类民用建筑[c]的内饰面,但可用于 I 类民用建筑的外饰面及其他一切建筑物的内、外饰面。
C 类石材	≤2.8		只可用于建筑物的外饰面及室外其他用途,
其他	>2.8		用于路基、涵洞、水坝、海堤等远离人们生活的场所

注:a Ir 代表了 γ 射线的强弱程度。

b Irs 代表了氡的数量多少。

c Ⅰ类民用建筑:住宅、老年公寓、托儿所、医院、学校。

(2)天然花岗石的应用

天然花岗石属于高级建筑装饰材料,主要应用于大型公共建筑或装饰等级要求较高的建筑装饰。粗面花岗石板材表面质感粗糙、粗犷,主要用于室外墙基础和墙面装饰,有一种古朴、回归自然的亲切感。一般镜面花岗石板材和细面花岗石板材表面光洁光滑,质感细腻,多用于室内墙面和地面、部分建筑的外墙面装饰;镜面花岗石板材和细面花岗石板材也可用于室内外柱面、墙裙、楼梯、台阶及造型等部位,还可用于服务台、酒吧台、收款台、展示台及家具等装饰。如镜面板材铺贴后熠熠生辉、形影倒映,顿生富丽堂皇之感。

9.2.2　人造装饰石材

人造装饰石材的花纹图案可人为控制,胜过天然石材,且质量轻、强度高、耐污染、耐腐蚀、施工方便,是现代建筑的理想装饰材料。

9.2.2.1　人造石材分类

按生产所用材料及生产方法不同,人造石材一般可以分为四类。

(1)水泥型人造石材

水泥型人造石材俗称水磨石,在我国应用较广泛。它是以碎大理石、花岗石或工业废渣为粗骨料,砂为细骨料,水泥和石灰粉为黏结剂,经搅拌、成型、蒸养、磨光、抛光而制成。水泥除可用硅酸盐水泥外,也可用铝酸盐水泥,后者的人造大理石表面光泽度高,抗风化能力强,防潮性、耐火性、花纹耐久性更好。

(2)聚酯型人造石材

它是以天然大理石、花岗石、方解石粉或其他无机填料与不饱和聚酯、固化剂、催化剂、颜料或染料按一定比例混合搅拌、成型、固化,再进行表面处理和抛光等工序制成的。

(3)复合人造石材

复合型人造石材是指该种石材的胶结料中既有无机胶凝材料(如水泥),又采用了有机高分子材料(树脂)。它是先用无机胶凝材料将石粉、碎石等集料胶结成型、硬化后,再将硬化体浸渍于有机单体中,使其在一定条件下聚合而成。

(4)烧结型人造石材

它是以长石、石英辉石、方解石粉和赤铁粉及部分高岭土混合,用泥浆法制坯,半干压法成型,再经高温焙烧而成。

这些人造石材中,树脂型人造石材的物理和化学性能最好,花纹容易设计,有重现性,但价格相对较高;水泥型人造石材价格最低廉,但耐腐蚀性能较差,容易出现微龟裂,适用于作板材而不适用于作卫生洁具等;复合型人造石材则综合了前二者的优点,既有良好的物化性能,成本也较低;烧结型人造大理石虽然只用黏土、石粉作原料,但需高温焙烧,能耗大,造价高,产品破损率高,实际应用较少。

下面主要介绍聚酯型人造石材。

9.2.2.2　聚酯型人造石材

（1）聚酯型人造石材的分类

根据人造石材表面图案不同，聚酯型人造石材又分为人造大理石、人造花岗石、人造玛瑙石和人造玉石等。

（2）聚酯型人造石材的性能

1）质量轻、强度高、厚度薄、耐磨性较好。聚酯型人造石材的强度高，可以制成薄板，其硬度较高，耐磨性较好。

2）花色品种多、色泽鲜艳、装饰性好。聚酯型人造石材的色彩花纹多，仿真性好；通过不同色粒和颜色的搭配可生产出不同色泽的人造石材，其外观极像天然石材，并避免了天然石材抛光后表面存在的轻微凹陷，其质感与装饰效果完全可以达到天然石材的效果。

3）耐腐蚀性、耐污染性好。聚酯型人造石材胶凝材料的原料是不饱和酯树脂，因而具有良好的耐酸性、耐碱性和耐污染性，对食油、醋、酱油、鞋油、红墨水、蓝墨水、红药水等不着色或着色十分轻微。

4）可加工性好。聚酯型人造石材可根据设计要求生产出各种形状、尺寸和光泽的制品，并且制品可锯割、切割、钻孔等，加工容易，故人造石材的安装与使用方便。

5）耐热性较差，会老化。不饱和聚酯树脂的耐热性较差，使用温度不超过 200 ℃。聚酯型人造大理石在大气中长期受到阳光、空气、热、水分、电等的综合作用后会逐渐产生老化，表面会逐渐失去光泽、颜色变暗、翘曲，从而降低其装饰效果，因此一般只应用于室内而不用于室外。

（3）聚酯型人造石材的应用

聚酯型人造石材可用于地面、墙面、柱面、阳台、楼梯面板、窗台板、服务台台面、庭园石凳等装饰，个别品种也可用于卫生洁具，如浴缸，带梳妆台的单、双洗脸盆，立柱式脸盆、坐便器等。

9.3　建筑装饰陶瓷

建筑陶瓷是以黏土为主要原料，经配料、制坯、干燥、焙烧而成的，用于建筑工程的烧结制品。建筑陶瓷具有色彩鲜艳、图案丰富、坚固耐久、防火、防水、耐磨、耐腐蚀、易清洗等优点，是主要的建筑装饰材料。

9.3.1　建筑陶瓷的原料

（1）可塑性原料

可塑性原料又称为黏土原料，如高岭土、膨润土、耐火黏土，是构成陶瓷坯体的主体，陶瓷坯体借助于黏土原料的可塑性成形。

（2）瘠性原料

瘠性原料有石英砂、熟料和瓷粉等。熟料是将黏土预先煅烧磨细而成，瓷粉是将废瓷器磨细而成。瘠性原料起降低黏土原料的塑性、减小坯体的收缩、防止高温变形的作用。

（3）熔剂原料

熔剂原料又称助熔剂，常用的熔剂原料有长石、滑石及钙、镁的碳酸盐等。在烧制过程中不仅能降低可塑性物料的烧结温度，还可以增加制品的密实性和强度，但会降低制品的耐火度、体积的稳定性和高温下抵抗变形的能力。

（4）釉料

陶瓷制品分为施釉与不施釉两种。釉是附着在陶瓷坯体表面的一层连续的类似玻璃质的物质。釉料不仅起着装饰作用，还可以提高陶瓷制品的机械强度、表面硬度、化学稳定性和热稳定性，同时，由于釉是光滑的玻璃物质，气孔极少，还可以起到保护坯体不透水、不受污染且易于清洗的作用。

（5）着色剂

陶瓷制品所使用的着色剂大都是各种天然的或人工合成的金属氧化物，它们多不溶于水，可直接在坯体或釉上着色。

9.3.2 陶瓷制品的种类与性质

陶瓷制品系陶器与瓷器两大类产品的总称，按坯体烧结程度不同，可分为陶质、瓷质和炻质三种。

（1）陶质制品

陶质制品烧结程度低，属于多孔坯体。其制品断面粗糙、无光、不透明，孔隙率大，敲之声哑，吸水率为 10% ~ 20%，抗冻性差，强度较低，但制品烧成收缩小，尺寸准确。陶质制品又分为粗陶制品和精陶制品。粗陶制品一般由含杂质较多的黏土烧制而成，并且不施釉，如砖、瓦、罐、盆等；精陶制品由质量较好的高岭土等烧制而成，多在表面施釉，如釉面砖、美术陶瓷等。

（2）瓷质制品

瓷质制品烧结充分，结构致密。其制品断面细腻、有光泽，具有半透明性，孔隙率低，坯体吸水率小于 1%，强度高，坚硬、耐磨，表面一般都施釉。瓷质制品按原料的化学成分及生产工艺不同分为粗瓷制品和细瓷制品，大多数陶瓷锦砖及少数地面砖属于粗瓷制品，细瓷多用于美术制品、精制的日用品及陈列品等。

（3）炻质制品

炻质制品是介于陶质制品与瓷质制品之间。烧结较充分，结构较致密，孔隙率较低，吸水率为 1% ~ 10%，多带有颜色。炻质制品按坯体致密程度不同分为粗炻制品和细炻制品，大多数墙地砖属于粗炻制品，少数陶瓷锦砖属于细炻制品。

9.3.3 常用建筑陶瓷制品

9.3.3.1 釉面砖

釉面砖是指用于建筑室内墙、柱等表面的薄片状精陶制品，也称内墙面砖，它是由精陶坯体与表面釉层两部分构成的。

（1）釉面砖的种类

釉面砖按颜色可分为单色（含白色）、花色（各种装饰手法）和图案砖，按形状可分为正方形、长方形和异型砖。异型砖一般用于屋顶、底、角、边、沟等建筑内部转角的贴面。

(2)釉面砖的特性与应用

釉面砖不仅强度高、防潮、耐腐蚀、易清洗,具有一定的抗急冷急热性能,而且表面光亮细腻、色彩和图案丰富、风格典雅,具有很好的装饰性。釉面砖主要适用于厨房、卫生间、实验室等建筑室内的墙面、柱面、台面等部位的表面装饰,还可镶拼成大型陶瓷壁画,用于大型公共建筑室内的墙面装饰。

釉面砖的吸水率在10%～20%,属于多孔精陶制品,施工时多采用水泥砂浆铺贴。如长期在潮湿的环境中,由于釉层结构致密。吸湿膨胀系数小,而坯体会吸收大量的水分产生膨胀现象,产生内应力。当坯体因膨胀对釉层的拉应力超过釉层的抗拉强度时,釉层会发生开裂。当釉面砖受到一定温差的冻融循环时情况会更甚。故釉面砖不宜用于室外装饰。如在地下走廊、运输巷道、建筑墙柱脚等特殊部位使用,最好选用吸水率低于5%的釉面砖。

为使釉面砖黏结牢固,应在铺贴前先浸水2 h以上。

9.3.3.2 陶瓷墙地砖

陶瓷墙地砖具有强度高、致密坚实、耐磨、吸水率小(≤10%)、抗冻、耐污染、易清洗、耐腐蚀、经久耐用等特点。下面介绍常用的墙地砖。

(1)彩釉砖

彩釉砖是彩釉陶瓷墙地砖的简称,是以陶土为主要原料,配料制浆后,经半干压成型、施釉、高温焙烧制成的饰面陶瓷砖。彩釉砖结构致密,抗压强度较高,易清洁,装饰效果好,广泛应用于各类建筑物的外墙、柱的饰面和地面装饰,由于墙、地两用。对于不同部位的墙地砖应考虑不同的要求;用于寒冷地区时,应选用吸水率小于3%,抗冻性能好的墙地砖。

(2)无釉砖

无釉砖分为无釉瓷质砖、无釉炻瓷砖、无釉细炻砖。制品再加工后分抛光和不抛光两种。无釉瓷质砖是以优质瓷土为主要原料,加一种或数种着色喷雾料(单色细颗粒)经混匀、冲压、烧成所得的制品。这种无釉瓷质抛光砖富丽堂皇,适用于商场、宾馆、饭店、游乐场、会议厅、展览馆等的室内外地面和墙面的装饰。无釉的细炻砖、炻质砖,是专用于铺地的耐磨砖。

(3)大颗粒瓷质砖

大颗粒瓷质砖是相对无釉瓷质砖的喷雾造粒的小斑点而言的。它使用专用的造粒机,把部分喷雾干燥的粉料加工成1～7 mm大的颗粒,用专门的布料设备布料,再经成型、干燥、焙烧而成。大颗粒瓷质砖具有花岗岩一样的质感外,还具有色彩斑斓、光泽度高、耐磨、抗折、抗冻和防污等特性,适用于各类公共建筑室内外地面和墙面及现代住宅的室内地面和墙面的装饰。

(4)劈离砖

劈离砖是以软质黏土、页岩、耐火土和熟料为主要原料再加入色料等,经配料、混合细碎、脱水练泥、真空挤压成型、干燥、高温焙烧而成。由于成型时为双砖背联坯体,烧成后劈离开两块砖,故又称劈裂砖。劈离砖坯体密实、表面硬度大、吸水率小、抗压强度高、耐酸碱、防滑防腐、性能稳定。劈离砖主要用于建筑物内、外墙装饰,也适用作机场、车站、餐厅、楼堂馆所等室内地面的铺贴材料。厚型砖也可适用于花园、广场、甬道等露天地面的铺地用砖。

（5）仿古砖

仿古砖本质上是一种釉面装饰砖。其表面一般采用哑光釉或无光釉,产品不磨边,砖面采用凹凸模具。其坯体有两种:一种是吸水率在8%左右,类似一次烧成水晶地板砖,即炻质仿古砖。另一种直接采用瓷质砖坯体原料,烧成后的吸水率在3%左右,即瓷质仿古砖;它适用于各类公共建筑室内外地面和墙面及现代住宅的室内地面和墙面的装饰。

（6）陶瓷锦砖

陶瓷锦砖俗称马赛克,是由各种颜色、多种几何形状的小块瓷片(长边一般不大于50 mm)铺贴在牛皮纸上故又称纸皮砖。陶瓷锦砖具有色彩多样,组合图案丰富,吸水率极小、耐酸、耐碱、耐磨、耐水、耐压、耐冲击、易清洗、防水、防滑、易清洗等特点。陶瓷锦砖可用于厨房、阳台、客厅、起居室、浴厕等处的地面,也可用于墙面。陶瓷锦砖也可用于工业及公共建筑装饰工程的外墙、内墙、地面。陶瓷锦砖还可拼出风景、动物、花草及各种图案,用于装饰。

9.3.3.3　琉璃制品

琉璃制品是用难熔黏土为主要原料制成坯泥,制坯成型后经干燥、素烧,施琉璃彩釉、釉烧而成琉璃制品。琉璃制品的特点是致密、表面光滑、不易沾污、坚实耐久、色彩绚丽、造型古朴,富有我国传统的民族特色。琉璃制品主要用于民族特色的宫殿式建筑、园林的亭、台、楼阁、围墙等。

9.4　建筑装饰玻璃

玻璃作为采光材料,已有四千多年的历史。早在古罗马时代,人们就制作出了平板玻璃。随着建筑技术的发展,玻璃制品由过去单纯采光和装饰功能逐步向光控、温控、节能、降噪以及降低建筑物自重、改善建筑环境、提高建筑艺术等方面发展。因此,玻璃已成为建筑装饰中一种重要的装饰材料。

9.4.1　玻璃的概述

9.4.1.1　玻璃的组成

玻璃是用石英砂、纯碱、长石、石灰石等为主要原料,在高温下熔融、成型、并经急冷而成的固体材料。其主要成分是 SiO_2（含量72%左右）、Na_2O（含量15%左右）和 CaO（含量9%左右）,另外还有少量的 Al_2O_3、MgO 等,这些氧化物在玻璃中起着重要的作用。

9.4.1.2　玻璃的基本性能

（1）密度

玻璃内几乎无孔隙,属于致密材料。玻璃的密度与其化学组成关系密切,且随着温度的升高而减小。例如石英玻璃的密度最小,仅为 $2.2\ g/cm^3$,普通玻璃的密度为 $2.5\sim2.6\ g/cm^3$。

（2）热稳定性

玻璃的热稳定性是指抵抗温度变化而不破坏的能力。玻璃的热稳定性主要受热膨胀系数影响。玻璃热膨胀系数越小,热稳定性越高。在常温,导热系数仅为铜的1/400,但随着温度升高导热系数增大。玻璃越厚、体积越大,热稳定性越差;带有缺陷的玻璃,特别是带条纹、结石的玻璃,热稳定性差。

（3）力学性质

玻璃的力学性质决定于其化学组成、制品形状、表面性质和加工方法。凡含有未熔物质、结石和裂纹等质量问题的玻璃,都会造成应力集中,急剧地降低其机械性能。

玻璃的抗压强度较高,超过一般的金属和天然石材,一般为 600 ~ 1 200 MPa。玻璃的抗拉强度很小,一般为 40 ~ 80 MPa。因此,玻璃在冲击力的作用下极易破碎。抗弯强度也取决于抗拉强度,通常在 40 ~ 80 MPa 之间。普通玻璃的脆性指标约为 1 300 ~ 1 500,脆性指标越大,说明脆性越大。

（4）化学稳定性

玻璃具有较高的化学稳定性,但长期受到侵蚀性介质的腐蚀,也会变质和破坏。如玻璃的风化、发霉都会导致玻璃外观的破坏和透光能力的降低。大部分玻璃都能抵抗氢氟酸以外的各种酸类的侵蚀。

（5）光学性能

玻璃具有良好的光学性质,既能通过光线,还能反射和吸收光线。玻璃对光线的吸收能力随着颜色的变化和化学组成而发生改变。无色玻璃可透过各种颜色的光线,但吸收红外线和紫外线,各种有色的玻璃能透过同色光线而吸收其他颜色的光线。透光率（又叫透过率,是指透过玻璃的光能和入射玻璃的光能之比）是玻璃的重要性能指标。清洁的普通玻璃透过率达85% ~ 90%,当玻璃中添加颜色或含有杂质后,其透过率将大大降低。彩色玻璃、热反射玻璃的透过率可以低至19%以下。

9.4.2　普通平板玻璃

平板玻璃是指未经其他加工的平板状玻璃制品,它是玻璃中产量最大、应用最多的一种,通常按厚度分为 2 mm、3 mm、4 mm、5 mm、6 mm、8 mm、10 mm、12 mm、15 mm、19 mm、22 mm、25 mm 等种类。主要用于建筑物的门、窗,起采光、围护、透视、保温、隔声、挡风雨的作用,也是进一步加工成其他技术玻璃的原片。要求具有良好的透明度、表面平整无缺陷。按照国家标准,根据外观质量分为优等品、一等品、合格品三个等级。

9.4.3　节能玻璃

9.4.3.1　吸热玻璃

吸热玻璃是一种能控制阳光中热能透过的玻璃,它可以显著地吸收阳光中热作用较强的红外线、近红外线,而又能保持良好的透明度。吸热玻璃按颜色分为茶色、绿色、灰色、古铜色、金色、棕色和蓝色等;按成分分为硅酸盐吸热玻璃、磷酸盐吸热玻璃等。

（1）吸热玻璃的性能特点

1）吸收太阳的辐射热。吸热玻璃对太阳能的辐射有较强的吸收能力。当太阳光照射在吸热玻璃上时,相当一部分的太阳能被玻璃吸收,被吸收的热量大部分可再向室外散发。因此,吸热玻璃能隔热。吸热玻璃的颜色和厚度不同,对太阳能辐射吸收程度也不同。

2）吸收太阳的可见光。吸热玻璃能吸收太阳的可见光,如 6 mm 古铜色玻璃吸收太阳的可见光是同样厚度的普通玻璃的 3 倍,吸热玻璃能使刺目的阳光变得柔和,起到反眩作用。特别是在炎热的夏天能有效地改善室内光照,使人感到舒适凉爽。

3)能吸收太阳的紫外线。吸热玻璃能有效减轻紫外线对人体和室内物品的损害。

4)具有一定的透明度,能清晰地观察室外景物。透过吸热玻璃,能清晰地观察室外的景物。

5)色泽经久不变,能增加建筑物的外观美。

(2)吸热玻璃的应用

凡是既有采光要求又有隔热要求的场所均可使用。采用不同颜色的吸热玻璃能合理利用太阳光,调节室内温度,节省空调费用,并且对建筑物的外表有很好的装饰效果。一般多用作高档建筑物的门窗或玻璃幕墙。此外,它还可以按不同的用途进行加工,制成磨光、夹层、中空玻璃等。

9.4.3.2　热反射玻璃

热反射玻璃又称镀膜玻璃或镜面玻璃,是由无色透明的平板玻璃镀覆金属膜或金属氧化物膜而制得。

(1)热反射玻璃的特性

1)对太阳辐射能的反射能力较强。热反射玻璃对太阳辐射的反射率高,热反射玻璃在日晒时能保证室内温度的稳定。普通平板玻璃的太阳能辐射反射率为 7% ~10%,热反射玻璃高达 25% ~40%,因此热反射玻璃对太阳辐射的反射率高,热反射玻璃在日晒时能保证室内温度的稳定。

2)隔热性能好。热反射玻璃的隔热性能用遮蔽系数表示。遮蔽系数是指阳光通过 3 mm 厚透明玻璃射入室内的能量为 1 时,在相同的条件下,阳光通过各种玻璃射入室内的相对量。遮蔽系数越小,通过玻璃射入到室内的光能越少,冷房的效果越好。8 mm 厚的热反射玻璃的遮蔽系数为 0.6~0.75,而 8 mm 厚的透明玻璃的遮蔽系数为 0.93。

3)单向透视性。单向透视性是指热反射玻璃在迎光的一面具有镜子的特性,而在背光的一面则具有普通玻璃的透明效果。白天人们从室内透过热反射玻璃幕墙可以看到外面车水马龙的热闹街景,但室外却看不见室内的景物,可起到屏幕的遮挡作用。晚间正好相反,室内的人看不到外面,给人以不受外界干扰的舒适感,而室外却可清晰地看到室内。

(2)热反射玻璃的应用

热反射玻璃可用作建筑物的门窗、幕墙,还可以用于制作高性能中空玻璃、夹层玻璃等复合玻璃制品。但热反射玻璃幕墙使用面积过大或不恰当会造成光污染和建筑物周围温度升高,影响环境的和谐。

9.4.3.3　中空玻璃

(1)中空玻璃的结构

中空玻璃是由两片或多片平板玻璃用边框隔开,中间充入干燥的空气或惰性气体,四周边缘部分用胶结或焊接方法密封而成的,其中以胶结方法应用最为普遍。中空玻璃按玻璃层数,有双层和多层之分,一般是双层结构,制作中空玻璃的原片可以是普通平板玻璃、钢化玻璃、夹丝玻璃、热反射玻璃等。中空玻璃是在工厂按尺寸生产的,现场不能切割加工,所以使用前必须先选好尺寸。

（2）中空玻璃的性能特点

1）隔热保温性能好。中空玻璃中空气层的导热系数小，所以中空玻璃具有良好的隔热保温性能。普通双层中空玻璃的隔热性能相当于 100 mm 厚的混凝土墙，而三层中空玻璃的隔热性能相当于 370 mm 厚的砖墙。

2）防结露功能。使用中空玻璃可大大提高防结露能力。建筑物外维护结构结露的原因一般是在室内一定的湿度环境下，物体表面温度降到某一数值时，湿空气使其表面结露、直至结霜。中空玻璃的内层接触湿度较高的室内空气，玻璃的表面温度也较高；中空玻璃的外层表面温度较低，但室外的湿度也较低，因此不会结露。

3）隔声性能好。中空玻璃具有较好的隔声性能，隔声的效果与玻璃的厚度、层数、玻璃的间距有关。一般可使噪声下降 30～40 dB，能将街道汽车噪声降低到学校教室的安静程度。

4）装饰性能好。中空玻璃的装饰性主要取决于所采用的原片，不同的原片玻璃使制得的中空玻璃具有不同的装饰效果。

（3）中空玻璃的应用

中空玻璃主要用于需要采暖、空调、防噪声、控制结露、调节光照等建筑物上，或要求较高的建筑场所，也可用于需要空调的车、船的门窗等处。

9.4.4　安全玻璃

普通玻璃的最大缺点是脆、易碎，破碎后的玻璃具有尖锐的棱角，容易伤人。安全玻璃是指具有力学强度高、抗冲击能力强的玻璃。玻璃被击碎时，其碎片不会伤人，并具有防盗、防火的功能。常用的安全玻璃有钢化玻璃、夹丝玻璃、夹层玻璃等。

9.4.4.1　钢化玻璃

钢化玻璃又称强化玻璃。它是用物理的或化学的方法，在玻璃表面上形成一个压应力层，玻璃本身具有较高的抗压强度，不会造成破坏。当玻璃受到外力作用时，这个压力层可将部分拉应力抵消，避免玻璃的碎裂。钢化玻璃制品主要包括平面钢化玻璃、曲面钢化玻璃、半钢化玻璃、区域钢化玻璃等。

（1）钢化玻璃的特性

1）机械强度高。钢化玻璃的抗折强度在 125 MPa 以上，其机械强度比经过良好退火处理的普通玻璃高 3～5 倍，抗冲击能力有较大的提高。

2）弹性好。钢化玻璃的弹性比普通玻璃大得多，一块 1 200 mm × 350 mm × 6 mm 的钢化玻璃，受力后可发生达 100 mm 的弯曲挠度，当外力撤销后，仍能恢复原状。而同规格的普通平板玻璃弯曲变形只能有几毫米。

3）安全性好。经过物理钢化的玻璃，一旦局部破损，便发生"应力崩溃"现象，破裂成无数的玻璃小块，这些玻璃碎块块小且没有尖锐棱角，所以不易伤人。

4）热稳定性高。钢化玻璃的热稳定性要高于普通玻璃，在急冷急热作用时，不易发生炸裂，这是因为其表面的预应力可抵消一部分因急冷急热产生的拉应力。钢化玻璃的最大安全工作温度为 288 ℃，能承受 204 ℃的温差变化。

5)具有形体完整性。钢化的玻璃一旦局部破损,便发生"应力崩溃"现象。因此,钢化玻璃不能切割、磨削,边角不能碰击,使用时需要按现成尺寸规格选用或提出具体设计图纸进行加工定制。

(2)钢化玻璃的应用

平面钢化玻璃常用作建筑物的门窗、幕墙及橱窗、隔墙、家具、阳台楼梯栏板、餐桌、浴室玻璃房以及制作防弹玻璃等。曲面玻璃常用于火车、汽车及飞机等方面。半钢化玻璃主要用作温室、暖房及隔墙等的玻璃窗。曲面钢化玻璃主要用作汽车的挡风玻璃。

9.4.4.2　夹丝玻璃

夹丝玻璃是将预先编织好的钢丝网(钢丝直径一般为 0.4 mm 左右)压入已加热软化的红热玻璃之中而制成。夹丝玻璃主要有夹丝压花玻璃和夹丝磨光玻璃两种。

(1)夹丝玻璃的性能特点

1)有安全和防火特性。如遇外力破坏,由于钢丝网与玻璃黏结成一体,玻璃虽已破损开裂,但其碎片仍附着在钢丝网上,不致四处飞溅伤人。当遇到火灾时,夹丝玻璃由于具有破而不缺、裂而不散的特性,能有效地隔绝火焰,起到防火的作用,故又被称为"防火玻璃"。

2)强度较低。由于夹丝玻璃中的金属丝网的存在,降低了玻璃的均质性,使其抗折强度和抗冲击能力都比普通玻璃略有下降,特别是切割部位,其强度为普通玻璃的50%左右。

3)急冷急热性能差。由于金属丝网与玻璃存在热膨胀系数、导热系数上的差异,使夹丝玻璃在受到温度急变时更容易开裂和破损。

4)夹丝玻璃的切割会造成丝网边缘外露,容易锈蚀。锈蚀后会沿着丝网逐渐向内部延伸扒锈蚀物体积增大将玻璃胀裂,呈现出弯弯曲曲的裂纹。故夹丝玻璃切割后,切口处应做防水处理。

(2)夹丝玻璃的应用

夹丝玻璃可用于防火门窗、天窗、采光屋顶、阳台等部位。

9.4.4.3　夹层玻璃

夹层玻璃系在两片或多片平板玻璃之间,用PVB(聚乙烯醇丁醛)树脂胶片,经过加热、加压黏合而成的平面或曲面的复合玻璃制品。

(1)夹层玻璃性能特点

1)夹层玻璃的透明度好,抗冲击能力比同等厚度的平板玻璃高几倍。用多层普通玻璃或钢化玻璃复合起来,可制成防弹玻璃。

2)安全性好。玻璃破碎时,由于中间有塑料衬片的黏合作用,只产生辐射状的裂纹和少量的玻璃碎屑,不落碎片,不致伤人。

3)具有耐热、耐寒、耐湿、耐久等特点;另外由于PVB胶片的作用,夹层玻璃还具有节能、隔音、防紫外线等功能。

(2)夹层玻璃的应用

1)用于要求防爆、防盗、防弹之处。如汽车、飞机的挡风玻璃,有特殊要求的建筑门窗玻璃,屋顶采光天窗等。

2)用于展览厅、陈列柜、动物园、水族馆、观赏性玻璃隔断等。

9.4.5 其他装饰玻璃

（1）压花玻璃

压花玻璃是用压延法生产的单面或双面具有凸凹立体花纹图案的玻璃。压花玻璃特有的凸凹花纹，不仅具有极强的立体装饰效果，压花玻璃具有透光不透视的特点，但装饰效果较好。因此，可用于会议室、办公室、客厅、餐厅、厨房、卫生间等建筑空间的隔墙、门、窗等。

（2）磨砂玻璃

磨砂玻璃又称毛玻璃，是指经研磨、喷砂或氢氟酸溶蚀等加工，使其表面均匀粗糙的平板玻璃。由于玻璃表面粗糙，使透过的光线产生漫射，造成透光而不透视，使室内光线柔和，配合适当的灯光设计，能产生特别的装饰艺术效果。一般用于建筑物的卫生间、浴室、办公室等的门窗及隔断等。

（3）彩色玻璃

彩色玻璃又称有色玻璃，分透明和不透明两种。彩色玻璃的颜色十分丰富，并可拼成各种图案，具有抗冲刷、抗腐蚀、易清洗等特点。主要用于建筑物的内外墙、门窗装饰及有特殊要求的采光部位。

（4）玻璃马赛克

玻璃马赛克是一种玻璃制品，又称玻璃锦砖，是以边长不超过 45 mm 的各种小规格彩色饰面玻璃，预先粘贴在纸上而成的装饰材料。玻璃马赛克色彩绚丽多彩、典雅美观，价格较低，质地坚硬、性能稳定，具有耐热、耐寒、耐酸碱等特点。主要用于外墙装饰。

（5）空心玻璃砖

空心玻璃砖是由两个凹型玻璃砖坯熔接而成的玻璃制品，砖坯扣合、周边密封后中间形成空腔，空腔内有干燥并微带负压的空气。空心玻璃砖具有耐压、抗冲击、耐酸、隔音、隔热、保温、防火、防爆、透明度高和装饰性好等特点，主要用于砌筑非承重的透光墙壁，建筑物的内外隔墙、淋浴隔断、门厅、通道等处，特别适用于图书馆、体育馆等，用于控制透光、眩光和日光的场合。

9.5 金属装饰材料

在现代建筑装饰中，金属装饰板以独特的金属质感、丰富多变的色彩与图案、美满的造型，同时具有防火、耐磨、耐腐蚀等一系列优点而获得广泛应用。

9.5.1 建筑装饰钢材

建筑装饰工程中常用的钢材制品主要有不锈钢及其制品、彩色不锈钢钢板、彩色涂层钢板、彩色压型钢板等。

9.5.1.2 普通不锈钢制品

不锈钢是以铬（Cr）为主要合金元素、具有优良耐腐蚀性能的合金钢。用作装饰材料的不锈钢主要为厚度在 0.2 ~ 2.0 mm 之间薄钢板，还有管材和型材，主要是借助钢板的表面特征，如镜面般的光亮平滑及强烈的金属光泽来达到装饰的目的。近年在高层建筑玻璃幕墙中使用的不锈钢龙骨,比铝合金龙骨的刚度高,具有更强的抗风压性和安全性。

不锈钢膨胀系数大,约为碳钢的 1.3 ~ 1.5 倍,但导热系数只有碳钢的1/3,故导热性较差,可焊性不及普通碳素钢,但韧性及延展性较好。

不锈钢装饰制品广泛用于宾馆、商店等公共设施的柱面、栏杆、扶手装饰,也大量用作小型五金装饰件及建筑雕塑。

9.5.1.2　彩色不锈钢板

彩色不锈钢板是由普通不锈钢板经加工后制成的不锈钢装饰板,颜色有蓝、灰、红、青、绿、橙、褐、金黄及茶色等多种。彩色不锈钢板具有很强的抗腐蚀性、耐高温(200 ℃)、耐磨性,彩色面层经久不褪色、光泽度高、色泽随光照角度不同会产生色调变幻等特点。彩色不锈钢板可用于厅堂墙板、天花板、电梯厢板、车厢板、顶棚板、广告招牌等装饰。

9.5.1.3　彩色涂层钢板

涂层钢板是以冷轧钢板或镀锌钢板的卷板为基板,通过在基板表面进行化学处理和涂漆等工艺后,使基层表面覆盖一层或多层高性能涂层。按涂层可分为有机涂层、无机涂层和复合涂层三种,有机涂层钢板发展最快。有机涂层可以配制各种不同色彩和花纹。彩色涂层钢板具有良好的耐腐蚀性、装饰性、耐污染性、加工性能,可进行切割、弯曲、钻孔、铆接、卷边等。涂层附着力强,可长期保持新颖的色泽。可用作外墙板、壁板、屋面板等。

9.5.1.4　彩色压型钢板

彩色压型钢板以镀锌钢板为基材,经成型机轧制,并敷以各种耐腐蚀涂层与彩色烤漆而制成。它具有质量轻、抗震性高、耐久性强、波纹平直坚挺、色彩鲜艳丰富、加工简单、施工方便等特点,广泛用于建筑物的内外墙面、屋面吊顶以及轻质夹心板材的面板等。

9.5.2　建筑装饰用铝合金

铝合金是在铝中加入铜（Cu）、镁（Mg）、硅（Si）、锰（Mn）、锌（Zn）等元素制得。铝合金既保持了铝的轻质材料特性,同时力学性能明显提高。铝合金装饰制品包括铝合金门窗、铝合金装饰板、铝塑板等。

9.5.2.1　铝合金门窗

铝合金门窗是将表面已处理过的型材,经过下料、打孔、铣槽等加工工艺制成的门窗框料构建,再加连接件、密封件、开闭五金件一起组合装配而成。铝合金门窗按结构与开闭方式分为:推拉窗（门）、平开窗（门）、固定窗（门）、悬挂窗（门）、百叶窗等。

铝合金门窗具有以下特点。

1）质量轻。铝合金的密度只有钢的三分之一,且铝合金门窗多为中空型材,厚度薄,因用材省,每平方米的铝合金门窗约为钢门窗质量的 50% 。

2）色泽美观,表面光洁,外观美丽。可着成银白色、古铜色、暗灰色、黑色等多种颜色。

3）密封性好。

4）耐腐蚀,使用维修方便。铝合金门窗不锈蚀、不褪色、不需要油漆,维修费用少。

5）铝合金门窗强度高、刚度好、坚固耐用。

铝合金门窗出厂前需经过严格性能测试,需要检测的性能指标有强度、气密性、水密性、开闭力、隔热性、隔声性、尼龙导向轮的耐久性等。只有达到规定的性能指标后才可以安装使用。

铝合金门窗主要用于各类建筑物的内外门窗,它可以加强建筑物的立面造型,使建筑富有层次。

9.5.2.2 铝合金装饰板

铝合金装饰板是以纯铝或铝合金为原料,经辊压冷加工制成的饰面板材,广泛应用于外墙、柱面、地面、屋面、顶棚等部位的装饰。铝合金装饰板主要包括铝合金花纹板和浅纹板、铝合金波纹板和压型板以及冲孔平板等。

(1)铝合金花纹板

铝合金花纹板是以防锈铝合金、纯铝或硬铝合金为坯料,经特制的花纹辊轧制而成,其花纹美观大方,该类板材抗蚀能力强,不易磨损,防滑性好,便于冲洗,便于安装。广泛应用于现代建筑的墙面装饰。

(2)铝合金波纹板和压型板

铝合金波纹板和压型板是以机械轧辊将板材轧成一定波形后制成铝合金波纹板。由于断面异型,故其刚度比平板高,且具质轻、抗蚀性好、隔热保温、经久耐用、外形美观、色彩丰富、施工安装简便。主要用作建筑物的外墙和屋顶,也可以作为复合墙板,用于有隔热保温要求厂房的围护结构。

(3)铝合金冲孔平板

铝合金冲孔平板是用铝合金平板经机械冲孔而成,经表面处理可获得各种色彩。它具有良好的防腐性能,光洁度高,防震、防水、防火、吸声性能和装饰效果优良,易于机械加工成各种规格,安装简便等特点。主要用于有吸声要求的各类建筑,如影剧院、会议室、播音室、宾馆、饭店、厂房等建筑物中。

9.5.2.3 铝塑复合板

铝塑复合板简称铝塑板,它是以塑料为芯材,外贴铝合金板,并在表面施加装饰性或保护性涂层。铝塑板有多种颜色、质轻、有一定刚度和强度、隔声、防水、耐腐蚀、易清洗、不变色、易于安装。铝塑板广泛用于建筑物的内外墙装饰、隔板、招牌、展板、广告宣传牌等。

9.6 建筑装饰塑料

塑料是以合成树脂为基本材料,再按一定比例加入填料、增塑剂、固化剂、着色剂及其他助剂等经加工而成的材料。

9.6.1 塑料的概述

9.6.1.1 塑料的组成

(1)合成树脂

合成树脂是塑料的主要组成材料,在塑料中起着黏结的作用。它决定塑料的硬化性质和工程性,常用的合成树脂有聚氯乙烯等。

(2)填料

填料又称填充剂,在树脂中加入的粉状或纤维状物质,其加入的目的是降低塑料成本,同时提高塑料的强度、硬度、韧性、耐热性、耐老化性等。常用的粉状填充料有滑石粉等。

（3）增塑剂

增塑剂可使树脂具有较大可塑性，以利于塑料成型、加工的物质。常用的增塑剂有邻苯二甲酸二丁酯等。

（4）固化剂

固化剂可使线形高聚物交联成体形高聚物，使树脂具有热固性的物质。如环氧树脂。

（5）着色剂

着色剂是使塑料具有鲜艳颜色的物质。常用的着色剂是一些有机染料和无机颜料。

（6）其他助剂

为了改善塑料的某些性能，以适应塑料的使用和加工性能，可在塑料中掺加各种不同的助剂，如稳定剂、抗老化剂等。

9.6.1.2 塑料的特性

塑料具有质轻、比强度高、装饰性能好、化学稳定性和电绝缘性好、优良的加工性能等优点，还具有刚度小、易燃、易老化、耐热性差等缺点。

9.6.2 建筑装饰塑料制品

9.6.2.1 塑料装饰板材

1. 三聚氰胺层压板

三聚氰胺层压板亦称纸质装饰层压板或塑料贴面板，是以厚纸为骨架，浸渍酚醛树脂或三聚氰胺甲醛等热固性树脂，多层叠合经热压固化而成的薄型贴面材料。三聚氰胺层压板的结构为多层结构，即表层纸、装饰纸和底层纸。三聚氰胺层压板按其表面的外观特性分为有光型（代号 Y）、柔光型（代号 R）、双面型（S）、滞燃型（Z）四种型号。三聚氰胺层压板常用于墙面、家具、台面、柱面、吊顶等饰面工程。

2. 硬质 PVC 板

硬质 PVC 板主要有透明和不透明两种。透明板是以 PVC 为基料，掺加增塑剂、抗老化剂，经挤压而成型。不透明板是以 PVC 为基材，掺入填料、稳定剂、颜料等，经捏和、混炼、拉片、切粒、挤出或压延而成型。按其断面可分为平板、波型板、格子板、异型板等。

（1）硬质 PVC 平板

硬质 PVC 平板表面光滑、色泽鲜艳、不变形、易清洗、防水、耐腐蚀、同时具有良好的施工性能，可锯、可刨、可钻、可钉。常用于室内饰面、家居台面的装饰。

（2）硬质 PVC 波型板

硬质 PVC 波型板是以 PVC 为基材，用挤压成型法制成各种波型断面的板材。这种断面既可以增加刚度、抗弯性能，同时通过波型的变化来吸收 PVC 板的伸缩。硬质 PVC 波型板可做墙面装饰和简单建筑的屋面防水。

（3）异型板

硬质 PVC 异型板有两种基本结构，一种为单层异型板，另一种为中空异型板。如图 9-1 所示。硬质 PVC 异型板表面可印制或复合各种仿木纹、仿石纹装饰图案，有良好的装饰性，而且防潮、表面光滑、易于清洁。常用于墙板或潮湿环境的吊顶板。

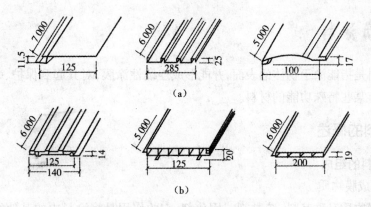

图 9-1　硬质 PVC 异型板结构
(a)单层异型板材;(b)多孔异型板材

(4)格子板

硬质 PVC 格子板是将硬质 PVC 平板在烘箱内加热至软化,放在真空吸塑模上,利用板上下的空气压力差使硬板吸入模具成型,然后喷水冷却定型,再经脱模、修整而成的方形立体板材。格子板常用作体育馆、图书馆、展览馆或医院等公共建筑的墙面或吊顶。

3. 玻璃钢板

玻璃钢(简称 GRP)是以合成树脂为基体,以玻璃纤维或其制品为增强材料,经成型、固化而成的固体材料。常用的玻璃钢装饰板材有波形板、格子板、折板等。玻璃钢装饰制品具有良好的透光性和装饰性;其强度高、质量轻;具有良好的耐化学腐蚀性和电绝缘性;耐湿、防潮,但表面不够光滑。可用于耐潮湿要求的建筑物的某些部位。

4. 聚碳酸酯采光板

聚碳酸酯采光板是以聚碳酸酯塑料为基材,采用挤出成型工艺制成的栅格状中空结构异型断面板材。聚碳酸酯采光板的特点为:①轻、薄、刚性大、不易变形;②色调多,外观美丽;③隔热、保温,透光性好,耐候性好。适用于大厅采光天幕、游泳池和体育场馆的顶棚、遮阳棚、大型建筑和蔬菜大棚的顶罩等。

9.6.2.2　塑料壁纸

塑料壁纸是以一定的材料为基材,表面进行涂塑后,再经过压延、涂布以及印刷、轧花、发泡等工艺而制成的一种墙面装饰材料。与传统的织物纤维壁纸相比,具有装饰效果好、粘贴方便、使用寿命长、易维修保养等特点。塑料壁纸使用广泛的一种室内墙面的装饰材料,也可用于顶棚、梁柱等处的贴面装饰。

9.6.2.3　塑钢门窗

塑钢门窗是以聚氯乙烯(PVC)树脂为主要原料,加上一定比例的稳定剂、改性剂、填充剂、紫外线吸收剂等助剂,经挤压加工成型材,然后通过切割、焊接的方式制成门窗框、扇,配装上橡塑密封条、五金配件等附件而成。为增加型材的刚性,在型材空腔内填加钢衬,所以称之为塑钢门窗。种类有平开门、窗,推拉门、窗。塑钢门窗具有保温、隔声、耐候性、防火性能好等特点。

9.7　建筑涂料

建筑涂料是指能涂于物体的表面,并能形成连续性涂膜,对其起到保护、装饰等作用或使建筑物具有某些特殊功能的材料。

9.7.1　涂料的概述

9.7.1.1　涂料的组成

(1)主要成膜物质

主要成膜物质又称基料、胶黏剂或固化剂,它的作用是将涂料中的其他组分黏结在一起,并能牢固地附着在基层表面,形成连续均匀、坚韧的保护膜。我国建筑涂料所用的成膜物质主要以合成树脂为主。

(2)次要成膜物质

次要成膜物质是指涂料中所用的颜料和填料,它们是构成涂膜的组成部分,并以微细粉状均匀地分散于涂料介质中,赋予涂膜以色彩、质感,使涂膜具有一定的遮盖力,减少收缩,还能增加膜层的机械强度,防止紫外线的穿透作用,提高涂膜的抗老化性、耐候性。

(3)溶剂

溶剂又称稀释剂,是涂料的挥发性组分,它的主要作用是使涂料具有一定的黏度,以符合施工工艺的要求。如松香水、酒精等。

(4)辅助材料

辅助材料又称助剂,是为进一步改善或增加涂料的某些性能,在配制涂料时加入的物质,其掺量较少,但效果显著。如硬化剂、抗氧化剂等。

9.7.1.2　涂料的分类

(1)按主要成膜物质的化学成分分类

按构成涂膜主要成膜物质的化学成分,可将建筑涂料分为有机涂料、无机涂料、无机和有机复合涂料三类。

(2)按建筑使用部位分类

按建筑物使用部位,可将涂料分为外墙建筑涂料、内墙建筑涂料、地面建筑涂料、顶棚涂料和屋面防水涂料等。

(3)按使用功能分类

按使用功能,可将涂料分为装饰性涂料、防火涂料、保温涂料、防腐涂料、防水涂料、抗静电涂料、防结露涂料、闪光涂料、幻彩涂料等。

(4)按涂膜厚度、形状及质感分类

按涂膜厚度分为厚质涂料(涂膜厚度为 1 ~ 6 mm)、薄质涂料(涂膜厚度为 50 ~ 100 μm);按涂膜形状及质感分为平壁状涂层涂料、凹凸立体花纹涂料、砂壁状涂层涂料。

实际上,建筑涂料分类时,常常将分类组合在一起使用。如水溶性内墙涂料、合成树脂乳液内外墙涂料、合成树脂乳液砂壁状涂料等。

9.7.2　常用建筑涂料

9.7.2.1　内墙涂料

（1）聚醋酸乙烯乳胶漆

聚醋酸乙烯乳液内墙涂料是以聚醋酸乙烯乳液为基料的乳液型内墙涂料。其具有无味无毒、不易燃烧，涂膜细腻、平滑、涂膜透气性好、色彩鲜艳、价格适中、施工方便等优点，而且耐水、耐碱及耐候性优于聚乙烯醇系内墙涂料，适用于住宅及一般公共建筑的内墙与顶棚。

（2）多彩内墙涂料

多彩内墙涂料是以合成树脂及颜料等为分散相，以含乳化剂和稳定剂的水为分散介质制成的，经一次喷涂即可获得具有多种色彩立体涂膜的乳液型内墙涂料。多彩内墙涂料色彩鲜艳、雅致、立体感强、装饰效果好、丰富，并具有良好的耐水性、耐碱性、耐油性、耐化学腐蚀性，主要用于住宅、办公室、会议室、商店等建筑的内墙及顶棚。

9.7.2.2　外墙涂料

（1）彩色砂壁状外墙涂料

彩色砂壁状外墙涂料又称彩砂涂料，它是以合成树脂乳液和彩色骨料为主体，外加增稠剂及各种助剂配制而成。一般采用喷涂法施工，彩砂涂料具有无毒、无味、耐候性、耐水性优良，黏结力强，施工速度快。彩砂涂料主要用于各种板材及水泥砂浆抹面的外墙装饰。

（2）聚氨酯系外墙涂料

聚氨酯系外墙涂料是以聚氨酯树脂或聚氨酯与其他树脂复合物为主要成膜物质，加入颜料、填料、助剂等配制而成的优质外墙涂料。聚氨酯外墙涂料包括主涂层涂料和面涂层涂料。它具有弹性高、装饰性好、可以承受严重的拉伸而不破坏、耐水、耐酸碱、耐污、表面光洁度好。适用于混凝土或水泥砂浆外墙的装饰，如高级住宅、宾馆等的外墙装饰。

（3）丙烯酸酯外墙涂料

丙烯酸酯外墙涂料是以丙烯酸酯合成树脂为主要成膜物质，加入溶剂、颜料、填料、助剂等，经研磨而成的一种溶剂型涂料。它具有无刺激性气味，耐老化；耐碱性好，且对墙面有较好的渗透作用，涂膜坚韧，附着力强；施工方便等特点。适用于民用、工业、高层建筑及高级宾馆等内外装饰。

（4）无机涂料

无机外墙涂料是以碱金属硅酸盐或硅溶胶为主要成膜物质，加入填料、颜料、助剂等配制而成的建筑外墙涂料。具有成膜温度低、耐老化、耐水、耐碱、施工方便等特点。广泛用于住宅、办公楼、商店、宾馆等的外墙装饰，也可用于内墙和顶棚等的装饰。

9.7.2.3　地面涂料

（1）木地板涂料

木地板涂料又称地板漆，它的品种较多，一般只用作木地板的保护，耐磨性差。如钙酯地板漆、聚氨酯清漆等。钙酯地板漆具有漆膜坚硬、平滑光亮、干燥较快、耐磨性好，有一定的耐水性特点，适用于显露木质纹理的地板、楼梯、扶手、栏杆等。聚氨酯清漆具有耐水、耐磨、耐酸碱、易洗净；漆膜美观、光亮、装饰性好等特点，适用于防酸碱、耐磨损的模板表面，运动场体育馆地板，混凝土地面等。

（2）过氯乙烯地面涂料

过氯乙烯地面涂料是以过氯乙烯树脂为主要成膜物质，掺入少量的酚醛树脂改性，加入填料、颜料、稳定剂等，经捏合、混炼、塑化切粒、溶解等工艺制成。其特点如下：具有很好的耐水性及耐化学药品性；施工干燥快，施工方便，重涂性好，具有良好的耐磨性，在人流大的地面其耐磨性可达 1～2 年；室内施工时，因有大量有机溶剂挥发，易燃，因此要注意通风、防火、防毒。

（3）聚氨酯地面涂料

聚氨酯地面涂料是以聚氨酯为基料的双组分溶剂型涂料。它分为薄质罩面涂料、弹性地面涂料。前者主要用于木质地板或其他地面的罩面上光，后者涂刷水泥地面，能在地面上形成无缝弹性塑料涂层。它具有耐水性、耐油性、耐酸碱性、耐磨性好，还具有一定的弹性，但价格较高，原材料有毒。它适用于高级住宅、会议室、手术室、影剧院等建筑的地面。

9.8 胶 黏 剂

胶黏剂也称黏合剂，是指能形成薄膜，并能将两个物体的表面通过薄膜紧密胶结而达到一定物理化学性能要求的材料。目前，胶黏剂被广泛用于建筑工程中，如地板、墙板、吸声板等的黏结，釉面砖、水磨石、壁纸等的铺贴，混凝土裂缝、破损的修补等。

9.8.1 胶黏剂概述

9.8.1.1 胶黏剂的组成

（1）黏料

黏结料也称黏结物质，是胶黏剂中的主要成分，它对胶黏剂的性能，如胶结强度、耐热性、韧性、耐介质性等起重要作用。一般胶黏剂是以黏结料的名称来命名。常用的黏结物质有热固性树脂等。

（2）固化剂

固化剂是促使黏结料进行化学反应，加快胶黏剂固化产生胶结强度的一种物质，常用的有胺类或酸酐类固化剂等。

（3）增塑剂

增塑剂也称增韧剂，它主要是可以改善胶黏剂的韧性，提高胶结接头的抗剥离、抗冲击能力以及耐寒性等。常用的增塑剂主要有邻苯二丁酯等。

（4）稀释剂

稀释剂也称溶剂，主要对胶黏剂起稀释分散、降低黏度的作用，使其便于施工，并能增加胶黏剂与被胶黏材料的浸润能力以及延长胶黏剂的使用寿命。常用的有机溶剂有丙酮、酒精等。

（5）填充剂

填充剂也称填料，其作用是增加胶黏剂的稠度，降低膨胀系数，减少收缩性，提高胶结层的抗冲击韧性和机械强度。常用的填充剂有石棉粉、铝粉等。

9.8.1.2　胶黏剂的分类

胶黏剂的品种很多,可以从不同的角度进行分类。

1. 按用途分类

(1)结构型胶黏剂

结构型胶黏剂胶结强度高,至少与被黏结材料本身的强度相当。一般剪切强度大于 15 MPa,不均匀扯离强度大于 3 MPa,如环氧树脂胶黏剂等。

(2)非结构型胶黏剂

有一定的粘结强度,但不能承担较大的力,如聚醋酸乙烯等。

(3)特种胶黏剂

能满足某些特殊性能和要求,如耐高温胶、水下胶等。

(2)按化学成分分类

按化学成分分为有机胶黏剂、无机胶黏剂(如硅酸盐类、磷酸盐类等)。有机胶黏剂分为天然胶黏剂(如动物胶、植物胶等)和合成胶黏剂(如热固性树脂胶黏剂等)。

9.8.2　常用的胶黏剂

(1)聚醋酸乙烯胶黏剂

聚醋酸乙烯胶黏剂又称白乳胶,乳白色粘稠液体,具有常温固化、配制使用方便、固化较快、韧性好、较耐久、不易老化等优点;缺点是黏结强度不高、耐热性差、耐水性差、怕冻易干、固化干燥时间较长。主要用于墙纸、水泥增强剂、防水涂料及木材的黏结剂。

(2)环氧树脂类胶黏剂

环氧树脂胶黏剂俗称万能胶,它是以环氧树脂为主要原料配制而成的胶黏剂。具有黏合强度高;不含溶剂,能在接触压力下固化;可用不同固化剂在室温或加温情况下固化;固化后有良好的电绝缘性、耐腐蚀性、耐水性和耐油性;和其他高分子材料及填料的混溶性好,便于改性等特点。可黏结钢铁制品、玻璃、陶瓷、木材、塑料、皮革、水泥制品、纤维材料等。

(3)聚乙烯醇缩甲醛胶黏剂(107 胶)

聚乙烯醇缩甲醛胶黏剂是无色透明胶体,它具有无臭、无毒、无火灾危险、黏度小、价格低、黏合性能好等优点,缺点是怕冻。主要用于墙纸、墙布与墙面的黏结,外墙装饰的胶料、室内涂料的胶料及室内地面涂层胶料。

(4)801 胶

801 胶为微黄色或无色透明胶体,具有不燃、无毒、无味、游离醛含量低,施工无刺激性气味;其耐磨性、剥离强度及其他性能均优于 107 胶。主要用于墙纸、墙布、瓷砖及水泥制品的黏结,室内外墙装饰及地面涂料的基料。

9.8.4　胶黏剂的使用

在使用时要根据黏结的材料品种与特性、被黏结材料对黏结剂的强度、韧性、颜色的要求和环境条件合理选择胶黏剂的品种。

由于许多胶黏剂具有可燃性,有的还会释放有毒气体,所以一定要注意安全。储存时应满足说明书规定的条件,以防黏结剂储存不当而失效。

9.9　木装饰制品

　　木材是人类最早使用的建筑材料之一,由于其良好的物理、力学性能,而且易于加工,装饰性好,至今在建筑中仍有广泛的应用。一类是用于结构物的梁、板、柱、拱;另一类是用于装饰工程中的门窗、顶棚、护壁板、栏杆、龙骨等。为了节约资源、提高木材的利用率,同时改善天然木材的不足,将木材加工中的大量小块、边角、碎屑、刨花等再加工,生产各种人造板材已成为木材综合利用的重要途径之一。

9.9.1　木材的特点

　　木材具有轻质高强,有较好的弹性与韧性,能承受冲击和振动,导电性和导热性低,在干燥空气和水中耐久性好,装饰性能好,具有丰富的纹理,具有质朴、典雅的质感,易于加工等,但木材结构内部不均匀,各向异性,干缩湿涨变形大;易腐蚀、易燃烧;若经常处于干湿交替环境中,耐久性较差。随着木材加工与处理技术的提高,这些缺点得到很大改善。

9.9.2　常用的木装饰制品

9.9.2.1　木地板

1. 实木地板

　　实木地板由于其天然的木材质地,尤以润泽的质感、柔和的触感、自然温馨、冬暖夏凉、脚感舒适、高贵典雅而深受欢迎。实木地板可分为平口实木地板,企口实木地板,拼方、拼花实木地板,竖木地板等,如图9-2。

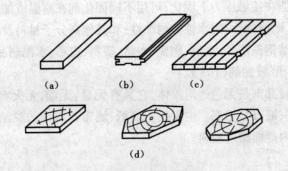

图9-2　木地板块

(a)平口实木地板;(b)企口实木地板;
(c)拼方、拼花实木地板;(d)竖木地板

　　(1)平口实木地板

　　平口实木地板六面均为平直的长方体及六面体或工艺形多面体木地板,平口实木地板可作地板外,也可作拼花板、墙裙装饰以及天花板吊顶等室内装饰。

　　(2)企口实木地板

　　企口实木地板板面呈长方形,其中一侧为榫,另一侧有槽,其背面有抗变形槽,铺设时榫和槽必须结合紧密。它利用木材的天然色差,拼接成工艺美术性很强的各种地板图案。企口实木地板被公认为是良好的室内地面装饰材料,适用于高级宾馆、别墅、展览室、体育馆、住宅等场所。

（3）拼方、拼花实木地板

由多块条状小木板以一定的艺术性和规律性的图案拼接成方形。有平头接缝地板和企口拼接地板两种。适用于高级楼宇、宾馆、别墅、会议室、展览室、体育馆和住宅等的地面装饰。

（4）竖木地板

竖木地板是以木材的横切面为板面,呈矩形、正方形、正五、六、八边形等正多面体或圆柱体拼接而成。它具有图案美观、立体感强。可作木地板、墙裙、天花板的装饰,适用于宾馆、影剧院、饭店、办公室、体育场和家庭住宅等场所。

图9-3　强化木地板结构
1—面磨层;2—装饰层;3—芯层;4—防潮层

2. 强化木地板

强化木地板是由耐磨层、装饰层、芯层、防潮层胶合而成的木地板,如图9-3所示。

强化木地板的耐磨层是采用 Al_2O_3 或碳化硅覆盖在装饰纸上;装饰层是由电脑仿真制作的印刷纸,可制作各种图案。强化木地板的芯层,也称基材层,多采用高密度纤维板（HDF）、中密度纤维板（MDF）或特殊形态的优质刨花板,前两者居多;防潮层也叫底层,其作用是防潮和防止强化木地板变形。

强化木地板的优点:强度高、稳定性好、耐污染、耐腐蚀、耐磨、花色品种多、色彩典雅大方、规格尺寸大、抗静电、耐香烟灼烧等。但也存在一些缺点:表层胶层一旦胶合不牢,易翘,不易修复,地板脚感不好,胶黏剂中含有一定的甲醛,必须严格控制,严禁超标。适用于办公室、会议室、商场、展览厅、民用住宅等的地面装饰。

3. 实木复合地板

实木复合地板是利用优质阔叶材料或其他装饰性很强的材料作表层,以材质软的速生材或以人造材作基材,经高温高压制成多层结构。与实木地板相比,其优点为:规格尺寸大、不易翘曲、不易变形、阻燃、绝缘、隔潮、耐腐蚀、具有较好的尺寸稳定性、整体效果好、铺设工艺简捷方便等。胶黏剂中含有一定的甲醛,必须严格控制,严禁超标。适用于办公室、会议室、商场、展览厅、民用住宅等的地面装饰。

9.9.2.2　人造板材

人造板材按主要原料不同可分为两类:一类是人工合成木制品,它主要由木材加工过程中的下脚料或废料经过机械处理而制成;另一类是薄木装饰板,此类板材主要由原木加工而制成。

（1）胶合板

胶合板是由原木切成薄片,经选、切、干燥、涂胶后,按木材纹理纵横交错,以奇数层数,经热压加工而成的人造板材。常用的有3、5、7、9层胶合板,一般称为三合板、五合板、七合板、九合板等。胶合板幅面大,易于加工,材质均匀、兼具木纹真实、自然的特点,由于胶合板的相邻木片的纤维互相垂直,在很大程度上克服了木材的各向异性的缺点,使之具有良好的物理力学性能,被广泛用作室内护壁板、顶棚板、门框、面板的装修及家具制作。

(2)纤维板

纤维板是用木材碎料或其他植物纤维作原料,经破碎、浸泡、研磨成木浆,再加入一定的胶料,经热压成型、干燥等工序制成。纤维板按其表观密度可分为硬质纤维板、中密度纤维板和软质纤维板三种。纤维板材质构造均匀,各向强度一致,弯曲强度较大(可达55 MPa),耐磨,并具有一定的绝缘性能。其缺点是背面有网纹,造成板材两面表面积不等,吸湿后易翘曲变形。硬质纤维板和中密度纤维板一般用作隔墙、地面、家具等;软质纤维板质轻多孔,为隔热吸声材料,多用于吊顶。

(3)细木工板

细木工板又称大芯板,是中间为木条拼接,两面胶粘一层或二层单片板而成的实心板材。由于中间为木条拼接有缝隙,因此可降低因木材变形而造成的影响。细木工板具有较高的硬度和强度,质轻、耐久、易加工,适用于家具制造及建筑装饰装修工程中,是一种极有发展前景的新型木型材。

(4)刨花板、木丝板、木屑板

刨花板、木丝板、木屑板是利用木材加工过程中产生的大量刨花、木丝、木屑,添加或不添加胶料,经热压而成的板材。这类板材一般表观密度较小,强度较低,主要用作绝热和吸声材料,且不宜用于潮湿处。还可用于吊顶、隔墙、家具等。

(5)薄木贴面装饰板

薄木贴面装饰板是采用珍贵木材,通过精密加工而成的非常薄的装饰面板。薄木贴面可以得到珍贵树种特有的木纹和色调,同时节约珍贵树种木材,使人们又能享受到自然之美。薄木按厚度不同可分为厚薄木和微薄木。厚薄木的厚度大于 0.5 mm,一般厚度为 0.7 ~0.8 mm;微薄木的厚度小于 0.5 mm,一般厚度为 0.2 ~0.3 mm。薄木作为一种表面装饰材料,不能单独使用,应粘贴在具有一定厚度和强度的基层板上。常用的基层板有胶合板、细木工板、刨花板等。

应用案例与发展动态

案例 1　某建筑室外墙柱装饰采用色彩绚丽红色的大理石,过一段时间后出现变色、褪色的现象,如图 9-4 所示。请分析原因。

原因分析:大理石主要成分是 $CaCO_3$,当与大气中的 SO_2 接触会生成硫酸钙,使大理石变色,特别是红色大理石最不稳定,更易于反应从而更快变色。

案例 2　某家居厨房内墙镶贴釉面内墙砖,使用三年后,在炉灶附近釉面内墙砖表面出现了一些裂缝。请分析原因。

原因分析:炉灶附近的温差变化较大,釉面内墙砖的釉膨胀系数大于坯体的膨胀系数,在煮饭时,温度升高,随后冷却。在热胀冷缩的过程中釉的变形大于坯,从而产生了应力。当应力过大,釉面就产生裂纹,为此此部位宜选用质量较好的釉面内墙砖。

案例 3　某住宅 4 月份铺木地板,完工后尚满意。但半年后发现部分木地板拼缝不严,请分析原因。

　　原因分析: 当木板材质较差,而当时其含水率较高,至秋季木块干缩,而其干缩程度随方向有明显差别,故会出现部分木板拼缝不严。此外,若芯材向下,裂缝就更明显了。

图9-4　室外装饰大理石

　　案例4　某住宅于1月份在新抹5天的水泥砂浆内墙上涂刷,开涂料桶后发现涂料上部较稀,且有色料上浮。为赶工期,加较多水后,边搅拌边施涂。完工后除有一些色差外,人靠在墙上会有粉粘在衣服上。

　　原因分析: 此涂料的质量本身存在一定的问题,易离析,故开桶后上稀下稠。且又没有充分搅拌予以补救,下面稠的涂料填料沉淀,色淡。另一方面新抹的水泥砂浆含水率较高,涂料加入较多水后,被冲稀的涂料成膜不完善,且环境气温较低影响涂层成膜。为此,常易掉粉。

预防的措施:

①使用质量好的涂料;

②加适量水并充分搅拌;

③涂刷基体的含水率不可高,新抹水泥砂浆夏季7天以上,冬季14天以上;

④在气温较低时,对涂层成膜有影响,尤需注意。

思　考　题

1. 何为大理石?有何特点?为什么大理石饰面板不宜用于室外?
2. 何为花岗石?有何特点?花岗石板材主要用于哪些地方?
3. 天然石材选用时应注意哪些问题?
4. 釉面内墙砖为什么不能用于室外?
5. 节能玻璃主要有哪几种?有何特点?适用于哪些场合?
6. 安全玻璃主要有哪几种?有何特点?适用于哪些场合?
7. 建筑装饰铝合金制品有哪些?有何特点?应用于何处?
8. 常用的塑料装饰板材的类型、特点?应用于何处?
9. 常用的内墙涂料、外墙涂料有哪些?有何特点?
10. 建筑工程中常用的胶黏剂有哪些?有何特点?
11. 建筑工程中常用的木装饰制品有哪些?有何特点?

10 绝热材料与吸声材料

学习目标

● 掌握建筑绝热材料及吸声材料的特点、主要技术性能及选用原则,并能根据环境条件,建筑工程的具体要求合理选用绝热材料、吸声材料。

● 熟悉绝热材料和吸声材料的作用机理及其影响因素。

● 了解常用建筑绝热材料品种及吸声材料品种。

绝热材料与吸声材料都属于功能材料,建筑物选用适当的绝热材料,一方面可以保证室内有适宜的温度,为人们构筑一个温暖、舒适的环境,另一方面可以减少建筑物的采暖和空调能耗以节约能源;采用吸声材料可以改善室内音质效果,减少噪声污染。绝热材料和吸声材料以改善工作和居住环境,提高生活质量为目的。

10.1 绝热材料

在建筑中,将用于控制室内热量外流的材料称为保温材料,把阻止室外热量进入室内的材料称为隔热材料。保温、隔热材料统称为绝热材料。在建筑工程中,对于处于寒冷地区的建筑物,为保持室内温度的恒定、减少热量的损失,要求围护结构具有良好的保温性能,而对于炎热夏季使用空调的建筑物则要求围护结构具有良好的隔热性能。

10.1.1 绝热材料的作用原理

在理解材料绝热原理之前,先了解热传递的原理。热传递是指热量从高温区向低温区的自发流动,是一种由于温差而引起的能量转移。在自然界中,无论是在一种介质内部还是在两种介质之间,只要有温差存在,就会出现热传递过程。热传递的方式有三种:传导、对流和辐射。"传导"是指热量由高温物体流向低温物体或由物体的高温部分流向低温部分;"对流"是指液体或气体通过循环流动传递热量的方式;"热辐射"是依靠物体表面对外发射电磁波而传递热量的方式。

在实际的传热过程中,往往同时存在着两种或三种传热方式。建筑材料的传热主要是靠传导,由于建筑材料内部孔隙中含有空气和水分,所以同时还有对流和热辐射存在,只是对流和热辐射所占比例较小。

衡量材料导热能力的主要指标是导热系数 λ,导热系数的物理意义是:在稳定传热条件下,当材料层单位厚度(1 m)内的温差为 1 ℃时,在单位时间(1 s)内通过 1 m^2 表面积的热量。λ 值越小,材料的导热能力越差,而保温隔热性能越好。对绝热材料的基本要求是导热系数 $\lambda \leqslant 0.23$ W/(m·K),表观密度小于 600 kg/m³,抗压强度大于 0.3 MPa。

10.1.2   影响材料绝热性能的主要因素

10.1.2.1   材料的化学组成及分子结构

不同化学成分的材料其导热系数有很大的差异,通常金属导热系数最大,其次为非金属,液体较小而气体则更小。化学成分相同但具有不同分子结构的材料,其导热系数也不一样。对于多孔绝热材料而言,由于孔隙率高,气体的导热系数起着主要作用,因而固体部分无论是晶态的或玻璃态对导热系数影响都较小。

10.1.2.2   材料的表观密度和孔隙特征

固体物质的导热系数要比空气的导热系数大得多,所以孔隙率较大、表观密度较小的材料由于含有较多的空气,其导热系数较小,因此绝热性能较好。当孔隙率相同时,孔隙尺寸小而封闭的材料,比孔隙尺寸粗大且连通的材料的导热系数要小,这是由于空气热对流作用减弱的缘故。

10.1.2.3   材料所处环境的温度、湿度

材料受潮后,其导热系数会增大,原因是材料孔隙中增加了水蒸气的扩散和水分子的热传导作用,而水的导热系数要比空气导热系数大 20 倍之多,这在多孔材料中最为明显。若水结冰,导热系数将进一步增大(冰的导热系数约为空气导热系数的 80 倍),所以,绝热材料要特别注意防水、防潮。

材料的导热系数也随温度的升高而增大,原因是温度升高时,材料固体分子的热运动速度加快,同时,材料孔隙中空气的导热和孔壁间的辐射作用也有所增强。

10.1.2.4   热流方向

材料如果是各向异性的,如木材等纤维质材料,当热流平行于纤维延伸方向时,受到的阻力小,而热流垂直于纤维延伸方向时受到的阻力最大。例如松木,当热流垂直于木纹时 $\lambda = 0.175$ W/(m·K),而当热流平行于木纹时,则 $\lambda = 0.349$ W/(m·K)。在评价材料绝热性能时,除了上述的导热系数 λ 外,还有热阻、蓄热系数等指标。

10.1.3   常用绝热材料

常用的绝热材料按其成分可分为有机和无机两大类。无机绝热材料是用矿物质原料做成的呈松散状、纤维状或多孔状的材料,可加工成板、卷材或套管等形式的制品。无机绝热材料特点:不腐烂、不燃,有些材料还能抵抗高温,但密度较大。有机绝热材料是用有机原料(如各种树脂、软木、木丝、刨花等)制成。有机绝热材料的密度一般小于无机绝热材料。有机绝热材料特点:保温性能好,吸湿性大,易受潮、腐烂,高温下易分解变质或燃烧,一般温度高于 120 ℃时就不宜使用,但堆积密度小,原料来源广,成本较低。

10.1.3.1　无机保温绝热材料

（1）玻璃棉及其制品

以石灰石、萤石等天然矿物、岩石为主要原料，在玻璃熔炉中熔化后，经喷制而成的保温绝热材料称为玻璃棉。玻璃棉有普通玻璃棉和普通超细玻璃棉。

普通玻璃棉的纤维长度一般为 50~150 mm，纤维直径为 12 μm，超细玻璃棉纤维直径要更细，一般小于 4 μm，其外观洁白如棉。玻璃棉制品适用于建筑保温，但在我国应用较少，主要原因是生产成本较高。

（2）矿棉和矿棉制品

岩棉和矿渣棉统称为矿棉。岩棉是由玄武岩、火山岩等矿物在冲天炉或电炉中熔化后，用压缩空气喷吹法或离心法制成；矿渣棉是以工业废料矿渣为主要原料，熔融后，用高速离心法或压缩空气喷吹法制成的一种棉丝状的纤维材料。

矿棉特点：质轻、不燃、绝热、电绝缘性能较好，且原料来源丰富，成本较低。可制成矿棉板、矿棉保温带、矿棉套管等，适用于建筑物的墙体保温、屋面保温和地面保温等。

（3）石棉及其制品

石棉是一种纤维状的无机结晶保温隔热材料。其特点：抗拉强度很高、耐高温、耐腐蚀、绝热、绝缘等。通常将其加工成石棉粉、石棉板、石棉毡等制品。适用于热表面绝热和防火覆盖等。

（4）膨胀珍珠岩及制品

珍珠岩是一种酸性火山玻璃质岩石，内部含有 3%~6% 的结合水，当受高温作用时，玻璃质由固态软化为黏稠状态，内部水则由液态变为一定压力的水蒸气向外扩散，使黏稠的玻璃质不断膨胀，当被迅速冷却达到软化温度以下时就形成一种多孔结构的物质，称为膨胀珍珠岩。其具有表观密度轻、导热系数低、化学稳定性好、使用温度范围广、吸湿能力小，且无毒、无味、吸声等特点，占我国保温材料年产量的一半左右，是国内使用最为广泛的一类轻质保温材料。

（5）膨胀蛭石及其制品

膨胀蛭石是由天然矿物——蛭石，经烘干、破碎、焙烧 850~1 000 ℃，在短时间内体积急剧膨胀 6~20 倍而成的一种金黄色或灰白色的颗粒状材料，具有表观密度低、导热系数小、防火、防腐、化学性能稳定、无毒无味等特点，因而是一种优良的保温、隔热建筑材料。在建筑领域内，膨胀蛭石的应用方式和方法与膨胀珍珠岩相同，除用作保温绝热填充材料外，还可用胶黏材料将膨胀蛭石黏结在一起制成膨胀蛭石制品，如水泥膨胀蛭石制品、水玻璃膨胀蛭石制品等。

（6）泡沫玻璃

泡沫玻璃是以天然玻璃或人工玻璃碎料和发泡剂配制成的混合物经高温煅烧而得到的一种内部多孔的块状绝热材料。泡沫玻璃具有均匀的微孔结构，孔隙率高达 80%~90%，且多为封闭气孔，因此，具有良好的防水抗渗性、不透气性、耐热性、抗冻性、防火性和耐蚀性。大多数绝热材料都具有吸水透湿性,因此随着时间的增长,其绝热效果也会降低,而泡沫玻璃的导热系数则长期稳定,不因环境影响发生改变。实践证明,泡沫玻璃在使用 20 年后,其性能没有任何改变,且使用温度较宽,其工作温度一般在 −200 ~ 430 ℃,这也是其他材料无法替代的。

10.1.3.2 有机保温绝热材料

(1)泡沫塑料

泡沫塑料是高分子化合物或聚合物的一种,泡沫塑料是以各种树脂为基料,加入一定剂量的发泡剂、催化剂、稳定剂等辅助材料,经加热发泡而制成的一种具有轻质、绝热、吸声、防震性能良好的材料。

目前我国生产的有聚苯乙烯泡沫塑料、聚氯乙烯泡沫塑料及脲醛泡沫塑料等。可用于屋面、墙面保温、冷库绝热和制成夹心复合板。

(2)碳化软木板

碳化软木板是以一种软木橡树的外皮为原料,经适当破碎后再在模型中成形,在 300 ℃左右热处理而成。由于软木树皮层中含有无数树脂包含的气泡,所以成为理想的保温、绝热、吸声材料,具有不透水、无味、无毒等特性,并且有弹性,柔和耐用,不起火焰只能阴燃。

(3)植物纤维复合板

植物纤维复合板是以植物纤维为主要材料加入胶黏材料和填料而制成。如木丝板是以木材下脚料制成的木丝,加入硅酸钠溶液及普通硅酸盐水泥混合,经成形、冷压、养护、干燥而制成。甘蔗板是以甘蔗渣为原料,经过蒸制、加压、干燥等工序制成的一种轻质、吸声、保温材料。

10.2 吸声材料

一般来讲,坚硬、光滑、结构紧密的材料吸声能力差,反射能力强,而结构粗糙、松软、具有相互贯通内外微孔的多孔材料吸声能力好,反射能力差,如玻璃棉、矿棉、泡沫塑料、木丝板、半穿孔吸声装饰纤维板及微孔砖等。

10.2.1 影响材料吸声性能的因素

(1)材料内部孔隙率及孔隙特征

相互连通的细小开放性的孔隙,其吸声性能好,而粗大孔、封闭的微孔其吸声性能较差。而保温隔热材料则是封闭的不连通的孔隙越多,其保温隔热性能越好。

(2)材料的厚度

增加材料的厚度可提高材料的吸声系数,但厚度对高频声波系数的影响并不显著,所以为提高材料的吸声能力而盲目增加材料的厚度是不可取的。

(3)材料的空气层

空气层实际上相当于增加了材料的有效厚度,所以,材料的吸声性能随空气层厚度的增加而提高,特别是改善对低频的吸收,它比增加材料厚度来提高对低频的吸收效果更有效。

(4)温度和湿度

温度对材料的吸声性能影响并不是很显著,温度的影响主要是改变入射声波的波长,使材料的吸声系数产生相应的改变。湿度对多孔材料的影响主要是多孔材料容易吸湿变形,孳生微生物,从而堵塞孔洞,降低材料的吸声性能。

10.2.2　多孔吸声材料的分类

凡是符合多孔吸声材料构造特征的,都可以作为吸声材料使用。目前,市场上出售的多孔吸声材料品种较多,详见表10-1。

表10-1　多孔吸声材料基本类型

分类	主要种类	常用吸声材料	特点及应用
纤维类	有机纤维材料	动物纤维:毛毡等	价格贵,不常用
		植物纤维:麻绒、海草等	防火、防潮性能差,原料来源丰富
	无机纤维材料	玻璃纤维:中粗棉、超细棉、玻璃棉毡	吸声性能好、保温隔热、不自燃、防腐、防潮、应用广泛
		矿渣棉:散棉、矿棉毡等	吸声性能好、松散材料易自重下沉、施工扎手
	纤维材料制品	软质木纤维板、矿棉吸声板、岩棉吸声板、玻璃棉吸声板等	装配式施工,多用于室内吸声装饰工程
颗粒类	板材	膨胀珍珠岩吸声装饰板	轻质、不燃、保温、隔热、强度偏低
	砌块	矿渣吸声砖、膨胀珍珠岩吸声砖、陶土吸声砖	多用于砌筑截面较大的消声器
		砖、陶土吸声砖	
泡沫类	泡沫塑料	聚氨酯及脲醛泡沫塑料	吸声性能不稳定,吸声系数使用前应实测
	其他	泡沫玻璃	强度高、防水、不燃、耐腐蚀、价格贵、应用较少
		加气混凝土	微孔不贯通,应用较少
		吸声粉刷	多用于不易施工的墙面等处

10.2.3　隔声材料

能减弱或隔断声波传递的材料称为隔声材料。人们要隔绝的声音按其传播途径可分空气声(由于空气的振动)和固体声(由于固体撞击或振动)两种,两者隔声的原理不同。

对空气声的隔绝,主要是依据声学中的"质量定律",即材料的密度越大,越不易受声波作用而产生振动,因此,其声波通过材料传递的速度迅速减弱,其隔声效果越好。因此应选择密实、沉重的材料(如黏土砖、钢板、钢筋混凝土等)作为隔声材料。

对固体声隔绝的最有效措施是断绝其声波继续传递的途径。即在产生和传递固体声波的结构(如梁、框架与楼板、隔墙及其交接处等)层中加入具有一定弹性的衬垫材料,如软木、橡胶、毛毡、地毯或设置空气隔离层等,以阻止或减弱固体声波的继续传播。

思 考 题

1. 何谓绝热材料？
2. 什么叫材料的导热系数？影响材料导热系数的因素有哪些？
3. 用什么技术指标来评定材料绝热性能的好坏？
4. 影响材料绝热性能的主要因素有哪些？
5. 为什么使用绝热材料时要特别注意防水防潮？
6. 绝热材料有哪些类型？
7. 影响吸声材料吸声效果的因素有哪些？
8. 简述吸声材料与隔声材料有何区别？
9. 试述隔绝空气声和固体撞击传声的处理原则。

参考文献

[1] 陈宝璠. 建筑装饰材料. 北京:中国建材工业出版社,2009.

[2] 葛新亚. 建筑装饰材料. 2版. 武汉:武汉理工大学出版社,2009.

[3] 曹亚玲. 建筑材料. 北京:化学工业出版社,2008.

[4] 姜继圣,张云莲,王洪芳. 新型建筑材料. 北京:化学工业出版社,2009.

[5] 姚发坤,杨雄辉,杨易. 实用建筑装饰材料. 北京:北京师范大学出版社,2010.

[6] 王秀花. 建筑材料. 北京:机械工业出版社,2009.

[7] 蔡丽朋. 建筑材料. 北京:化学工业出版社,2004.

[8] 魏鸿汉. 建筑材料. 北京:中国建筑工业出版社,2007.

[9] 申淑荣,冯翔. 建筑材料. 北京:冶金工业出版社,2000.

[10] 李燕,任淑霞. 建筑装饰材料. 北京:科学出版社,2006.